BMFT – Risiko- und Sicherheitsforschung

Große technische Gefahrenpotentiale

Risikoanalysen und Sicherheitsfragen

Im Auftrag des Battelle-Instituts
(Frankfurt) herausgegeben von S. Hartwig

Mit 54 Abbildungen

Springer-Verlag Berlin Heidelberg GmbH 1983

Bundesministerium für Forschung
und Technologie, Bonn

Professor Dr. S. Hartwig, Battelle Institut,
Frankfurt a. M.

CIP-Kurztitelaufnahme der Deutschen Bibliothek

Große technische Gefahrenpotentiale / im Auftr. d. Battelle-Inst. (Frankfurt) hrsg. von S. Hartwig. — Berlin; Heidelberg; New York; Springer, 1983.
(BMFT – Riskio- und Sicherheitsforschung)
NE: Hartwig, Sylvius [Hrsg.]

ISBN 978-3-642-81900-1   ISBN 978-3-642-81899-8 (eBook)
DOI 10.1007/978-3-642-81899-8

Satz: Daten- und Lichtsatz-Service, Würzburg

3020/2060   543210

Geleitwort

Die aus der Anwendung der Technik erwachsenden Risiken sind auch einer breiteren Öffentlichkeit bewußt geworden. Als von Menschen verursachte Gefahren werden sie heute offenbar nicht mehr so schicksalhaft hingenommen wie in früheren Phasen des industriellen Zeitalters. Angesichts dieser verstärkten Wahrnehmung auch der Nachteile und Nebenwirkungen des technischen Fortschritts müssen wir uns mit den technischen Risiken der Industriegesellschaft intensiver als bisher auseinandersetzen.

Wir verfügen über eine hochentwickelte Sicherheitstechnik, die in zäher Kleinarbeit in einem mehr als hundertjährigen Prozeß entstanden ist. Die Vielfalt und Mengen der verwendeten Stoffe, die für den Menschen und die Natur gefährlich werden können, sowie die Größe und Komplexität technischer Anlagen und Systeme haben aber in neue Risikodimensionen geführt. Sie können nicht mehr mit der klassischen isolierten Betrachtungsweise von Einzelproblemen beherrscht werden. Schadenspotentiale, die so groß sind, daß sie der Allgemeinheit schweren Schaden zufügen können, müssen vorausschauend analysiert werden.

Trotz aller Vorsorge kann es aber eine absolute Sicherheit nicht geben. Die Entscheidung über das nach allen Schutzmaßnahmen noch verbleibende, letztlich von der Gesellschaft zu tragende Risiko kann nur politisch getroffen und verantwortet werden. Daher ist es erforderlich, neue Formen der Analyse möglicher Gefahren und der Konsensfindung über das notwendige Maß der Schadensvorsorge zu suchen und anzuwenden.

Das Bundesministerium für Forschung und Technologie stellt sich dieser Aufgabe. Der Förderschwerpunkt „Risiko- und Sicherheitsforschung" ist eingerichtet worden, um neue Denkanstöße und Lösungsmöglichkeiten für die Behandlung technischer Risiken und für die Weiterentwicklung der Sicherheitstechnik anzuregen. Dabei muß besonders betont werden, daß neue Technik nicht nur neue Risiken schafft, sondern daß sie selbst auch eines der wirksamsten Hilfsmittel ist, um solche Risiken beherrschbar zu machen und schädliche Folgewirkungen zu verhindern oder auszuschließen. Ich bin mir bewußt, daß diese Aufgabe nur in einem vertrauensvollen Zusammenwirken aller Beteiligten bewältigt werden kann. Erhebliche Probleme liegen nicht nur in unzureichenden methodischen Hilfsmitteln, der Verfügbarkeit von Daten und der Unkenntnis über wichtige Wirkungsmechanismen, sondern zuweilen auch in einer nicht voll übereinstimmenden Interessenlage der beteiligten Partner in Wirtschaft, Wissenschaft und Staat. Hier ist der Staat in besonderem Maße aufgerufen, über punktuelle Einzelinteressen hinausreichende Gesamtbetrachtungen anzuregen und Systemzusammenhänge aufzuzeigen.

Wichtige Ergebnisse aus der Arbeit des Förderschwerpunkts sollen in der vorliegenden Schriftenreihe veröffentlicht werden. Das soll dazu beitragen, die Risiken der Technik im Verhältnis zu ihrem Nutzen besser einzuschätzen. Weder eine emotionale Technikfeindlichkeit noch ein unkritischer Fortschrittsglaube können das Leitmotiv bei der Anwendung der Technik in unserer heutigen Industriegesellschaft sein, sondern nur ihr verantwortungsbewußter Einsatz zur Verbesserung der Arbeits- und Lebensbedingungen der Menschen. Technische Entwicklung ist die Voraussetzung für unseren zukünftigen Erfolg.

Bonn, November 1982   Dr. Heinz Riesenhuber
                                    Bundesminister für Forschung und Technologie

Vorwort

Der vorliegende Band über „Große technische Gefahrenpotentiale – Risikoanalysen und Sicherheitsfragen" ist das Ergebnis eines zweitägigen wissenschaftlichen Seminars, das im September 1980 in Romrod bei Alsfeld stattfand.

Sinn dieses Seminars war es, Fachleuten aus verschiedenen Techniken und wissenschaftlichen Disziplinen die Möglichkeit zu geben, die Art und Weise der Risikobewältigung in ihrem jeweiligen Bereich darzulegen, um auf diese Weise einen möglichen Erfahrungs- und Wissensaustausch in Gang zu setzen.

Entsprechend den verschiedenen Bereichen und Disziplinen der Tagung, ist dieses Buch in neun wesentliche Themenkreise gegliedert, meist mit jeweils zwei Vorträgen oft gegensätzlicher Position. Im Seminar schloß sich an diese Vorträge eine Diskussion an, die von einem Moderator zusammengefaßt wurde. Diese Zusammenfassung folgt jedem Themenkreis, die der generellen Diskussion steht am Schluß des Buches.

Über den Nutzen der Risikoanalyse hat es in den letzten Jahren zum Teil heftige Diskussionen gegeben, die sich meist an der Genauigkeit und Verläßlichkeit der Aussagen entzündete, aber auch an den möglichen Folgen hypothetischer Störfälle sowie über die Art wie die Öffentlichkeit diese Folgen wahrnimmt.

Unbeschadet dieses Für und Wider des Nutzens von Risikoanalysen bleibt aber die Tatsache, daß die Risiken unserer technischen Landschaft bewältigt werden müssen und auch bewältigt werden, auch wenn das unter der optimistischeren Sprechweise der Erhöhung der Sicherheit geschehen sollte. Dabei ist zu sehen, daß immer wieder einige Probleme in verschiedenen Technologien, fast losgelöst von deren Spezifikation, auftreten, sie sind also allgemeiner Art. Hierzu gehört die Entscheidung, welches Risiko für die Allgemeinheit oder auch innerhalb der Technik tragbar ist, es gehört dazu wie Schaden quantifiziert werden soll oder wie Aufwand für Verbesserung und Risikominderung korreliert sind.

Technikspezifischer können schon die Methoden der Analyse und Quantifizierung sein, während die einzusetzenden Zuverlässigkeitsdaten meist noch weitgehender systembezogen sind.

In der Vergangenheit hatte die Luft- und Raumfahrt sowie die Elektronik eine Vorreiterrolle bei der Entwicklung von Zuverlässigkeitsmethoden eingenommen, die in andere Bereiche übernommen wurde. Im kleineren Maßstab und in ähnlicher Weise ist zu hoffen, daß dieser Band die Möglichkeit gibt, Methoden der Risikobewältigung in verschiedenen Bereichen der Technik kennenzulernen und damit vielleicht einen Schritt in Richtung Wissensübertragung zwischen verschiedenen Disziplinen ermöglicht.

Die Autoren der einzelnen Beiträge waren immer bereit, zusätzliche Detailinformationen bereitzustellen oder aufgetauchte Fragen zu klären. Ich danke ihnen für diese Kooperationsbereitschaft. Außerdem danke ich dem Springer-Verlag für die überaus sorgfältige Bearbeitung des Manuskripts.

Bad Homburg v. d. H., August 1982   Sylvius Hartwig

Teilnehmer

Die Vortragenden sind durch einen Stern * gekennzeichnet.

Aurand, K. Prof. Dr. med., Erster Direktor und Professor des Bundesgesundheitsamtes, Leiter des Instituts für Wasser-Boden und Lufthygiene. Corrensplatz 1, 1000 Berlin 33

***Bass, R.** Dr., Leiter der Abteilung Toxikologie des Instituts für Arzneimittel des Bundesgesundheitsamtes, Thielallee 88–92, 1000 Berlin 33

***Bender, B.** Prof. Dr., Rechtsanwalt, Weiherhofstraße 2, 7800 Freiburg i. Br.

***Blokker, E. F.** Dr., Leiter der Sicherheitsgruppe von Dienst Centraal Milieubeheer Rijnmond gs-Gravelandseweg 565, 3119 XT Schiedam, Niederlande

***Busch, A. C.** Technical Center in Atlantic City, New Jersey, USA

***Clarenburg, L. A.** Dr., Leiter der Abteilung Umwelt c.a., Openbaar Lichaam Rijnmond, Postbus 23073, 3011 BP Rotterdam, Niederlande

Conrad, K. Dipl.-Ing., Mitglied des Vorstands der Münchner Rückversicherungsgesellschaft, Königinstr. 107, Postfach 401320, 8000 München 40

***Farmer, F. R.** Prof. Imperial College London, The Long Wood off Lyons Lane, Appleton, Warrington, WA4 5ND, Großbritannien

Fricke, M. Prof. Dr., Institut für Luft- und Raumfahrt der Technischen Universität Berlin, Fachgebiet Flugführung und Luftverkehr, Marchstr. 14, 1000 Berlin 10

Fülgraff, G. Prof. Dr., Präsident des Bundesgesundheitsamtes, Thielallee 88–92, 1000 Berlin 33

***Gütschow, G.** Dipl.-Ing., Germanischer Lloyd, Vorsetzen 32, 2000 Hamburg 11

Hartwig, S. Prof. Dr., Gruppe Risikoanalyse und Umweltphysik Battelle-Institut e. V., Am Römerhof 35, 6000 Frankfurt am Main 90

Henschler, D. Prof. Dr., Institut für Pharmakologie und Toxikologie der Universität Würzburg, Versbacher Landstr. 9, 8700 Würzburg

***Heuser, F. W.** Dr., Gesellschaft für Reaktorsicherheit, Glockengasse 2, 5000 Köln 1

***Huppmann, H.** Dipl.-Ing., Allianz-Versicherungs-AG, Königinstraße 28, 8000 München 44

Karr, H. Min.-Rat, Leiter des Referates Rechtsfragen der Sicherheits- und Umweltforschung, Bundesministerium für Forschung und Technologie, Postfach 200706, Heinemannstr. 2, 5300 Bonn 2

König, G. Prof. Dr., Lehrstuhl und Institut für Massivbau der Technischen Hochschule Darmstadt, Alexanderstr. 5, 6100 Darmstadt

Kremer, G. Direktor der Hoechst AG, Stellvertr. Leiter des Ressorts Ingenieurwesen, Hoechst AG, Postfach 800320, 6000 Frankfurt am Main 80

Lewandowski, G. Leiter des Rechtsreferates, Leitender Regierungsdirektor im Bundesgesundheitsamt, Postfach, 1000 Berlin 33

Lindackers, K. H. Prof. Dr., Stellvertr. Vorsitzender der Geschäftsführung des TÜV Rheinland e. V., Postfach 101750, 5000 Köln 1. Besucheranschrift: Am Grauen Stein, 5000 Köln 91

***Ludwikowski, P.** Dipl.-Ing., Vorstandsmitglied der Main-Gaswerke AG, Solmsstr. 38, 6000 Frankfurt am Main 90

Mayinger, F. Prof. Dr.-Ing., Lehrstuhl A für Thermodynamik der Technischen Universität München, Arcisstr. 21, 8000 München 2

Nicklisch, F. Prof. Dr. jur., Lehrstuhl für Bürgerliches Recht, Rechtssoziologie, Handels- und Wirtschaftsrecht der Universität Heidelberg, Friedrich-Ebert-Anlage 6–10, 6900 Heidelberg

Ott, K. O.   Prof., ASA/DFVLR, Linder Höhe, 5000 Köln-Porz 90

Paschen, H.   Dr., Leiter der Abteilung für Angewandte Systemanalyse Kernforschungs-zentrum Karlsruhe GmbH., Postfach 3640, 7500 Karlsruhe 1

Peine, H.   Dr., Direktor und Leiter des Bereiches Umweltschutz und Arbeitssicherheit der BASF AG, Karl-Bosch-Str. 38, 6700 Ludwigshafen

Reinhardt, P.   Reg.-Dir., Leiter des Referates Gefährliche Transportgüter, Bundesministe-rium für Verkehr, Postfach 200 100, Kennedyallee 72, 5300 Bonn 2

***Rössler, D.**   Prof. Dr. theol., Dr. med., Universität Tübingen, Engelfriedshalde 39, 7400 Tübingen

Salz, W.   Dr., Referat Grundsatzfragen der Sicherheitsforschung und Technik, Bundesmini-sterium für Forschung und Technologie. Postfach 200 706, Heinemannstr. 2, 5300 Bonn 2

Samson, E.   Prof. Dr., jur., Seminar der Universität Kiel, Forschungsstelle für Umwelt-schutz-, Wirtschafts- und Steuerstrafrecht, Fakultätenblock 3 N 50 b, Olshausenstr. 40–60, 2300 Kiel

***Schmidt-Küster, W.**   Dr. Min. Dir., Leiter der Abteilung Energie, Umwelt und Rohstoffe, Bundesministerium für Forschung und Technologie, Postfach 200 706, Heinemannstr. 2, 5300 Bonn 2

Schottelius, D.   Dr., Verband der Chemischen Industrie, Karlstraße 21, 6000 Frankfurt am Main

***Schueller, G. I.**   Dr.-Ing. habil., Leiter der Arbeitsgruppe Sicherheit und Zuverlässigkeit von Tragwerken, Institut für Bauingenieurwesen III der Technischen Universität München, Arcisstr. 21, 8000 München 2

Schwarz, E.   Dr., Reg.-Dir., Referat Grundsatzfragen der Sicherheitsforschung und Tech-nik, Bundesministerium für Forschung und Technologie, Postfach 200 706, Heinemannstr. 2, 5300 Bonn 2

Seipel, H.   Min.-Rat, Dipl.-Ing. Leiter der Gruppe Sicherheits- und Umweltforschung, Bun-desministerium für Forschung und Technologie, Postfach 200 706, Heinemannstr. 2, 5300 Bonn 2

***Stüssel, R.**   Dr., Direktor des Ingenieurwesens Deutsche Lufthansa, Postfach 300, 2000 Hamburg 63

Thoenes, H.-W.   Prof. Dr., Direktor der Rhein. Westf. TÜV e.V., Postfach 7041, 4300 Essen 1

***Uebing, D.**   Prof. Dr., Direktor, Mitglied der Geschäftsführung des TÜV Rheinland e.V., Postfach 101 750, 5000 Köln 1

***Watzel, G. V. P.**   Dr., RWE-Hauptverwaltung, Abteilung für Kraftwerksplanung, Errich-tung und Inbetriebnahme, Leiter des Referates Allgemeine Sicherheitsfragen, Kruppstr. 5, 4300 Essen

***Weise, E.**   Prof. Dr., Leiter des Werkes Bayer Leverkusen, Bayer AG, 5090 Leverkusen

***Zapf, R.**   Dr., Abteilungs-Direktor, Leiter der Medizinischen Abteilung H 840, Hoechst AG, Postfach 800 320, 6000 Frankfurt am Main 80

Zehr, J.   Dr. Ing., Leitender Direktor und Professor der Abteilung 4 Chemische Sicherheits-technik der Bundesanstalt für Materialprüfung, Unter den Eichen 87, 1000 Berlin 45

***Zerna, W.**   Prof. Dr.-Ing., Dr.-Ing. E.h., Institut für Konstruktiven Ingenieurbau, Lehr-stuhl I, Ruhr-Universität Bochum, Universitätsstr. 150, 6430 Bochum

Inhaltsverzeichnis

Energietechnik

Aspekte der Sicherheit in der chemischen Industrie

Sicherheitsentscheidungen bei Arzneimitteln und Chemikalien

Versicherung

Juristische Aspekte

Begrüßung der Seminarteilnehmer

W. Schmidt-Küster

Sehr geehrte Damen und Herren,
ich begrüße Sie sehr herzlich zu unserem Seminar „Risiko- und Sicherheitsforschung". Die Tatsache, daß so viele führende Fachleute in Leitungspositionen sich trotz ihrer großen beruflichen Beanspruchung die Zeit genommen haben, hier mit uns über dieses Thema zu diskutieren, bestätigt mir die Aktualität der zugrunde liegenden Problematik.

Es gibt eine Reihe von Anlässen, sich mit den Risiken in unserer modernen Industriegesellschaft, mit denen wir heute bereits leben und die wir für die Zukunft mitgestalten können und müssen, intensiver und systematischer auseinanderzusetzen als in der Vergangenheit.

Ausgangspunkt ist zunächst, daß die technische Entwicklung in neue Dimensionen der Qualität und Quantität von Risiken hineingeführt hat. Dies ist ganz offenkundig z.B. im Bereich der Energieversorgung, des Transports, der Erzeugung und des Umgangs mit gefährlichen Stoffen, im Bereich der medizinisch-biologischen Forschung und der zentralisierten Ver- und Entsorgungseinrichtungen. Es ist keineswegs selbstverständlich, daß der technische Fortschritt die durch ihn bewirkten Risiken und Folgewirkungen in jedem Fall automatisch und quasi lautlos durch weiteren Fortschritt wieder beseitigt.

Dies geht einher mit einer vertieften Einsicht in diese Risiken, und zwar sowohl im „Makro-" als auch „Mikrobereich". Die Fortentwicklung prognostischer Methoden zur Risikoanalyse, die wesentliche Impulse durch Raumfahrt und Kerntechnik erhalten hat, ermöglicht eine verbesserte Beschreibung von Störfallmöglichkeiten und -folgen. Dies gilt auch für ganz entfernte Schadensmöglichkeiten, deren Eintrittswahrscheinlichkeit sehr klein, deren Folgen jedoch sehr groß sein können.

Eine analoge Entwicklung vollzieht sich bei der Bewertung der Emission und Immission von Schadstoffen. So erlauben Verfeinerungen in der Meßtechnik heute den Nachweis außerordentlich geringer Schadstoffkonzentrationen. Die Wirkungen solch geringer Konzentrationen sind aber häufig nur unzureichend bekannt. Das hat zur Folge, daß auch hier Risiken vermutet werden müssen, und daß die Festlegung z.B. von zulässigen Immissionsgrenzwerten faktisch eine Risikoentscheidung darstellt.

Zugleich entwickelt sich in der Öffentlichkeit ein zunehmendes Bewußtsein, daß derartige Risiken bestehen und daß die klassischen, bevorzugt an Erfahrung orientierten Präventivmaßnahmen der Art und Größe des Gefahrenpotentials nicht mehr in jedem Fall gerecht werden. Diese Entwicklung wird beschleunigt und verstärkt durch die moderne Kommunikationstechnik. Sie läßt die Welt zusammenschrumpfen und liefert uns direkt und frei Haus, meist in sensationell aufgemachter Berichterstattung, Bilder von Katastrophen aus aller Welt. Auf diesem Wege haben zweifellos Ereignisse wie

- die Explosion von Flixborough,
- das Unglück von Seveso,
- der Tanklastwagenunfall in Alfaquez,
- der Störfall im Kernkraftwerk Three Mile Island,
- das Zugunglück in Mississauga

erheblich zur Sensibilisierung der Öffentlichkeit gegenüber den sie umgebenden Risiken beigetragen.

Wir leben heute in Europa in einer Zeit des Wohlstandes und sozialer Sicherheit, frei von Krieg. Es ist verständlich, daß die Bevölkerung in einer vergleichsweise risikofreien Umgebung dem Sicherheitsbedürfnis im Verhältnis zu anderen Bedürfnissen einen ganz anderen Stellenwert beimißt als etwa in den Kriegs- und ersten Nachkriegsjahren. Der Anspruch auf Gesundheit, Unverletzlichkeit des Lebens und hohe Lebenserwartung steht ganz im Vordergrund. Diese Entwicklung wird flankiert durch ein besonders in den letzten 10 Jahren ausgeprägtes neues Verständnis, wie in unserer Demokratie Entscheidungen zu treffen sind, die praktisch Risiko- und damit Wertentscheidungen bezüglich der soeben genannten Güter darstellen.

Bezeichnend für diese Entwicklung sind

- ein vermindertes Vertrauen in die Aussagen von Experten,
- der Wunsch nach mehr Transparenz des Entscheidungsprozesses, d.h. insbesondere, deutliche Trennung zwischen Gefahrenanalyse und überlagerter Wertentscheidung
- und die Forderung betroffener Gruppen nach einer direkten Mitsprache bei den notwendigen Entscheidungen.

Aus den bisherigen Feststellungen ergibt sich bereits, daß wir alle prüfen müssen, welche zusätzlichen Voraussetzungen zu schaffen sind, damit wir den sich verändernden Ansprüchen genügen. Ich denke vor allem an

- die Analyse von Gefahren,
- eine verständliche Beschreibung von Risiken, sowie der Darstellung der Vergleichbarkeit verschiedener Risiken und
- die Verdeutlichung der bei Risikoentscheidungen zu treffenden Güterabwägung.

Darüber hinaus gibt es aber auch noch weitere und ganz konkrete Anlässe, sich mit den Themen Risiko, Risikoanalyse, Risikobewertung und notwendige Sicherheitsmaßnahmen zu befassen.

Ich möchte an dieser Stelle insbesondere den am 27. 6. 1980 vorgelegten Bericht der vom Deutschen Bundestag eingesetzten Enquête-Kommission „Zukünftige Kernenergie-Politik" erwähnen. Der Bericht beinhaltet den Appell, die mit den verschiedenen Formen der Energieerzeugung verbundenen Risiken vergleichend zu untersuchen. Ferner sollen Risikoanalysen als Entscheidungshilfen, z.B. für die Forderung nach weiteren sicherheitstechnischen Verbesserungen an Kernkraftwerken, eingesetzt werden. Die Kommission fordert ferner eine „risikoorientierte Analyse zum SNR 300", in der ein Vergleich mit dem von einem Druckwasserreaktor ausgehenden Risiko vorgenommen werden soll.

Schließlich empfiehlt die Kommission im Zusammenhang mit dem Thema „Entsorgung" Risikostudien zu den einzelnen Anlagen des Brennstoffzyklus der verschiedenen Entsorgungskonzepte in Auftrag zu geben.

Meilensteine auf dem Weg zu einer quantitativen Risikoanalyse waren zweifellos der amerikanische Rasmussen-Report und darauf aufbauend die Deutsche Risikostudie unter Leitung von Prof. Birkhofer. Die Diskussion über den Aussagewert der Ergebnisse ist zwar noch längst nicht abgeschlossen. In der Fachwelt verfestigt sich jedoch der Konsens, daß der gewählte Ansatz gleichwohl der zur Zeit bestmöglichste ist, um das Risiko einer komplexen Anlage objektiv, systematisch und umfassend zu beschreiben. Dies wird auch von der Enquête-Kommission anerkannt. Sie empfiehlt ausdrücklich eine Weiterentwicklung der Methodik und eine Vertiefung der Untersuchungen der Phase A der Deutschen Risikostudie in einer sich daran anschließenden Phase B.

Die Notwendigkeit, nach neuen Wegen zu suchen, Risiken zu verstehen, zu beschreiben und zu bewerten liegt sozusagen „in der Luft". Gerade im letzten Jahr haben sich Publikationen, Seminare und Tagungen in In- und Ausland gehäuft, die diesem Thema gewidmet waren. Trotzdem fehlt bislang ein zusammenhängendes Konzept, aus dem abgeleitet werden kann

- welche übergreifenden Ziele anzustreben und welche konkreten Etappenziele in überschaubarer Zeit erreichbar erscheinen,
- welche konkreten Maßnahmen zu diesem Zweck zu ergreifen sind und
- welche Forschungs- und Entwicklungsarbeiten im Hinblick auf die vorgegebenen Ziele vorrangig sind.

In den USA zeichnen sich erste programmatische Ansätze ab. Die National Science Foundation hat auf Veranlassung des House Committee on Science and Technology die Initiative ergriffen, ein systematisches Forschungsprogramm zur vergleichenden Risikobewertung alternativer Technologien zu erstellen.

Ferner liegt in den USA dem zuständigen Ausschuß ein Gesetzentwurf vor, der die Einrichtung einer speziellen Gruppe für Risikobewertung im Office of Science and Technology Policy vorsieht. Diese Gruppe soll sich insbesondere auch mit der Untersuchung von Methoden für vergleichende Risikoanalysen befassen.

Nach meiner Auffassung müssen wir uns auch in der Bundesrepublik Deutschland der Aufgabe stellen, einen systematischen Ansatz zur Behandlung des Themas Risiko zu versuchen. Dies gilt vor allem im Hinblick auf die bereits auf dem Tisch liegenden Fragen im Energiebereich.

Ich sehe hier vor allem, auch eine Aufgabe des Bundesforschungsministers, die an das forschungspolitische Ziel anknüpft, technologische Entwicklungen in ihren Auswirkungen und Zusammenhängen zu erkennen, ihre Chancen und Risiken abzuwägen und zu diskutieren und Entscheidungen über die Nutzung von Technologien zu begründen. Das BMFT befindet sich dabei in der vorteilhaften Lage, daß es kaum über eine Gesetzgebungs- und Vollzugskompetenz bei der Genehmigung gefährlicher Technik verfügt.

Dies sollte die Zusammenarbeit mit Partnern aus Industrie und Wissenschaft, die wir unbedingt brauchen, wesentlich vereinfachen. Die Distanz zur Genehmigungsverantwortung erleichtert es, gängige Betrachtungsweisen in Frage zu stellen. Denn bei der Analyse und Beschreibung von Risiken muß man über die Grenzen der üblichen Schadensvorsorge hinausdenken, die vor allem durch die aus eingetretenen Schadensfällen gewonnenen Erfahrungen bestimmt sind.

Wir haben inzwischen im BMFT erste Überlegungen angestellt, wie unser Beitrag aussehen könnte. Die bisher aufgeworfenen Fragen legen es nahe, zunächst bei einer Weiterentwicklung der Methodik der Risikoanalyse anzusetzen und diese an konkreten Beispielen zu erproben. Dazu müssen auch unsere Kenntnisse über maßgebliche naturwissenschaftliche Phänomene und Wirkungszusammenhänge erweitert werden.

Die Erwartung an eine mögliche Nutzanwendung von Risikoanalysen sind oft vielfältig und bei manchen sehr groß. Einige sehen in ihr ein Instrument

- zu einer Verständigung über die „ratio" von Risikoentscheidungen,
- für die Begrenzung erforderlicher Schadensvorsorge und Begründung von Sicherheitsfaktoren bei gefährlichen Anlagen,
- für eine ausgewogene Weiterentwicklung der Sicherheitstechnik,
- zur globalen Optimierung des Mitteleinsatzes der Volkswirtschaft zu einer Risikominderung,
- zur Entscheidungshilfe bei der Einführung neuer Technologien und der Bewertung möglicher Alternativen.

Uns ist aber auch bewußt, daß andererseits nicht wenige erfahrene Fachleute den praktischen Wert der Risikoanalyse sehr in Zweifel ziehen.

In diesem Spannungsfeld von Meinungen scheint es mir ratsam, vor allem anhand konkreter Anwendungsbeispiele einzukreisen, welche Hilfen wir von der Risikoanalyse tatsächlich erwarten können. Besonders wichtige und für die Leistungsfähigkeit der Methode aufschlußreiche Anwendungsbeispiele liegen sicher in solchen Bereichen, in denen große Gefährdungspotentiale, z.B. aufgrund lokaler Häufung von Anlagen, bestehen. Dort sind Störfälle denkbar, die unter keinen Umständen passieren dürfen und bei denen wir uns ein Lernen durch Erfahrung nicht leisten können. Gerade für diese Fälle muß sich zeigen, ob die Risikoanalyse über andere Möglichkeiten der Gefahrenbeurteilung hinausführt oder ob sie zumindest diese sinnvoll ergänzt.

Ich halte es für angebracht, diese Aufgabe behutsam anzugehen. Wir müssen einräumen, daß der Erfolg nicht sicher ist, aber zugleich müssen wir darauf beharren, daß die bloße Chance eines Erfolges den Versuch lohnt.

Die isolierte Betrachtung lediglich von Risiken birgt Gefahren in sich und kann dadurch destruktiv wirken. Wir dürfen nicht übersehen, daß die Bevölkerung auch sehr kleine Risiken nicht akzeptiert, wenn diesen Risiken nicht ein erkennbarer Nutzen gegenübersteht.

Es wird deshalb sehr wichtig sein, alle Risikoaussagen stets auch in den Zusammenhang der zugeordneten Nutzen- und Kostenaspekte zu stellen. Es darf auch nicht übersehen werden, daß sich unsere Industrie in einem weltweiten Konkurrenzgefüge behaupten muß.

Wir wollen ferner auch darauf achten, daß Erkenntnisse über möglicherweise vorhandene Spitzen in der uns umgebenden Risikolandschaft zum Anlaß genommen werden, notwendige Entwicklungsarbeiten zu stimulieren, die Abhilfe schaffen können. Unsere wichtigste Aufgabe besteht letztlich darin, einen konstruktiven Beitrag zu leisten, unsere Lebens- und Arbeitsbedingungen zu verbessern; das heißt in diesem Zusammenhang: Risiken zu minimieren, wo immer das mit sinnvollem Aufwand möglich ist. Darüber hinaus werden wir versuchen, ein besseres Verständnis der Wechselwirkungen zwischen Technik und Gesellschaft im Hinblick auf die Einstellungen gegenüber Risiken zu fördern.

Wir betrachten die bisherigen Vorstellungen im BMFT für die Risiko- und Sicherheitsforschung, die ich versucht habe, umrißhaft anzudeuten, als vorläufige Arbeitshypothesen. Bei einer derart komplexen Materie ist ein Dialog mit führenden Fachleuten unerläßlich. Wir brauchen für einen Reifungsprozeß und für eine weitere Konkretisierung von Ideen Resonanz aus dem Bereich von Wirtschaft, Wissenschaft und Verwaltung. Unser heutiges Seminar ist ein erster Schritt zu einem solchen Dialog.

Wir verbinden mit der bewußt sehr breit angelegten Themenstellung die Absicht, in einer umfassenden Bestandsaufnahme herauszufinden, wie sich die Frage nach Sicherheit und Risiko aus der Sicht der verschiedenen Fachdisziplinen darstellt und wo Aufgaben für die Forschung gesehen werden. Die Fragen zur Wahrnehmung und Akzeptanz von Risiken stehen am Anfang des Seminars. Daran schließt sich eine grundsätzliche Betrachtung über den Nutzen der Risikoanalyse an.

Besonders viel Raum wird einer Analyse der Entscheidungspraxis in wichtigen Disziplinen gegeben, bei denen offenkundig Risikoentscheidungen getroffen werden müssen. Dahinter steht die Beobachtung, daß sich die Maßstäbe für Sicherheitsstandards bei den verschiedenen Gefährdungsarten je nach Fachgebiet und behördlicher Zuständigkeit weitgehend unabhängig voneinander entwickelt haben. Dies gilt insbesondere für das Feld sehr unwahrscheinlicher Schadensmöglichkeiten, wo Reaktionen der Öffentlichkeit auf Schadenserfahrungen nicht vorliegen und wo folglich die Fachleute weitgehend unter sich waren bei der Festlegung der Maßstäbe für entsprechende Vorsorgemaßnahmen.

Deshalb scheint es mir zur Zeit auch kaum übersehbar, wie sich Risiken in den einzelnen Bereichen relativ zueinander verhalten und an welchen Stellen – bei ganzheitlicher Betrachtung des Risikos aus volkswirtschaftlicher Sicht – weitere Anstrengungen zur Vergrößerung der Sicherheit besonders erfolgversprechend und besonders wirtschaftlich wären.

Wir verkennen nicht die Schwierigkeiten, die die eingeladenen Referenten mit dem ihnen gestellten Thema haben. Es liegt auf der Hand, wie schwer es für alle ist, die für konkrete Sicherheitsentscheidungen auf ihrem Gebiet Verantwortung tragen, ihre eigenen Entscheidungsgrundlagen und -maßstäbe mit Distanz zu reflektieren. Als eine Hilfe und Anregung für die Abfassung der Referate und für die Diskussion haben wir Ihnen einen Fragenkatalog zugesandt, in dem wir die aus unserer Sicht wesentlichen Fragen zusammengestellt haben. Selbstverständlich soll die Thematik dadurch nicht eingeengt werden.

Ich bitte Sie deshalb herzlich, im Interesse einer disziplinübergreifenden Betrachtung, zumindest den Versuch zu wagen, es nicht bei einer bloßen Rechtfertigung der gegenwärtigen Praxis zu belassen.

Aufschlußreich sind sicher auch die Erfahrungen der Versicherungen. Hier hat vermutlich die intensivste Querschnittsbetrachtung von Risiken in verschiedenen Bereichen stattgefunden, da alle Risiken letztlich auf einen gemeinsamen monetären Nenner zu bringen waren.

Last but not least gilt unser Interesse den juristischen Aspekten beim Umgang mit technischen Risiken.

Lassen Sie mich nun noch etwas zum Teilnehmerkreis an diesem Seminar sagen. Wir haben versucht, durch die Auswahl der Teilnehmer für jedes angesprochene Thema eine möglichst große Vielfalt an Fachwissen und Erfahrungen einzubringen. Zugleich aber mußten wir die Teilnehmerzahl begrenzen, um den Seminarcharakter zu erhalten. Dabei war es unvermeidlich, einer Vielzahl von hervorragenden Fachleuten den Wunsch nach einer Teilnahme abzuschlagen. Diese sehen nun der vorgesehenen Veröffentlichung der Vorträge und Diskussionsbeiträge mit großem Interesse entgegen.

Wir haben die Absicht, die Diskussion auch im größeren Kreise fortzuführen und denken daran, in absehbarer Zeit ein öffentliches Symposium, eventuell im internationalen Rahmen, zu fördern.

Zum Schluß möchte ich noch eines deutlich herausstellen: Ich bin davon überzeugt, daß das vor uns liegende Programmfeld nur in einem kooperativen und vertrauensvollen Zusammenwirken zwischen Wirtschaft, Wissenschaft und Staat konstruktiv ausgestaltet werden kann. Es kann sicher nicht darum gehen, auf dem Weg über die Risikoforschung neue Erkenntnisse unmittelbar in neue Genehmigungsvorschriften umzusetzen, denn unsere Forschungsthemen sollten einen großen zeitlichen Vorlauf vor anstehenden Genehmigungsentscheidungen haben. Das, worauf es letztlich ankommt ist, bei denen, die in Sicherheitsfragen Verantwortung tragen, selbst und freiwillig Sinn und Bewußtsein für die der heutigen Technik angemessenen Sicherheitsmaßstäbe zu schärfen und damit dem Bewußtseinswandel in der Bevölkerung Rechnung zu tragen.

Ich hoffe, mit dem Rahmen dieses Seminars die Chance für die notwendige Kommunikation gegeben zu haben und wünsche Ihnen und uns zwei lohnende Tage in Romrod.

Fragenkatalog zum Seminar „Risiko- und Sicherheitsforschung"

Der Fragenkatalog enthält Fragen, die aus der Sicht des BMFT besonders im Themenbereich „Praxis der Risikoentscheidung und Sicherheitstechnik" von Interesse sind. Mit der Formulierung der Fragen ist nicht die Absicht verbunden, die Beiträge zum Seminar auf den so gezeichneten Rahmen zu beschränken.

I. Heutige Sicherheitspraxis

- Wie hat sich die in Ihrem Fachbereich geltende Sicherheitsphilosophie historisch entwickelt? Inwieweit wurden wichtige Regelungen durch Unfälle oder Katastrophen ausgelöst?
- Haben sich die Gefahrenpotentiale in Qualität und Quantität im Laufe der letzten Jahrzehnte (z.B. durch die technische Entwicklung) verändert und wie ist ggf. durch Erweiterung der Schadensvorsorge und Verbesserung der Sicherheitstechnik dem Rechnung getragen worden (auch im internationalen Vergleich)?
- Inwieweit werden Sicherheitsfragen in Ihrem Fachbereich durch Vorschriftenwerke reguliert? Welche Legitimationsbasis haben sie insbesondere hinsichtlich der normativen Elemente, mit denen de facto das der Umgebung und Dritten auferlegte Risiko bestimmt wird?
- Welche wichtigen Schnittstellen im Zusammenwirken (insbesondere Kommunikation) verschiedener Organisationen, Behörden usw. müssen zur Gewährleistung der Sicherheit beachtet und überbrückt werden?
- Welche Einrichtungen zur Weitergabe sicherheitsrelevanter Information (z.B. Schadensfälle usw.) gibt es in Ihrem Fachbereich? Sind sie ausreichend, z.B. auch für Kleinbetriebe?
- Gibt es in Ihrem Fachbereich Unfallstatistiken bzw. Ausfallstatistiken? Welche Aussagen ermöglichen Sie? Wer führt die Statistiken? Sind sie allgemein zugänglich?

- Welche Kriterien halten Sie für maßgeblich bei der Beurteilung, ob eine Technologie „sicher" oder „nicht sicher" bzw. ob die erforderliche Vorsorge gegen Schadensfälle getroffen ist?
- Wie werden Sicherheitszuschläge für Grenzen des Wissens ermittelt?
- Ein Teil der Risiken einer Technologie ist nicht durch technisches Versagen, sondern durch menschliches Fehlverhalten bedingt. Wie wird menschliches Versagen berücksichtigt?
- Wie wird in Ihrem Fachbereich die wechselseitige Beeinflussung benachbarter risikobehafteter Anlagen beurteilt?
- Wie werden „natürliche" Gefahren (z. B. Erdbeben, Hochwasser, Sturm) in Ihrem Fachbereich sicherheitstechnisch berücksichtigt? Sofern statistische Angaben vorliegen: Welche Wahrscheinlichkeit wird für die Bemessung von Systemen angesetzt?
- Äußere Einwirkung oder auch die Einwirkung Dritter kann ein Grund für die Entstehung von Risiken sein. Inwieweit werden in Ihrem Fachbereich dagegen Vorkehrungen getroffen?
- In welchem Ausmaß werden in Ihrem Fachbereich Notfallschutzmaßnahmen geplant? Wie eng sind sie mit der Sicherheitskonzeption und der Analyse möglicher Schadensabläufe korreliert?

II. Quantitative Sicherheitsanalyse

- Inwieweit werden in Ihrem Fachbereich quantitative Analysen über Wahrscheinlichkeit und Auswirkungen möglicher Störungen erstellt und zur Bemessung von Sicherheitsmaßnahmen verwendet?
- Halten Sie derartige quantitative Untersuchungen für zweckmäßig und erstrebenswert (z. B. in Ergänzung des üblichen „trial and error"-Vorgehens)?
- Wo sehen Sie in Ihrem Bereich Hindernisse, die einem effektiven Gebrauch der quantitativen Sicherheitsanalyse entgegen stehen, z. B. hinsichtlich

  - Datenverfügbarkeit,
  - methodischem Vorgehen,
  - Darstellung der Ergebnisse?

- Quantitative Sicherheitsanalyse ist ein prognostisches Verfahren. Es werden viele statistische Daten benutzt. Welche Bandbreite der Genauigkeit halten Sie noch für tolerierbar, damit diese Analysemethode im Verhältnis zu einer ausschließlich qualitativen bzw. auf Empirie begründeten Bewertung eine höhere Aussagekraft erlaubt?
  Was kann zur Erhöhung der Genauigkeit getan werden?
- Welche Probleme oder Vorteile erwarten Sie aus einer quantitativen Analyse der Sicherheit (bzw. des Risikos) in Ihrem Fachbereich

  - unter Fachleuten,
  - zwischen Antragstellern und Behörden beim Genehmigungsverfahren
  - in der Öffentlichkeit?

Risikowahrnehmung, Akzeptanz und Risikoanalysen

Die Sicherheit der Technik als öffentliches Problem

D. Rössler

Im Jahre 1838 erstattete das Bayerische Obermedizinalkollegium ein Gutachten zur Einführung der Eisenbahn. Darin heißt es: „Die schnelle Bewegung muß bei den Reisenden unfehlbar eine Gehirnkrankheit, eine besondere Art des delirium furiosum erzeugen. Wollen aber dennoch Reisende dieser gräßlichen Gefahr trotzen, so muß der Staat wenigstens die Zuschauer schützen, denn sonst verfallen diese beim Anblick des schnell dahinfahrenden Dampfwagens genau derselben Gehirnkrankheit. Es ist daher notwendig, die Bahnstelle auf beiden Seiten mit einem hohen Bretterzaun einzufassen."

Es läßt sich heute nicht mehr genau ausmachen, welche psychopathologischen Anschauungen diesem Gutachten zugrunde gelegen haben. Sicher ist, daß die Erwägungen ebenso ernsthaft wie sachgemäß und von nüchternem ärztlichen Fachwissen diktiert gewesen sind. Die Münchener Geheimen Obermedizinalräte argumentierten nicht für einen alternativen Lebensstil. Sie formulierten vielmehr auf dem Boden der Einsicht, die die Medizin der Zeit ihnen bot, welches Risiko zu bedenken und welche Sicherheit zu fordern sei. Dieses Gutachten war freilich nur die besondere Stimme in einem sehr viel größeren Chor. Die Ängste und Befürchtungen in der Öffentlichkeit und zumal bei unmittelbar betroffenen Landwirten waren schwer und nicht selten ungeheuerlich. In der Magdeburgischen Zeitung vom 3. Dezember 1833 war zu lesen, daß die Eisenbahn zum völligen Ruin der Landwirtschaft führen müsse, und zwar u.a. deshalb, weil der Anbau von Hafer überflüssig werde. Selbst der Preußische Generalpostmeister war, wenn auch aus völlig anderen Gründen, gegen die Eisenbahn. Täglich, so hieß es, fahren mehrere sechssitzige Posten nach Potsdam und die Wagen sind nur selten voll – was soll dann die Eisenbahn befördern? Vielerlei Sorgen und Befürchtungen, so schrieb ein Zeitgenosse, wurden rege und trieben oft zu angestrengtester Gegenwehr gegen den Dampfwagen und die Eisenstraße … Freilich: Alle diese Sorgen und Befürchtungen galten bereits nach kurzer Zeit als widerlegt. Sie blieben Episode. Der Streit der Meinungen war heftig, aber nur kurz.

Was hat sich geändert?

Gewandelt haben sich vor allem Bedeutung und Funktion der Öffentlichkeit. Freilich: Öffentlichkeit und öffentliche Meinung hat es auch schon zur Zeit der ersten Eisenbahn gegeben. Aber sie waren ohne öffentliche Bedeutung, oder richtiger: sie waren im Begriff, diese Bedeutung gerade nach und nach zu gewinnen. In denselben Dreißiger Jahren, aus denen das Gutachten des Bayerischen Obermedizinalkollegiums stammt, schrieb der liberale Politiker Johan Georg August Wirth in einem Flugblatt für das Hambacher Fest: „Aus dem geistigen Bündnis (der Bürger) entspringt die Macht der öffentlichen Meinung, welche schwerer in die Waagschale der

Gewalten fällt als alle Macht der Fürsten." Genau dieses Programm ist dann durch die Geschichte verwirklicht worden: Die Macht der öffentlichen Meinung ist an die Stelle getreten, an der die Macht der Fürsten stand. Wer jetzt eine Eisenbahn bauen wollte, brauchte die öffentliche Zustimmung, nicht mehr die einer königlichen Hoheit, oder präziser: Nicht mehr die Zustimmung derjenigen Institutionen, die im hierarchisch gegliederten Fürstenstaat mit dem einschlägigen Entscheidungsmonopol ausgestattet werden. Der nötige Konsens der Entscheidungsträger ist vielmehr identisch geworden mit dem sozialen und öffentlichen Konsens selbst.

Eines der Hauptprobleme dieser Öffentlichkeit aber besteht darin, daß sie keine Einheit bildet. Dieselben geschichtlichen Prozesse, durch die die Entscheidungskompetenz der Öffentlichkeit begründet wurde, haben die Aufteilung dieser Öffentlichkeit in sehr unterschiedliche Parzellen und Gruppierungen bewirkt. Aus der stratifikatorisch gegliederten und geschichteten Gesellschaft ist die segmentierte und in Fraktionen oder Sektoren oder Subsystemen differenzierte Gesellschaft hervorgegangen. Einhellige Urteile lassen sich seither in der öffentlichen Meinung kaum noch feststellen, und selbst qualifizierte Mehrheiten sind selten geworden. In allen Zusammenhängen, in denen technische Probleme eine Rolle spielen, treten darüber hinaus Komplikationen besonderer Art hinzu. Sie beginnen damit, daß die Öffentlichkeit zu allen Fragen auf diesen Gebieten mit einer Flut von Informationen überschüttet wird, und zwar von Informationen höchst unterschiedlicher Qualität. Zur folgenreichen Dissoziation der öffentlichen Meinung aber kommt es dadurch, daß diese Informationen in einzelnen gesellschaftlichen Gruppierungen jeweils eigene und spezifische Bedeutungen gewinnen. Sie werden zur Funktion von Tendenzen, die sich vorausliegenden moralischen oder politischen Einstellungen verdanken und deren Interesse weniger dem informativen Gehalt als vielmehr dem argumentativen Wert gilt. Da denn dieser öffentliche Streit um technische Entscheidungen nicht durch solche Informationen ausgelöst wird, kann er durch sie auch nicht beigelegt werden.

Ihre eigentümliche Sensibilität, die sie von den meisten anderen öffentlichen Themen unterscheiden, gewinnen die Probleme der Technik jedoch darüber hinaus durch ihre herausragende Bedeutung für die beiden großen und leitenden Zivilisationsziele der Gegenwart: Für die Partizipation des Einzelnen am Ganzen der Kultur und für den Schutz vor vitalen Bedrohungen. Tatsächlich ist das erste große öffentliche Zivilisationsziel heute die Beteiligung jedes einzelnen an allen Lebensgestalten und Lebensformen, die überhaupt im Horizont der Kultur zugänglich sind. Dazu gehört, daß jeder einzelne imstande sein soll, an sämtlichen Angebotsvarianten des Konsums teilzunehmen, dazu gehört aber vor allem die für jedermann gleichberechtigte und unterschiedslose Partizipation an der allgemeinen Mobilität. Gerade die jedem subjektiven Bedürfnis offene und ungehinderte Bewegungsfreiheit über die gesamte politisch zugängliche Welt und die individuelle Gestalt der Mobilität sind zum Symbol dieses Zivilisationszieles überhaupt geworden. Das andere Ziel ist durchaus gleichrangig. Schutz vor vitaler Bedrohung ist der Sinn aller Daseinsvorsorge. Garantien oder doch zumindest die Bereitstellung aller verfügbaren Maßnahmen für den Erhalt oder nötigenfalls für die Wiederherstellung der körperlichen, seelischen und sozialen Lebensfähigkeit werden hier ebenso erwartet, wie die Sicherheit der äußeren, politischen und ökonomischen Verhältnisse auf allen Ebenen des Gemeinwesens. Nicht wenige Konstellationen freilich haben zur Folge, daß diese beiden Ziele miteinander in Konkurrenz treten und in Widerspruch geraten. Nur zu oft lassen sich die Interessen des einen nicht ohne weiteres mit den Interessen des anderen verbinden und vereinbaren. Für beide Ziele aber ist die Technik – im weitesten Sinne – von tragender Bedeutung. Kein Wunder also, daß ein solcher Streit öffentlicher Interessen so häufig als ein Streit auf dem Gebiet der Technik ausgetragen wird, und daß an so vielen Stellen dieser Auseinandersetzung die Sicherheit zum Thema wird.

Die Technik hat das allgemeine Bewußtsein verändert. Von der modernen Technik gehen – so hat man gesagt – permanent revolutionäre Wirkungen auf die Gesellschaft aus. Wie keine anderen Vorgänge haben die Folgen dieser Einflüsse den Epochenunterschied zwischen der Gegenwart und der Zeit der ersten Eisenbahn deutlich gemacht. Die Entwicklung der Technik ist mit den Grundformen menschlicher Tätigkeit und Arbeit verglichen worden. Die technische Ausweitung und Ergänzung des menschlichen Handelns orientierte sich an den Beinen und an den Händen, sie ließ Hilfsmittel für die Fortbewegung entstehen und Werkzeuge zur Perfektionierung und Steigerung manueller Verrichtungen, und dies gelang umso besser, als dafür neu erschlossene Energien genutzt werden konnten. Der Sinn der Technik, sagt Arnold Gehlen, habe in der Sorge dafür bestanden, daß der Mensch das, was er will, auch erreichen kann.

Demgegenüber ist es eine Epochenwelle und eine qualitative Veränderung gewesen, daß die Technik begann, sich an der geistigen Arbeit des Menschen zu orientieren und also dazu überging, Können und Fähigkeiten zu produzieren, die nicht mehr allein durch vorgegebene Zielsetzungen definiert waren. Damit war vielmehr ein Niveau erreicht, das völlig neue Aufgaben, die erst im Verlauf des technischen Fortschritts selbst auftraten und vorstellbar wurden, in Angriff zu nehmen erlaubte oder notwendig machte. Die technische Entwicklung begann, auch sich ihre Ziele selbst zu produzieren. Arnold Gehlen hat darauf hingewiesen, daß seither ein zunehmender Teil der verfügbaren technischen Intelligenz dazu benötigt wird, um die Nebenfolgen, Mißstände und Großprobleme abzufangen, die absichtslos aus dieser nicht mehr gesteuerten Selbstentfaltung der Technik hervorgegangen sind, – Ökologie, Verkehr und Ernährung sind zu exemplarischen Kennzeichen dieser Situation geworden. Nicht zuletzt gehört hierher die Frage, wie man die rein affektive Informationsverarbeitung, von der schon die Rede war, unter Kontrolle bringen kann, die ganze Bevölkerungen ergreift und die aus der völlig verselbständigten weltumspannenden Informationsverbreitung folgt.

Im Zuge dieser Entwicklungen sind die Lebensräume und die Lebensformen, die ohne technische Durchdringung und Ausweitung geblieben sind, immer seltener geworden. Darin wird der eigentliche Sinn des Begriffs der technischen Revolution greifbar und anschaulich. Von der Technik wird nicht mehr allein die Erhaltung, Förderung und Vermehrung der Lebensfähigkeit gefordert, auch die Sorge für die Lebensgewißheit des einzelnen Menschen ist für das öffentliche Bewußtsein in die Kompetenz technischer Rationalität und technischen Handelns übergegangen und wird also von den technischen Strukturen der Kultur erwartet. In der abendländischen Tradition war Lebensgewißheit Sache der Religion. Sie war immer in Zusammenhängen begründet, die weiter reichten als die empirisch-objektive Welt und als der Horizont bloß unmittelbarer Erfahrung. Es waren im Wortsinn metaphysische Perspektiven des Lebens, aus denen seine Gewißheit sich ergab und erhalten wurde. Diese Gewißheit selbst freilich war und ist eine notwendige Voraussetzung und eine unerläßliche Bedingung für die Menschlichkeit des menschlichen Lebens. Gewißheit ist, mit einem Wort, das Vertrauen in die Verläßlichkeit der eigenen Lebensgeschichte und ihrer Zukunft und also in die Vertrauenswürdigkeit der Menschen und der Umstände, die diese Lebensgeschichte ausmachen. Gewißheit ist das, was den Menschen auf die Erfüllung seines Lebens hoffen läßt.

Nichts kennzeichnet die Epochenschwelle der technischen Revolution so deutlich, wie der Begründungswechsel dieser Hoffnung und ihre Übertragung in die Zuständigkeit der technisch-rationalen Weltgestaltung. Ein besonders folgenreiches Beispiel dafür ist der Gesundheitsbegriff, den die Weltgesundheitsorganisation (WHO) formuliert hat: Gesundheit ist danach ein Zustand vollständigen körperlichen, seelischen und sozialen Wohlbefindens. Diese Formel hat ihr Recht als nötige Korrektur an einer Reihe von Reduktionen und Verkürzungen in der medizinisch-naturwissenschaftlichen Auffassung vom Menschen. Ihre tatsächliche Wirkung aber geht weit darüber hinaus. Sie setzt dem ärztlichen Handeln Ziele, die den Bereich der schlichten Lebensfähigkeit weit übersteigen und tief in die Dimension der Lebensgewißheit hinzureichen versprechen. Wer etwa als Patient für seine eigene Krankheit sich von dieser Gesundheitsvorstellung leiten läßt, der muß diese Gesundheit als Verheißung eines von Grund auf erneuerten und erfüllten Lebens verstehen. Sicherheit und ein gesichertes Leben erscheinen so als das Produkt wissenschaftlich-technischen Handelns, und zwar keineswegs allein auf dem Gebiet der Medizin. Für das Bewußtsein der Öffentlichkeit hat diese Sicherheit aufgehört, ein Risiko zu sein. Die Einnahme eines Medikaments beispielsweise wird nicht als die Entscheidung für das im Vergleich mit schmerzhaften Beschwerden kleinere Übel angesehen, sondern als der sichere Weg zum Wohlbefinden. Und diese Sicherheit wird eingeklagt, wo immer nur sich Zweifel an ihrer Vollkommenheit regen. Für die öffentliche Meinung ist jeder ärztliche Mißerfolg im Verdacht, ein Kunstfehler zu sein, und zwar aus dem einfachen Grund, weil diese öffentliche Meinung zutiefst von der absoluten Sicherheit jeder sachgemäß angewandten medizinischen Technologie überzeugt ist.

Ein triviales, aber bezeichnendes Beispiel dafür ist die Reklame, die es vor kurzem für ein bestimmtes Medikament gegeben hat. Dieses Medikament senkt den Blutdruck. Man blickt da auf einer Photographie in das Cockpit eines zur Landung ansetzenden Flugzeuges mit dem entsprechend tätigen Piloten. Der Text dazu lautet: „Bringt den Blutdruck sicher runter." Diese Reklame lebt von der Suggestion, daß auf allen Gebieten der Technik Sicherheit geradezu garantiert werden kann, in der Therapie so gut wie bei der Lufthansa. Sie zeigt darüber hinaus die breite Übereinstimmung, die in dieser Erwartung zwischen der Öffentlichkeit der Laien einerseits und den Spezialisten und Experten andererseits besteht. Weil für die öffentliche Meinung also keinerlei Zweifel an der Machbarkeit restlos sicherer und risikofreier Technologie existiert, ist es eine geradezu notwendige und jedenfalls durchaus verständliche Konsequenz, daß öffentliche Empörung und lautstarker Protest überall dort ausbrechen, wo in einem technischen Projekt ein Risiko bleibt und die Sicherheit verweigert zu werden scheint.

Ich möchte diese kurze Skizze mit drei Hinweisen zusammenfassen und abschließen.

1. Die Sicherheit technischer Einrichtungen war in den Anfängen der neuzeitlichen Industrialisierung im wesentlichen das Problem einzelner betroffener Bevölkerungsgruppen. Es ist seither zu einem allgemeinen Problem der Öffentlichkeit und

der öffentlichen Diskussion geworden. Den Fragen technischer Sicherheit wird dabei nicht selten ein geradezu metaphysisches Gewicht zugeschrieben. Das Verhältnis zur Sicherheit gewinnt Bekenntnischarakter. Moralische und politische Integrität werden an ihrem Maßstab entschieden. Diese Tendenz im öffentlichen Bewußtsein konnte auf dem Boden der Überzeugung entstehen, daß technische Sicherheit in jedem Fall und in jedem Grade produzierbar ist. In gleichem Maß ist das Bewußtsein für die prinzipiellen und unaufhebbaren Gefahren und Bedrohungen des menschlichen Lebens geschwunden.

2. Demgegenüber ist eine realistische und nüchterne öffentliche Aufklärung geboten. Diese Aufklärung sollte von der Einsicht geleitet sein, daß es absolute Sicherheit weder als technische Möglichkeit noch als garantierbares Recht geben kann, daß also ein technisches Projekt in der Regel nicht die absolut sichere Lösung eines Problems darstellt, sondern nur die relativ beste. Die besondere Verantwortung für diese Aufklärung liegt nicht nur bei den Politikern, sondern auch bei denen, die als Experten das technische Wissen und Handeln verwalten. Zur Ethik im technischen Zeitalter gehört die elementare Regel, daß vom technischen Instrumentarium nicht nur sachgemäßer Gebrauch zu machen ist, daß vielmehr das sachgemäße Urteil über seine Möglichkeiten und Grenzen die eigentliche Grundlage für die Humanität der Technik bildet. Diejenigen, die hier eine absolute Sicherheit einklagen wollen, leben in derselben inhumanen Illusion wie diejenigen, die sie versprechen.

3. Sicherheit wird in dem Maß, in dem die technische Komplexität ansteigt, zu einer Frage, die die Grenzen der einzelnen technischen Fachgebiete übersteigt. So sehr die fachgebietsgebundenen Probleme der Sicherheitsforschung bestehen bleiben, so sehr wird Sicherheitsforschung als Aufgabe der Integration gefordert. Die Notwendigkeit dieser integrativen Forschung betrifft nicht nur die Zusammenfassung von Fachgebietsresultaten. Sie schließt vielmehr gerade die Wirkungen ein, die von technischen Projekten auf Kultur und allgemeines Bewußtsein überhaupt ausgehen. Zu den Themen solcher integrativen Sicherheitsforschung gehören deshalb auch die Bedingungs- und Folgenkonstellationen in der Öffentlichkeit und diejenige Aufklärung, ohne die Projekte am Ende unrealisierbar bleiben. Denn tatsächlich ist die technische Sicherheit vor allem dadurch ein öffentliches Problem, daß die Voraussetzungen für ihre angemessene Wahrnehmung und ihre sachgerechte Beurteilung in der öffentlichen Meinung immer neu geschaffen werden müssen.

Über die Entwicklung einer industriellen Sicherheitspolitik unter Berücksichtigung der Interessen der Bevölkerung

L. A. Clarenburg

1 Umweltqualität (Bewohnbarkeit)

Meine Betrachtung geht vom Begriff der „Umweltqualität" aus, die hier folgendermaßen definiert wird: Die Qualität einer räumlichen Umwelt ist ein Maß für die Befriedigung latenter und manifester Bedürfnisse oberhalb des Existenzminimums. Diese Begriffsbestimmung bedarf einer Erläuterung:

a) Der Begriff bezieht sich auf menschliche Bedürfnisse, er bestimmt den Grad, in dem eine Wohnumgebung auf die Befriedigung manifester und/oder latenter Bedürfnisse ausgerichtet ist.

b) Die Problematik der Qualität tritt erst in Erscheinung, wenn die reine Existenz gesichert ist, d.h. sie bezieht sich nicht auf das Existenzminimum. Es handelt sich also um einen relativen Begriff.

c) Die Relativität zeigt sich auch daran, daß der Grad, in dem ein Gebiet für qualitativ gut gehalten wird, auf Vergleichen mit anderen Gebieten beruht.

d) Weiter handelt es sich um einen subjektiven Begriff, weil es stark von der individuellen Einstellung abhängt, wie die Umwelt eingestuft wird.

e) Am wichtigsten ist jedoch, daß Umweltqualität ein dynamischer Begriff ist. Was die Bevölkerung heutzutage als qualitativ gut empfindet, kann nach 10 Jahren möglicherweise als unzureichend eingestuft werden. Diese dynamische Eigenschaft zwingt dazu, den latenten Bedürfnissen bei der Einstufung der Umwelt große Beachtung zu schenken, denn Eingriffe in diese Umwelt (zum Beispiel der Bau eines Weges) üben ihren Einfluß häufig über Dezennien hindurch aus.

Die Begriffsbestimmung ist auf ein Gleichgewicht zwischen dem Menschen und seiner Umwelt ausgerichtet, was durch die Worte „Befriedigung von Bedürfnissen" zum Ausdruck kommt.

Auch der bei der Definition der Umweltqualität verwendete Begriff „räumliche Umwelt", soll kurz beschrieben werden. Die räumliche Umwelt läßt sich wie folgt gliedern:

a) Mikro-Umwelt,
   d.h. die Wohnung mit ihren Eigenschaften wie Form, Größe Komfort usw.

b) Meso-Umwelt,
   d.h. die leicht zu Fuß erreichbare Umgebung der Wohnung zur Befriedigung der verschiedenen alltäglichen Bedürfnisse, wie Läden, Elementarschulen, Spielplätze, soziale und medizinische Versorgungen usw.

c) Makro-Umwelt,
   d.h. die mit Nahverkehrsmitteln erreichbare Umgebung für Bedürfnisse höherer
   Ordnung, wie Krankenhäuser, höhere Schulen, Sportanlagen, Theater usw. Weiter gehören zur Makro-Umwelt die Erholungsmöglichkeiten und die Verkehrsver-
   bindungen zur Arbeitsstätte, zur City und zu Erholungsgebieten.
d) Biosphäre oder natürliche Umwelt,
   d.h. die Qualität von Boden, Wasser, Luft, Ruhe, Vegetation, die als bedroht
   empfunden werden kann.

2 Wechselseitige Anpassung von räumlicher Umwelt und Mensch

Nachdem bestimmt wurde, was hier unter Umweltqualität verstanden wird, insbesondere die Qualität der räumlichen Umwelt, soll die Wechselwirkung Mensch-Umwelt
eingehender betrachtet werden. Betrachten wir den Menschen als ein kompliziertes
System M, der in der ebenfalls komplizierten Situation S lebt. Nach dem Vorgehen
der WHO bezeichne ich als Gesundheit einen Zustand des physischen, mentalen und
sozialen Wohlbefindens. Gesund ist damit jemand, bei dem auf dem von S geforderten Niveau ein Gleichgewicht zwischen M und S besteht.

Auf diese Weise entsteht eine fast kontinuierliche Gesundheitsskala, auf der Gesundheit den Anpassungsgrad bezeichnet (ein Gleichgewicht zwischen mehr oder
weniger Subsystemen von M und S); Krankheit ist dann eine unvollkommene Überwindung gestörter Gleichgewichte zwischen mehr oder weniger Subsystemen von M
und S. Weil die beiden Systeme M und S außerordentlich kompliziert sind, werden
Störungen von einem oder mehreren Gleichgewichten zwischen den Subsystemen
nicht sofort bemerkt, obwohl bei zu hohen Anforderungen von S an M Gleichgewichte mehr oder weniger gestört werden und ein Stück Gesundheit verlorengeht.

Von diesem vereinfachenden Gedankengang aus können immerhin bereits einige
wichtige Folgerungen gezogen werden:

a) Durch die Kompliziertheit der beiden Systeme werden Störungen eines oder mehrerer Subgleichgewichte nicht sofort bewußt, latente Bedürfnisse des Menschen
   werden frustriert; unbestimmte Empfindungen des Unwohlseins entstehen. Kla-
   gen über Unsicherheit können die verbale Äußerung dieser unbestimmten Empfindungen sein, folge der Disharmonie mit einer unbefriedigenden räumlichen
   Umgebung; die Klage braucht also nicht auf eine tatsächliche unsichere Situation
   hinzudeuten.
b) Das Manifestwerden einer Gleichgewichtsstörung braucht einen beträchtlichen
   Zeitraum und die Wirkung kann unverhältnismäßig stark werden. Wie die Erfahrung zeigt, scheint etwas derartiges bei der Beurteilung der Sicherheitssituation
   durch die Bevölkerung die in der Nähe industrieller Anlagen lebt, der Fall zu sein.

3 Bedürfnisse

Bei der Diskussion der Wechselwirkung des Systems S mit dem System M wurde
vernachlässigt, daß es keine 2 Menschen gibt, die einander völlig gleich sind. Dies
äußerst sich in ganz verschiedenen Wünschen oder Forderungen, aus denen keine
politischen Konsequenzen gezogen werden können. Wir müssen auf die hinter den

Wünschen und Forderungen liegenden Ursachen zurückgehen; zu den menschlichen Grundbedürfnissen. Maslow gab eine Klassifizierung dieser Bedürfnisse, die er wie folgt in hierarchischer Weise anordnet:

a) Physiologische Motive – gerichtet auf den Fortbestand des Organismus, z.B. Atmung, Temperaturregulierung, Schlaf, Ruhe usw.
b) Sicherheitsmotive – im Fall der Gefahr versucht der Mensch sich in Sicherheit zu bringen.
c) Soziale Anschlußmotive – der einzelne Mensch versucht sich einer Gruppe anzuschließen, mit der er sich identifizieren kann.
d) Anerkennungsmotive – der Mensch hat einerseits Bedürfnis nach Anerkennung, Respekt und Prestige und andererseits nach Selbstachtung.
e) Motive zur Selbstverwirklichung – das Bedürfnis nach Benutzung eigener Fähigkeiten.

Diese Einteilung unterstellt, daß es ohne ein genügendes Befriedigungsmaß niedrigerer Motive, keine Aufmerksamkeit und Energie zur Befriedigung höherer Motive gibt. Dies bedeutet z.B. daß, wenn das heutzutage manifeste Problem Luftverunreinigung gelöst wäre, Aufmerksamkeit und Energie frei würden, um einen heute noch im Unterbewußtsein empfundenen Mangel an Umweltqualität an die Stelle des Problems Luftverunreinigung zu setzen. Das hat sich besonders im Hinblick auf Raummangel gezeigt.

4 Entfremdung

Wenn wir annehmen, daß die Lebenssituation zu hohe Anforderungen an einen Menschen stellt, so können ein oder mehrere Komplexe von Motiven gestört werden. Dies kann zu einer neuen Streßsituation führen und damit zu neuer Unzufriedenheit und Entfremdung. Im allgemeinen ist es so, daß – wenn die räumliche Lebensituation das Anpassungsvermögen überfordert – eine Entfremdung im Sinne von Machtlosigkeit, Sinnlosigkeit oder sozialer Isolierung entsteht, drei in der Sozialpsychologie allgemein akzeptierte Dimensionen der Entfremdung.

Wenn die Wohnlage wesentlich zum Streß beiträgt und wenn die Qualität der Wohnlage zu hohe Anforderungen an das Anpassungsvermögen des Menschen stellt, käme es zu einer Streßsituation und damit zu Unzufriedenheit und Umweltentfremdung. Streß soll hier bedeuten, daß ein Organismus durch Bedrohung aus der Umwelt eine psychologische Situation erfährt, in der die Anforderungen an den Organismus seine Reaktionsfähigkeiten übersteigen.

In dieser Bestimmung wird der Begriff „erfahren" gebraucht, um zu zeigen, daß hier nicht nur kognitive, sondern auch affektive Komponenten eine Rolle spielen.

Es liegt auf der Hand, daß man den Einfluß, den eine Bedrohung durch Industrieanlagen auf die Bevölkerung ausübt, als latenten Streß wertet. Ein langfristiger, schwacher Streßauslöser kann jedoch sehr langsam wirken und wird oft kaum als Bedrohung empfunden. Wir nehmen an, daß ein solcher Streßauslöser auf einem niedrigeren Niveau das Bewußtsein angreift; er ist zwar nicht prinzipiell verschieden, aber doch dem Grade nach, verglichen mit einer Streßauslösung in Extremsituationen.

Wenn die von einem Industriegebiet ausgehende Bedrohung ein Streßauslöser ist, so muß man annehmen, daß sein Einfluß nachläßt, sobald die Entfernung von einem Industriegebiet großer wird. Nimmt man als Maß für den Streß die Unzufriedenheit mit der Wohnsituation, so zeigt die Tabelle 1 das Ergebnis einer Messung der Zufriedenheit, in Abhängigkeit von der Entfernung von einem Industriegelände. Zum Vergleich ist in dieser Tabelle die Unzufriedenheit durch Industrielärm aufgenommen worden. Industrielärm wird bekanntlich schon als Streßauslöser anerkannt.

Aufgrund dieses Zahlenbeispiels dürfen wir annehmen, daß die Bedrohung, die vom Industriegebiet ausgeht, ein Streßauslöser ist. Obwohl bisher im Rijnmondgebiet

Tabelle 1. Unzufriedenheit mit Bezug auf Geborgenheit und Industrielärm

Wohngebiet	Mangel an Geborgenheit[a]	Stärke des Industrielärms[a]
Rijnmondgebiet, in der Nähe der Industrie	4,9	4,1
Rijnmondgebiet, weit von der Industrie entfernt	0,9	0,8
Rijnmondgebiet, im Durchschnitt	2,4	2,0
Noordzeekanaalgebiet, im Durchschnitt	1,8	1,6
die Niederlande, im Durchschnitt	1,0	1,0

[a] Bezogen auf den Durchschnitt der Niederlande

Explosionen oder Giftwolken selten aufgetreten sind, sagt die Bevölkerung, sie habe Angst davor. Der Streß wird offenbar durch seine affektive Komponente verursacht. Eine derartige Bedrohung dürfte eigentlich nicht vorhanden sein. Wenn die Bedrohung der Sicherheit ein Streßauslöser ist, der zu hohe Anforderungen an das Anpassungsvermögen des Menschen stellt, so muß es möglich sein, innerhalb der allgemeinen Entfremdung eine Dimension „Umweltentfremdung" zu erkennen und außerdem zur Abwälzung der psychischen Belastung – eine Dimension „Verneinung oder Relativierung der Umweltprobleme". Beide Dimensionen werden in gleich starkem Maß gefunden. Als Beispiel sind in Tabelle 2 die Punktzahlen von Bevölkerungsgruppen mit einem von der „Umweltmachtlosigkeit" hergeleiteten Umweltindikator, angegeben. Er ist unabhängig von demographischen Merkmalen wie Alter, Geschlecht, Bildung, Einkommen und spezifisch für den Einfluß von Luftverunreinigung, Industrielärm und industrieller Unsicherheit.

Innerhalb des Rijnmondgebietes schwankt der Indikatorwert zwischen 253 für ein auf drei Seiten von der Industrie eingeschlossenes Wohngebiet und 168 für ein ruhiges Wohnviertel in Rotterdam. Die gegenseitigen Unterschiede zwischen den in Tabelle 2 genannten vier Wohngebiete sind (in hohem Maß) signifikant; sie zeigen deutlich den großen Einfluß industrieller Umweltbelastung auf das psychische Wohlbefinden der Bevölkerung. Weil der Mensch in einem seiner grundlegendsten Bedürfnisse angegriffen wird, dem Sicherheitsmotiv, muß die Entwicklung einer auf die Industrie bezogenen Sicherheitspolitik als sehr wichtig betrachtet werden.

Um deutlich zu machen, mit welchen Folgen gerechnet werden muß, wenn eine Bevölkerung sich bedroht fühlt, haben wir eine weitere Entfremdungsdimension eingeführt, die „Umzugsneigung". Die Umzugsneigung ist ein Maß für die Zufriedenheit mit der Wohnung und der Wohnumgebung, und indirekt auch mit der industriellen

Umweltbelastung. Es gibt eine starke Verbindung zwischen der Umzugsneigung und der Umweltmachtlosigkeit. In der Tabelle 3 sind die Punktzahlen auf der Umzugsneigungsskala der Bewohner des Rijnmondgebietes dargestellt, die in der Nähe der Industrie leben, beziehungsweise weit entfernt davon.

Die Punktzahlen der UN-Skala der ersten zwei Wohngebiete zeigen einen sehr signifikanten Unterschied. Beide Punktzahlen sind niedriger als die für das Rijnmondgebiet im Durchschnitt, was auf eine verhältnismäßig gute Qualität der Wohnung und der Wohnumgebung deutet, wenn man von der Umweltbelastung

Tabelle 2. Umweltindikatorwerte

Wohngebiet	Indikatorwerte Umweltentfremdung
Rijnmondgebiet, in der Nähe der Industrie	95
Rest Rijnmondgebiet, im Durchschnitt	73
Nordzeekanaalgebiet, im Durchschnitt	47
die Niederlande, im Durchschnitt	1

Tabelle 3. Punktzahlen auf der Umzugsneigungsskala (UN)

Wohngebiet	UN
Rijnmondgebiet, in der Nähe der Industrie	4,18
Rijnmondgebiet, weit von der Industrie entfernt	3,63
Rijnmondgebiet, im Durchschnitt	4,23

absieht. Eine hohe UN-Punktzahl korreliert stark mit der wirklich auftretenden Migration. Damit wäre gezeigt, daß die industrielle Umweltbelastung ein Faktor ist, der die Migration fördert – vorausgesetzt, daß die industrielle Umweltbelastung wirklich zu dem Zustandekommen einer UN-Punktzahl beiträgt.

Sehen wir uns die zwei Wohngebiete in Tabelle 3 näher an, so zeigt sich, daß die Unzufriedenheit mit der Wohnung (mit all ihren verschiedenen Eigenschaften), geringer ist als der Durchschnitt des Rijnmondgebietes. In dem Gebiet der Umweltbelastung beträgt die durchschnittliche Unzufriedenheit 18%, in dem weit entfernten Gebiet 15%. Sie ist in beiden Fällen also signifikant kleiner als der Rijnmond Durchschnitt von 25%. Der Unterschied in der Beurteilung der Wohnungsqualität kann also nicht die Ursache der Unterschiede in UN-Punktzahlen sein.

In beiden Gebieten ist die Unzufriedenheit mit der Wohnumgebung mit Umgebungskomponenten wie Aussicht, Bebauung des Wohnviertels und Ausstattung der Straße, gleich groß. In dem Gebiet mit Umweltbelastung sind 23% der Bewohner unzufrieden, in dem weit entfernten Gebiet 22%, beide bedeutend niedriger als in Rijnmond 27%. Der Unterschied in der Erfahrung mit den genannten Wohnumgebungskomponenten kann also ebensowenig die Ursache der Unterschiede in den UN-Punktzahlen sein. Es zeigt sich dagegen aus den Tabellen 1 und 2, daß die Bewohner der Wohngebiete mit Umweltbelastung eine sehr signifikant ungünstigere Erfahrung mit der umwelthygienischen Qualität der Wohnumgebung zeigen als die Bewohner der weit entfernten Wohngebiete.

Da die nicht umwelthygienischen Komponenten der Wohnumgebung keinen Unterschied in Erfahrungswerten zeigen, muß der festgestellte Unterschied in der Erfahrung mit der Wohnumgebung auf den Unterschied in der umwelthygienischen Qualität zurückgeführt werden. Aus dem vorhergehenden muß man schließen, daß industrielle Umweltbelastung ein Faktor ist, der die Migration verstärkt. Diese Migration muß man als eine Flucht aus einer Streßsituation sehen, bedingt durch eine Störung des Sicherheitsempfinden des Menschen, u. a. verursacht durch die als Bedrohung empfundene Industrieanlage.

5 Einige Schlußfolgerungen

a) Eine wichtige Komponente der industriellen Umweltbelastung, ist die Bedrohung durch Industrieanlagen. Sie verursacht beträchtliche psychologische Wirkungen unter der Bevölkerung, die in der Industrienähe lebt. Sie sind sogar ein migrationsfördernder Faktor. Aus diesen Gründen muß der Sicherheitspolitik eine große Priorität zugemessen werden.

b) Bei der Entwicklung einer Sicherheitspolitik muß neben der kognitiven Komponente des Stresses (die mehr oder weniger analysierbare tatsächliche Situation) besonders die affektive Komponente (die Bewertung der Situation) einbezogen werden. Obwohl dies in der Praxis selten geschehen ist und ein Unfall noch niemals Opfer unter der Bevölkerung im Rijnmondgebiet gefordert hat, sagt diese Bevölkerung·dennoch, sie habe Angst vor Explosionen oder Giftgaswolken.

Aus hier nicht erwähnten Studien ergibt sich weiterhin, daß der Wahrscheinlichkeitsbegriff für die Bevölkerung schwer zu verstehen ist. Aus diesen Gründen muß man im Falle von großen Risiken der möglichen Tragweite eines Unfalls ein größeres Gewicht beimessen als der Möglichkeit eines solchen Unfalls.

c) Um den Prozeß der Beschlußfassung bei der Inangriffnahme risikobehafteter Aktivitäten möglichst reibungslos ablaufen lassen zu können, sollte ein Bericht der Umweltauswirkungen erstellt werden, in dem besonders eine vergleichende analytische Darstellung der Risiken der alternativen Möglichkeiten gegeben wird.

d) Wegen der wachsenden Beteiligung der Bevölkerung an der Beschlußfassung über die Durchführung risikobehafteter Aktivitäten, sollte die endgültige Beschlußfassung über diese Aktivität bei einer höheren Verwaltungsinstanz liegen, je nach Wirkungsbereich eines möglichen Unfalls.

e) Bei der Abfassung des Regionalplans „Rijnmondgebiet 1974" haben die in diesem Vortrag entwickelten Gedanken Anwendung gefunden, u. a. durch eine sehr sorgfältige Planung der Lage neuer Wohngebiete im Hinblick auf Industrieanlagen. Auch wird man mit Rücksicht auf die schon bestehende beträchtliche psychologische Belastung der Bevölkerung, die Errichtung eines Kernkraftwerkes im Rijnmondgebiet nicht unterstützen.

Über die Notwendigkeit einer ausgewogenen Risikobeurteilung in der Industriegesellschaft

F. R. Farmer

Das Wort Risiko wird in vielen verschiedenen Bedeutungen gebraucht. Jemand kann z.B. einem Todes- oder Verletzungsrisiko, dem Risiko der Unbequemlichkeiten, Verlust von Geld oder Unannehmlichkeiten ausgesetzt sein; das Wort beinhaltet also normalerweise eine negative Wirkung.

Risiko bedeutet Wagnis oder eine Gefahr mit nachteiligen probabilistischen Folgen für den Menschen oder seine Umgebung; z.B. ist es gefährlich, Motorrad zu fahren oder auf einen Berg zu steigen.

Das Wort wird weiterhin verwendet, um die ermittelte Wahrscheinlichkeit eines nachteiligen Ereignisses anzugeben – das Risiko eines Flugzeugabsturzes ist beispielsweise 1:1 000 000 pro Flug oder geringer. Ein Risiko kann entweder hoch oder gering sein.

Es besteht ein hohes Maß an Ungleichgewicht und Irrationalität in der Verteilung des Risikos auf verschiedene Aktivitäten, auf verschiedene Beschäftigungsarten, Länderregionen und Nationen. Wissenschaftliche Versuche, Risiken abzuschätzen und Ursachen zu erklären, werden erschwert durch Fragen des internationalen Handels, durch Rechts- und Zuständigkeitsverwicklungen, durch irrationale Ängste, durch partikular- und gegensätzliche Interessen, sowie durch kurzsichtige Politik und Aktionen.

Während das Risiko selten der einzige Faktor ist, der die Wahl zwischen Alternativen beeinflußt, kann die Wahl nur dann vernünftig getroffen werden, wenn die potentiellen Quellen des Risikos identifiziert und die Gefährlichkeit der Risiken abgeschätzt sind. Es ist deshalb wichtig, das gegenwärtige Interesse an der Beurteilung von Risiken zu fördern, unsere Fähigkeit zur Identifizierung und Abschätzung von Risiken zu verbessern und die Faktoren zu verstehen, die das Erkennen und die Akzeptanz von Risiken, sowohl durch Individuen als auch durch die Gesellschaft beeinflussen.

Bei einigen Risiken besteht eine komplexe Serie von Ursache- und Wirkungs-Beziehungen. Dies erschwert ihre Identifizierung. Als Beispiel sei die „Royal Society Study Group" erwähnt: „Ernährungs- und andere Parameter, die die Wahrscheinlichkeit von toxischen Wirkungen um eine Größenordnung oder mehr verändern, werden schlecht verstanden und wenig untersucht".

Einige Risiken stehen in Wechselbeziehung: Zigarettenrauchen steht in einer Wechselbeziehung mit Asbest; Schwefeldioxid und Rauch sind jedes für sich gesundheitsschädlich, aber ihre Wirkung wird verstärkt, wenn sie gemeinsam auftreten (Synergismen).

Einige Risiken sind qualitativ und sogar quantitativ einfach vorherzusagen, wie aus Studien über das Risiko des Chlortransports und aus neueren Studien über den Transport von LNG und LPG sowie über eine Studie über das Industriegebiet von Canvey Island hervorgeht.

Das Risiko gefährlichen Hochwassers im Themse-Tal wird jetzt auf 2×10^{-2} pro Jahr geschätzt. Der Wasserschutz in den Niederlanden muß im „Delta Act" festgelegte Normen erfüllen; diese verlangen unter anderem, daß die spezifische Wahrscheinlichkeit des Übersteigens des Wasserschutzpegels für Zentralholland unter 10^{-4} pro Jahr liegen muß.

Risiken können selten genau gemessen werden. In wiederkehrenden Situationen – oder solchen, für die reichlich Daten vorhanden sind – z.B. im Straßen-, Schienen-, Luft-Transport, können die Risiken in probabilistischen Begriffen definiert werden; die Daten müssen jedoch kritisch geprüft und vorsichtig verwendet werden; Beispiele folgen später.

Viele Risiken treten auf einer bestimmten Ebene auf, z.B. im Transportwesen, bei der Arbeit, durch Strahlung, oder sie resultierten aus Wind und Wetter und werden dann auf zukünftige Ereignisse oder schlimmere Ereignisse extrapoliert; solche Extrapolationen bewegen sich üblicherweise im Rahmen von 10^{-2} bis 10^{-4} pro Jahr.

Es gibt auch Beispiele dafür, daß die Extrapolation viel weiter geht; z.B. in den deutschen und amerikanischen Reaktorsicherheitsstudien geschieht das bis 10^{-7} pro Jahr und darunter. Die begrenzten vorhandenen Daten führen zu beträchtlicher Unsicherheit bei der Verbindung der probabilistischen Abschätzung der Wahrscheinlichkeit des Eintritts des Ereignisses mit der Ungewißheit über seine Größe, falls es eintritt.

Es werden allerdings im Laufe der Zeit Daten gesammelt, die bei der Identifizierung und Abschätzung von Risiken helfen sollen.

Oft erhält man Daten aus Studien über bestimmte Personengruppen bei der Arbeit, zu Hause, nach Alter und Geschlecht. Andere Daten erhält man über Ereignisse, Wind, Wetter, Hochwasser usw. und neuerdings auch über elektrische und mechanische Systeme. Es gibt verschiedene Datenbänke, die insbesondere die Raumfahrt, das Transportwesen und die Nuklear- und chemische Industrie bedienen.

Daten, z.B. solche, die sich auf menschliche Aktivitäten beziehen, gelten oft für einen hypothetischen Durchschnitt, auch wenn sie nach Alter oder Geschlecht unterteilt sind; dies kann auch der erste Schritt zum Sammeln von Daten über die Leistungsfähigkeit von Geräten sein; diese Daten werden jedoch schrittweise aufgegliedert, um Größe, Anwendung, Belastung, Temperatur und Druck zu berücksichtigen, sie stellen aber trotzdem die durchschnittliche Leistungsfähigkeit in der jeweiligen Klasse dar.

Wenn Risiken untereinander verglichen werden, sollten die beobachteten Ereignisse und die Einheiten der Exposition, die zur Berechnung der Risiken verwendet werden, im Idealfall identisch sein.

Dies ist jedoch selten der Fall, was auch aus einigen üblicherweise angeführten Tabellen hervorgeht. Tabelle 1, die dem „UK Canvey Island"-Bericht entnommen ist, gibt die Todesfälle durch verschiedene Unfallursachen an. Ein erster Versuch zum Vergleich der Belastung der Gesellschaft durch Autounfälle, durch Haushalts- oder Arbeitsunfälle könnte mit Hilfe der Anzahl und Verteilung von tödlichen Unfällen in jeder Kategorie geschehen – weitergehende Studien berücksichtigen Verletzungen und Kosten, sowie die Altersstruktur.

Die britischen Sterblichkeitsstatistiken zeigen, daß doppelt soviel Männer wie Frauen durch Autounfälle ums Leben kommen; männliche Personen im Alter von 15 bis 24 Jahren sterben zu 39% durch Verkehrsunfälle und ca. 1/3 aller männlichen Personen, die durch Autounfälle ums Leben kommen, entfallen auf diese junge Altersgruppe.

Tabelle 1. Todesfälle durch verschiedene Unfallursachen

	Zahl der Todesfälle	Wahrscheinlichkeit für die durchschnittliche Einzelperson, getötet zu werden
Autounfälle	7 219	130 pro Mio. pro Jahr [a]
Hausunfälle	6 717	120 pro Mio. pro Jahr [a]
Arbeitsunfälle	753	30 pro Mio. pro Jahr [b]
Andere	3 646	60 pro Mio. pro Jahr [a]
Insgesamt	18 335	

[a] Gemittelt über die Gesamtbevölkerung von Großbritannien
[b] Gemittelt über 22 Mio. Vollzeitbeschäftigte

Die Altersverteilung ist dann wichtig, wenn man beispielsweise einen Polizeibericht betrachtet, der schätzt, daß von 1967 bis 1974 durch die Einführung des Alkoholtests 5000 Menschenleben gerettet worden sind; die Wirkung dieser Tests ist mittlerweile fast völlig verpufft, und durch seine strikte Anwendung könnten vielleicht 1000 Menschenleben gerettet werden. Dies ist zusammen mit einer geschätzten Rettung von 10 000 Menschenleben jährlich durch wirksame mobile Koronarvorsorge zu sehen; aber für wie lange? – für welche Altersverteilung?

Umstände, die ein Todesrisiko in jungen Jahren bedeuten, werden im allgemeinen als schwerwiegender angesehen und verdienen größere Anstrengungen als diejenigen, die ein ebensolches Todesrisiko im Alter darstellen. Bei einigen Studien zur Risikobewertung hat man versucht, diese Tatsache zu berücksichtigen, und zwar durch Abschätzung der Anzahl der in einer Bevölkerung als Ergebnis einer bestimmten Gefahr verlorenen Lebensjahre.

Ich möchte auf Tabelle 1 zurückkommen; Angaben dieser Art haben zu der Annahme geführt, daß es gefährlicher ist, zu Hause als an der Arbeitsstelle zu sein. Es ist jedoch so, daß „Todesfälle zu Hause" hauptsächlich durch Stürze und Brände verursacht werden, daß Frauen dabei im Verhältnis von 2:1 überwiegen und daß 90% aller Todesfälle bei Frauen passieren, die älter als 65 Jahre sind. Dies ist mit Pochins Ergebnis zu vergleichen, daß der mittlere Verlust an Lebenserwartung durch tödliche Industrieunfälle für Männer in der Gegend von 30 Jahren liegt.

Mit dieser Einleitung soll betont werden, wie wichtig es ist, vorhandene Daten – sogar über übliche Risiken – richtig zu interpretieren und zu verwenden; insbesondere dann, wenn Vergleiche zwischen Situationen, mit denen wir vertraut sind, und solchen, die neu oder ungewöhnlich sind oder die entweder in dem für möglich gehaltenen Ausmaß oder in der erwarteten Art und Weise noch nicht eingetreten sind, angestellt werden sollen.

Dies führt zu dem Begriff „größere Gefahrenpotentiale"; hierbei handelt es sich um eine Gefahr, die einige Aussicht hat, schwere Schäden zu verursachen, wenn auch die Wahrscheinlichkeit als sehr gering angesehen wird. Ein Beispiel dafür ist der Chlortransport – der in den letzten 20 Jahren geringen Schaden angerichtet hat – für den jedoch vorausgesagt worden ist, daß er möglicherweise 1000 Opfer pro Unfall (in den USA) verursachen könnte, mit einer Wahrscheinlichkeit von 10^{-3} pro Jahr.

Im allgemeinen basierte die Identifizierung von Risiken bisher auf der Erkenntnis und systematischen Analyse von Ereignissen in der Vergangenheit. Neuerdings hat sich jedoch die Erkenntnis durchgesetzt, daß wir uns gewisse Arten von Unfällen nicht leisten können, wie z. B. die weitreichende Freisetzung von radioaktivem Material oder von einigen Giften, Nervengasen, Viren usw. in großen Mengen.

Hinton sagte: „Die Technologien im Ingenieurwesen haben Fortschritte gemacht, nicht aufgrund ihrer Erfolge, sondern aufgrund ihres Versagens. Auf diesen Vorteil muß die Atomenergie verzichten, nämlich, sich aufgrund der durch Versagen gewonnenen Erkenntnisse weiterzuentwickeln". Dies trifft heute in noch größerem Umfang zu, und es ist nicht nur erforderlich, vergangene Unfälle oder Ausfälle zu betrachten, sondern auch ihre Vorläufer – die Ereignisse, die sich vorher abspielen –, die Indikatoren, die dem Schaden vielleicht vorausgehen, zu betrachten oder nach ihnen zu suchen. Wir müssen uns bemühen, die möglichen Folgen und die Häufigkeit von Unfällen, die noch nicht geschehen sind oder die an einem anderen Ort oder zu einer anderen Zeit mit schwerwiegenderen Folgen geschehen könnten, zu erfahren.

Der „Health and Safety Executive"-Bericht über die Canvey-Island-Studie stellte fest:

„Erfahrungen aus Industrieunfallsituationen in der Vergangenheit sind kein zuverlässiger Maßstab für das, was in Zukunft geschehen kann. Die Tatsache, daß größere Industrieunfälle, die zu beträchtlichen Mengen von Opfern führten, in der Vergangenheit nicht stattgefunden haben, bedeutet nicht, daß sie in Zukunft nicht geschehen."

In gewissem Ausmaß kann eine einfache Extrapolation von sogenannten weltweiten Daten einen Anhaltspunkt für die Auswirkung/Häufigkeit von größeren Gefahrenpotentialen geben.

Ein Bericht des „Safety and Reliability Directorate" enthält u. a. die in den Bildern 1 und 2 abgebildeten Gruppen von Kurven. Bild 1 bezieht sich auf Naturkatastrophen und Bild 2 auf durch Menschen verursachte Unfälle. Der Unterschied in der Steilheit der beiden Kurvengruppen ist offensichtlich, aber vielleicht nicht signifikant. Die Daten, in der vom Menschen verursachten Kategorie von Ereignissen mit schwerwiegenden Auswirkungen sind unvollständig, während bei Naturkatastrophen die unbedeutenden Ereignisse vielleicht unterbewertet werden. Einfache Extrapolation liefert vielleicht nicht genügend Informationen oder Anzeichen für zukünftige Ereignisse. Die übliche Praxis ist zur Zeit, Unfallfolgemodelle zu entwickeln.

Der zweite Bericht des „UK Major Hazard Committee" stellt folgendes fest:

„Das Spektrum der möglichen Annahmen in der Risikobewertung kann zu vorhergesagten Unfallopferzahlen führen, die oft um eine Größenordnung variieren. Eine Kombination von Annahmen, z. B. das Entweichen einer großen Menge einer gefährlichen Substanz unter Witterungsbedingungen, die es gestatten, daß ein sehr dicht bevölkertes Gebiet in Mitleidenschaft gezogen wird, ohne daß es eine Möglichkeit

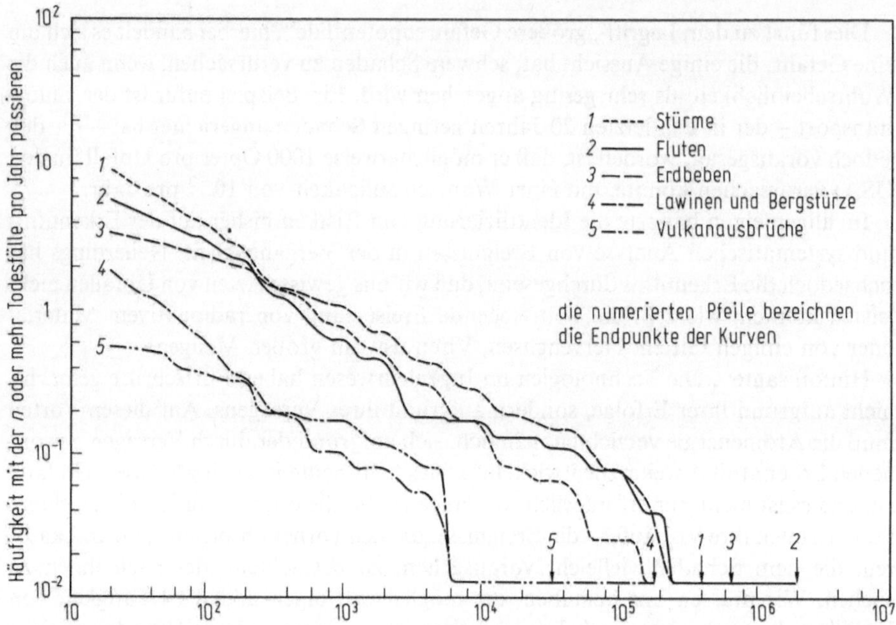

Bild 1. Häufigkeit der weltweiten, viele Menschenleben fordernden Unfälle durch natürliche Ursachen

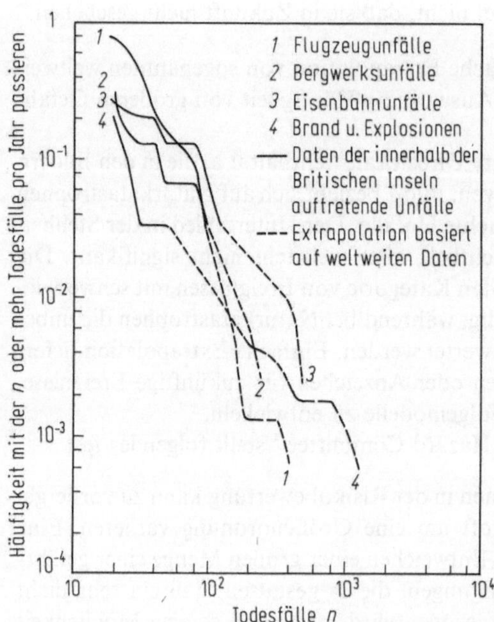

Bild 2. Extrapolation der Unglücksdaten von den Britischen Inseln

gäbe, der Gefahr auszuweichen, führt zur Vorhersage von sehr großen Unfallopferzahlen. Eine Vorhersage aller schlimmstmöglichen Umstände (wenn überhaupt schlimmere möglich sind) wäre jedoch sehr selten; und so ist auch die Möglichkeit einer sehr großen Katastrophe sehr gering. Dies entspricht wenigstens der begrenzten historischen Erfahrung. Im Gegensatz dazu ist es auch möglich, eine Kombination von Annahmen zu verwenden, die eine kombinierte Wahrscheinlichkeit besitzen, die in großen Zügen den auf historischer Erfahrung basierenden gegenwärtigen Erwartungen entspricht".

Mit anderen Worten, jedes Modell, das entwickelt wird, muß Ergebnisse liefern, die im Einklang mit früherer Erfahrung stehen, wenn die entsprechenden Daten eingegeben werden.

Im letzten Jahrzehnt ist ein ernsthafter Versuch unternommen worden, Informationen über die Leistungsfähigkeit (einschl. Versagen) einer breiten Palette von Anlagen, insbesondere in der Nuklear- und chemischen Industrie, zu sammeln und zu ordnen. In Verfahrensanlagen werden eine Reihe von Techniken angewandt, um die Fehlerfortpflanzung zu untersuchen. Hierzu gehören die Analyse von Versagensarten und -wirkungen, die Analyse des Risikos- und der Betriebsfähigkeits- sowie die von Fehlerbäumen, Ereignisbäumen und Ursache-Folge-Beziehungen.

In der Kernindustrie hat die quantitative Analyse, insbesondere unter Verwendung von Ereignis- und Fehlerbäumen, sich schnell entwickelt. Während diese in gewissem Maße exploratorischer Art sind, besagt der „US Lewis Report" folgendes:

„In einigen möglicherweise gefährlichen Situationen kann es einen enormen Komplex von Ereigniskombinationen geben, während von der Methode zur Bestimmung der Wahrscheinlichkeit eines Unfalls verlangt wird, daß sie grundsätzlich alle möglichen Abfolgen von Ereignissen behandeln kann. In einem realen System wird die Anzahl der Zwischenverbindungen leider bald unmöglich groß, was zu Billionen von Möglichkeiten im System führen könnte. Infolgedessen sind alle sogenannten unterschiedlichen Analysenmethoden oder unterschiedlichen Methodologien bloß alternative Mittel, um aus dieser verzwickten Topologie von Abfolgen kleine und bedeutsame Untereinheiten herauszuziehen, die bearbeitbar sind und verschiedene Ebenen der quantitativen Analyse auf die so herausgetrennten Untereinheiten anzuwenden.

Die Ereignisbaumanalyse zum Beispiel besteht in der Begrenzung der Möglichkeiten dadurch, daß man bei einem bestimmten Ereignis beginnt und in zufälliger Abfolge diejenigen *Vorwärtswege* verfolgt, die sinnvoll erscheinen. Fehlerbaumanalyse ist genau dasselbe, außer daß das Ereignis einen Ausgangspunkt darstellt, von dem aus man Verbindungen zeitlich *zurückverfolgt*, wodurch man dann alle diejenigen früheren Umstände entdeckt, die zu dem untersuchten Ereignis führen können.

Man kann vielerlei tun, um vernünftige Methodologien auszuarbeiten. Man kann in der Zeit vorwärts (Ereignisbäume) oder rückwärts (Fehlerbäume) gehen, oder man kann sich auf diejenigen Einheiten des logischen Baumes konzentrieren, die eine bestimmte Komponente (Analyse von ‚failure modes' und ‚effects') usw. beeinflussen. All dies sind Bemühungen, um aus einer unmöglich großen Sammlung von Abfolgen eine Untereinheit herauszuziehen, die so ausgewählt wird, daß sie sowohl wesentlich als auch begrenzt ist, um dann diese zu bearbeiten. Die beste Wahl hängt von solchen Dingen wie der Vollständigkeit der Datenbank, der Zeit und Mühe, die man aufwenden möchte, dem Ziel (ob das Risiko oder eine Grenze für das Risiko abgeschätzt werden soll) und dergleichen ab, und es ist zwecklos darüber zu diskutieren, ob eine Methode besser ist als eine andere. Insbesondere ist es unrichtig zu sagen, daß die Ereignisbaum-/Fehlerbaum-Analyse grundsätzlich fehlerhaft ist, da sie nur eine Verwirklichung der Logik ist.

Andererseits hängt die erfolgreiche Verwirklichung solch einer Methodologie in hohem Maße von der Verfügbarkeit einer geeigneten Datenbank, wirksamen Rechnerwerkzeugen und einem genügend tiefen Verständnis der Details des Systemaufbaus ab, um die Konstruktion der logischen Bäume und ein logisch vernünftiges Verfahren zur Begrenzung der möglichen Ereignisse, Abhandlung zu gestatten".

Dies, d.h. der Bedarf an Daten, wurde schon vor mehr als 10 Jahren erkannt. Hier sind systematische Versuche unternommen worden, um Datenbanken und analytische Werkzeuge zu schaffen.

In meiner Eigenschaft als Direktor für Sicherheit und Zuverlässigkeit (UKAEA) fand ich, daß es notwendig ist, eine Kommunikationsbasis mit Konstrukteuren und Bedienungspersonal zu schaffen, die von allen Beteiligten gleichermaßen verstanden wird. Konstrukteure und Bedienungspersonal wissen mehr Einzelheiten über ihre Anlage und ihr Verfahren als ich; deshalb brauche ich ihre Sicherheitsbewertung. Qualitative Begriffe wie gut, schlecht, wahrscheinlich, unwahrscheinlich, usw. haben keine gemeinsame Bedeutung, und ihre Anwendung verlangt kein Detailwissen über das Verhalten von Anlagen wie eine quantitative Analyse.

Der quantitativen Analyse ist oft vorgeworfen worden, daß sie von unzulänglichen Grundlagen ausgehe oder größere Genauigkeit vortäusche, als sie tatsächlich besitzt. Der wichtige Teil des Verfahrens ist die Notwendigkeit, umfassenderes Wissen über Anlage und Geräte zu erhalten als normalerweise vorhanden ist, die Wechselbeziehung zwischen den Verfahrensanlagenteilen zu untersuchen und die Auswirkungen des Versagens von Anlageteilen oder Störungen in komplexen Anlagen zu verfolgen. Dies geschieht schon in zunehmendem Maße, und die Sicherheit wird durch dieses Vorgehen verbessert und nicht allein durch die Erstellung eines Folge-/Wahrscheinlichkeits-Diagramms.

Die zunehmende Entwicklung und Anwendung des „reliability engineering" und der Risikoanalyse verlangt unweigerlich nach Bewertungskriterien. Ich selbst brauchte eine Basis zur Annahme oder Ablehnung von Vorschlägen für neue Anlagen, für Versuche in bestehenden Anlagen und für vorgeschlagene Änderungsarbeiten. Diese technische Bewertung und Beurteilung bedeutet eine Anerkennung der Tatsache, daß ein Risiko besteht und nicht gleich Null sein kann. Ein technisches Verfahren ist nicht dasselbe wie eine öffentliche Präsentation, sie brauchen aber nicht im Gegensatz zu einander zu stehen, d.h. die Behauptung, daß die Öffentlichkeit geringe Wahrscheinlichkeiten nicht versteht oder akzeptiert, entbindet Konstrukteure, Bedienungspersonal und Genehmigungsbehörden nicht von der Verpflichtung, selbst ein wahrscheinlichkeitsbezogenes Risiko zu verstehen und ihre eigene Verantwortung gegenüber der Öffentlichkeit zu beurteilen.

Zusammenfassung und Auswertung der Diskussion über den Themenkreis „Risikowahrnehmung, Akzeptanz und Risikoanalysen"

K. H. Lindackers

Verlauf und Inhalt der Diskussion

In die recht lebhafte Diskussion der ersten drei Referate dieses Seminars wurde auch die Eröffnungsrede von Herrn Schmidt-Küster einbezogen. Die meisten Diskussionsbeiträge bezogen sich auf die Ausführungen von D. Rössler. Was die überwiegende öffentliche Meinung zur Frage der Sicherheit vor nachteiligen Wirkungen der Technik ist, wurde recht unterschiedlich gesehen:

- Die öffentliche Meinung akzeptiert die Relativität der technischen Sicherheit und damit Risiken durchaus, wenn sie es wert sind, akzeptiert zu werden.
- Die öffentliche Meinung propagiert ein Bedürfnis nach Sicherheit, das durch die Erfahrung mit der gegenwärtigen Sicherheit der Technik nicht begründet werden kann und deshalb die Frage nach anderen, eigentlichen Motiven und Kräften aufwirft.
- Die Menschen können heute überhaupt nicht überzeugt werden, daß die Technik auch nicht sicher sein kann.

Unbestritten war die unzureichende Information der breiten Öffentlichkeit über die vielfältigen Folgen technischer Entwicklungen. Wie diese aber bewerkstelligt werden könnte und werden sollte, darüber wurden unterschiedliche Meinungen geäußert. Alle Diskussionsbeiträge dazu forderten jedoch eine offene, unbeschönigte und wahre Information.

L. A. Clarenburg teilte in der Diskussion mit, daß die betroffene Industrie die Studienergebnisse aus dem Rijnmondgebiet lange Jahre ignoriert habe und erst in letzter Zeit langsam lerne, daß es so etwas wie eine soziologische Wirklichkeit gibt, die mit der technisch-naturwissenschaftlichen Wirklichkeit keineswegs übereinstimmt. Er betonte ganz ausdrücklich, daß Risikoanalysen die Bevölkerung kaum ansprechen und bei einer Entscheidungsfindung nur eins von einer Reihe von Elementen sein können.

F. R. Farmer machte auf Fragen deutlich, daß die betroffene Bevölkerung auf den Canvey-Island-Report recht positiv reagiert habe. Sie habe sich nämlich in ihrer Vermutung, daß dort ein Risiko bestehe, was verringert werden kann, bestätigt gesehen.

W. Schmidt-Küster wurde entgegengehalten, daß die Techniker in unserem Lande nicht davon überzeugt sind, daß sie ohne sofortige Rückwirkungen auf Genehmigungsverfahren über Methoden und Wert einer vertieften Risikoanalyse nachdenken könnten. Jeder Ansatz dazu würde sofort in die Genehmigungsverfahren integriert und diese entsprechend erschweren.

Ohne Diskussion blieb die Frage nach Methoden der Risikoanalyse getroffener oder unterlassener politischer Entscheidungen, die insbesondere die technische Entwicklung betreffen.

Stellungnahme und Folgerungen

Allgemein verständliche und einheitliche Definition der Begriffe „Risiko" und „Sicherheit" fehlen.

Eine immer noch schnell wachsende Technisierung in fast allen Lebensbereichen und eine Flut von Gütern und – oft gegensätzlichen – Informationen machen vielen Menschen die Beurteilung möglicher Nachteile und Gefahren der künftigen Entwicklung unmöglich. Sie haben, wenn nicht schon vor dem Heute, so doch mindestens Angst vor dem Morgen. Sie sehen sich den herrschenden Entscheidungsstrukturen ausgeliefert, auf die sie scheinbar mit ihren Möglichkeiten keinen wirksamen Einfluß ausüben können.

Eine noch stärkere Information der breiten Öffentlichkeit erscheint wenig hilfreich, wenn es nicht gelingt, die Glaubwürdigkeit der Informationen und der Informanden entscheidend zu verbessern. Ehrliche, schonungslose Risikoanalysen können hierzu einen Beitrag leisten. Auf sie allein Entscheidungen abzustützen und auf ihrer Basis die Akzeptanz für diese Entscheidungen zu erwarten, ist aber unrealistisch.

Die Diskussion machte deutlich, daß sich die Technokraten zur Erörterung von Risiken und Sicherheit schon eine Darstellungsweise angewöhnt haben, die in sich unredlich ist. Wir müssen zu einfachen und wahren Darstellungen über Risiken und Sicherheit kommen. Dazu ist Forschung unerläßlich.

Da, wo rechtlich eine Partizipation weiter Bevölkerungskreise an Entscheidungen real oder scheinbar vorgesehen ist (Bundesimmissionsschutzgesetz, Atomgesetz u.a.), muß die Teilhabe zum mindesten für den größeren Teil der Bürger ermöglicht werden. Dies ist heute durch die Art und den Umfang der ihm zur Verfügung stehenden Informationen in weiten Grenzen nicht gegeben.

Vorschläge für Forschungsvorhaben

Aus den drei einführenden, nicht fachgebietsbezogenen Referaten und deren Diskussion, lassen sich folgende Vorschläge für Forschungsvorhaben ableiten:
- Welche Folgen hätte es, neue technische Entwicklungen, ihre Nachteile und Gefahren und ihren Nutzen der betroffenen und der breiteren Öffentlichkeit vorzustellen und wie erfolgt dies am zweckmäßigsten?
- Welche soziologischen Entwicklungen ergeben sich für Gebiete, die real oder vermutet mit hohen Risiken aus technischen Anlagen belastet sind?
- Wie müssen Informationen über neue technische Anlagen für die betroffene Bevölkerung beschaffen und gestaltet sein, damit diese Bevölkerung im gesetzlichen Rahmen in den Genehmigungsverfahren mitwirken kann?

Der Transport
gefährlicher Stoffe

Risiken beim Transport gefährlicher Güter

D. Uebing

1 Allgemeines

Bereits der normale Umgang mit gefährlichen Stoffen bringt gewisse Gefahren mit sich, die durch Transportvorgänge grundsätzlich vergrößert werden. Stoff-Freisetzungsereignisse sind bei Verkehrsvorgängen wahrscheinlicher als bei stationären Anlagen und die Stoff-Freisetzungsorte nicht vorhersehbar. Notfallschutzplanung wird damit schwierig. Das Risiko beim Transport gefährlicher Güter ist also stoff-, mengen- und verkehrsträgerbezogen.

Die stoffbedingten Gefahren sind gegeben durch

- Druckwellen beim Behälterzerknall, bei Detonationen oder Explosionen;
- Brandauswirkungen bei entzündbaren oder entzündend wirkenden Stoffen;
- Giftigkeit, Ätzwirkung oder Radioaktivität sowie den damit verbundenen Verunreinigungen der Luft, des Bodens und des Wassers.

Die Stoffzustände sind ebenfalls vielfältig, wie gasförmig, flüssig, fest, unter Druck oder tiefkalt verflüssigt.

Verkehrsträger sind der Straßenverkehr, der Eisenbahnverkehr, der Schiffsverkehr auf Binnenwasserstraßen und auf See, der Luftverkehr (in seltenen Fällen) sowie meist unterirdisch verlegte Pipelinesysteme.

2 Gefahrguttransportaufkommen

Bei einem gesamten jährlichen Transportaufkommen aller Güter im Eisenbahn-, Binnenschiffs- und Straßenverkehr von etwa 800 Mio. t in den vergangenen Jahren in der Bundesrepublik Deutschland (1977: 790 Mio. t) beträgt der Anteil der Gefahrguttransporte für die drei genannten Verkehrsträger zusammen etwa 13% (1977: 104 Mio. t, d.h. 13,2%). Der Anteil von Mineralölerzeugnissen ist darin mit etwa 80% enthalten. Unberücksichtigt sind dabei die Rohöl- und Mineralölerzeugnistransporte durch Pipelines, die 1976 90 Mio. t ausmachten.

Ohne Berücksichtigung des Pipelinestransportes entfallen 49% des Gefahrguttransportes auf das Binnenschiff, 33% auf die Eisenbahn und 18% auf die Straße. Der Anteil des Straßenverkehrs zeigt steigende Tendenz. Gefährliche Güter ohne Betrachtung von Mineralölprodukten verteilen sich zu 42% auf die Eisenbahn, 36% auf das Binnenschiff und 22% auf die Straße. Beim Straßenverkehr gefährlicher Güter dominiert der gewerbliche Verkehr im Verhältnis 2:1 gegenüber dem Werksverkehr.

Der mit 13% beachtliche Anteil der gefährlichen Güter am Gesamttransportaufkommen und die weltweit immer wieder auftretenden spektakulären Unfälle machen deutlich, welche prinzipiellen Risiken dem Gefahrguttransport anhaften.

3 Schadensfälle und Unfälle

Eine Auswahl von Schadensfällen und Unfällen vermittelt einen Einblick in die Art der Risiken. Erwartungsgemäß sind Ereignisse beim Straßenverkehr überproportional vertreten. Nach einer Analyse der Unfälle beim Transport wassergefährdender Flüssigkeiten in der Bundesrepublik Deutschland entfielen 1975/1976 60 bis 70% der Unfälle auf Straßenfahrzeuge (Anzahl: 220/250 pro Jahr), jeweils 10 bis 15% auf Binnenschiffe bzw. Seeschiffe und nur 3 bis 5% auf Eisenbahnwagen. Pipelineunfälle waren mit 2 bis 3% beteiligt.

Nachfolgend werden einige Beispiele gegeben:

1974 Landkreis Heilbronn:
Aus einem umgestürzten Tanklastzug fließen 36000 l Benzin in die Kanalisation. Explosionskatastrophe kann durch Sofortmaßnahmen (Sperre, Nichtgebrauch elektrischer Geräte und Heizungen, Evakuierung) vermieden werden.

1975 Autobahn München–Nürnberg:
Transporter mit radioaktivem Material gerät in Massenkarambolage. Strahlenalarm.

1977 Landshut:
Tanklastzug mit 34000 l Benzin prallt gegen eine Hauswand, schlägt leck und brennt aus. Glücklicherweise nur Sachschaden.

1977 Autobahn Köln–Bonn:
In der Autobahneinfahrt stürzt ein Tanklastzug mit schwerem Heizöl wegen Bruches der Sattelkupplung um. Tank bleibt dicht (isolierter zylindrischer Drucktank).

1977 Haltern:
Auf Rangierbahnhofgelände zerknallt ein Kesselwagen mit Kohlensäure. Ursache: vermutlich Werkstoffehler.

4.8.78 München:
Tankwagen mit 5 t Propan prallt bei Ausweichmanöver gegen Baum. Eine Leitung ist undicht. Abdichtung gelingt.

26.8.78 Dasing/Bayern:
Tanklastzug mit Benzin kippt in einer Kurve um, schlägt leck. Sein Inhalt ergießt sich in die Kanalisation von Dasing. Explosion konnte verhindert werden.

30.8.78 Autobahn München–Nürnberg:
2000 l giftig/ätzende Chromsäure fließen aus defektem Tankfahrzeug aus. 23 Feuerwehrleute und Polizisten im Krankenhaus.

11.7.78 Los Alfaques/Tarragona:
Zerknall des Tanks eines mit 23 t Propylen beladenen Tankwagens (Propylen ist etwa vergleichbar Propan). Tank war überladen und ging durch Flüssigkeitsausdehnung zu Bruch. Das freigesetzte Gas wurde entzündet: 200 Tote.

1978 Belgien:
In einem Bahnhofsgelände zerknallt ein Kesselwagen mit Propan und brennt ab. Ein vorüberfahrender Personenzug wird nur noch leicht beschädigt (Los Alfaques wäre wiederholbar gewesen). Ursache: Überladung, Flüssigkeitsausdehnung durch Erwärmung/Sonneneinstrahlung.

Jan. 79 Autobahn Ulm–Karlsruhe:
Tanklastzug mit 20 000 l Formaldehyd (brennbar, ätzend) gerät durch Fahrfehler ins Schleudern und stürzt um. Tank bleibt dicht (isolierter zylindrischer Drucktank!).

1.3.79 Mainz-Kostheim:
In einem Chemiebetrieb wird ein Salzsäurelagertank leck. Die Feuerwehr will die Salzsäure mit einem „Spezialfahrzeug" abfahren. Das Bodenventil des Fahrzeugtanks erweist sich als nicht säurebeständig. 6 000 l Salzsäure laufen aus.

13.4.79 Köln:
Tanklastzug mit 27 000 l Heizöl verursacht Verkehrsunfall. 4 000 l laufen aus, Fahrer schwer verletzt.

14.4.79 Autobahnring Köln:
Tankwagen mit 7 000 l Benzin wird in Unfall verwickelt, stürzt um. 1 000 l laufen aus.

14.7.79 Steinhagen:
Propangas-Tankwagen hat undichtes Ventil. 2 000 l flüssiges Propan strömen aus. Es kommt zur Explosion mit vier Verletzten und der Zerstörung eines Wohnhauses.

12.11.79 Eisenbahnunglück in Mississauga/Kanada:
Güterzug mit zahlreichen Kesselwagen (Propan, Chlor) entgleist nach Notbremsung und Zusammenstoß mit Traktor auf Bahnübergang. Propankesselwagen bersten und brennen. Kesselwagen mit 90 t Chlor ist Feuer ausgesetzt und droht zu explodieren. Großräumige Evakuierungsaktion wird eingeleitet. Chlorkesselwagen wird undicht, kann aber abgedichtet werden, so daß nur wenig frei wird.

7.1.80 Bahnhof Kirchseeon/Obb.:
Aus drei undichten Fässern strömen etwa 200 kg hochgiftiges Methylacrylat aus. Fässer waren falsch gestaut.

5.4.80 Boston:
Bei einem Eisenbahnunglück wird ein Kesselwagen mit Phosphortrichlorid aufgeschlitzt. Die ätzende Flüssigkeit mit Siedepunkt 78 °C bildet Gaswolke. Evakuierung der Umgebung. 100 Menschen werden verletzt/vergiftet.

12.4.80 Pont-à-Mousson/Frankreich:
Tankwagen mit 25 000 l Flüssiggas stürzt Böschung hinab und wird leck. Evakuierung der Umgebung.

14.4.80 Rhein bei Bonn:
Tankschiff wird abgetrieben und läuft auf Grund. Pyrolyse-Benzin fließt in den Rhein. Die Schiffahrt wird vorübergehend eingestellt.

11.7.80 Autobahn bei Köln:
Tanklastzug mit 23 000 l Heizöl wird in Unfall verwickelt und stürzt um. 6 000 l laufen aus.

11.1.80 Köln:
Beim Füllen eines Eisenbahnkesselwagens mit CS_2 wird dieser überfüllt. CS_2 strömt aus und entzündet sich sofort. Es gelingt, den Brand zu löschen, ohne daß der Tank in Mitleidenschaft gezogen wird.

Bei einer größeren Zahl der Unfälle hätte es leicht zu katastrophalen Ereignissen kommen können, so daß alles getan werden muß, Stoff-Freisetzungen auch bei Unfällen zu verhüten.

4 Retrospektive Risikobetrachtung

Bei Unfällen werden die Risiken deutlich, die bereits teilweise als Beinahe-Katastrophen bezeichnet werden müssen. Datenerfassung und Datenauswertung aller Unfälle sind noch lückenhaft, wodurch sich wichtige Erkenntnisquellen verschließen.

Dennoch läßt sich aus vorhandenen Studien folgendes Bild zeichnen, welches sich aus der Auswertung von 113 Straßenverkehrsunfällen (alle Stoffe) und 748 Unfällen bei wassergefährdenden Flüssigkeiten (alle Verkehrsträger) ergibt (Tabellen 1 und 2).

Tabelle 1. Häufigkeit der an Unfällen auf der Straße beteiligten gefährlichen Güter (1975/1976)

Stoffnahme	Anzahl der unfallbeteiligten Gefahrgut-Fahrzeuge	%
Heizöl, Dieselöl	55	49
Benzin	23	20
Verdünner, Lösungsmittel	8	7
Giftige Stoffe	7	6
Säuren, Laugen	7	6
Munition	4	4
Gas	3	3
Radioaktive Stoffe	1	1
Sonstiges	5	4
Summe	113	100

Tabelle 2. Häufigkeit der Unfälle und Transportmengen bei wassergefährdenden Flüssigkeiten (1977)

	Unfälle %	Transportmengen %
Straße	74	18
Schiene	5	33
Fluß	21	49

Tabelle 3. Unfallursachen aus Unfallberichten (1975/1976)

Unfallursache [a]	Anzahl	%
Nicht angepaßte Geschwindigkeit	48	40
Technische Mängel	15 [b]	12
Ungenügender Sicherheitsabstand	10	8
Übermüdung	8	7
Unzureichend gesicherte Ladung	8	7
Sonstige Ursachen	31	26
Summe	120	100

[a] Bei mehreren Unfallursachen bei einem Unfall wurden alle mitgezählt
[b] Davon fünf Reifenschäden (Reifen geplatzt)

Tabelle 4. Generelle Unfallursachen im Straßenverkehr (1978)

Unfallursache	Anteil %
Menschliches Fehlverhalten (Fahrer)	80
Menschliches Fehlverhalten (Fußgänger)	9
Straßenverhältnisse	7
Technische Mängel	2
Sonstige Ursachen	2

Bei Pipelines ist, wie bereits angedeutet, der Anteil am Unfallgeschehen mit 2 bis 3% geringfügig. Diese Aussage gilt auch für die Auslaufmengen, die bei Pipelines gleichermaßen niedrig liegen.

Interessant sind auch die Unfallursachen, so wie sie sich aus den Unfallberichten ergeben (Tabelle 3).

Wenn auch gewisse Zweifel über die absoluten Zahlen angebracht sind, wird doch der menschliche Einfluß (Fahrer, Wartungspersonal) deutlich. In einer Betrachtung des gesamten Straßenverkehrs des BMV für 1978 ergeben sich prinzipiell ähnliche Aussagen (Tabelle 4).

Diese Tabellen zeigen auf, in welche Richtung sich Verbesserungsmaßnahmen zur Risikominderung zu entwickeln haben.

5 Risikobeherrschung

Bei der Komplexität und Gefährlichkeit des Transportes gefährlicher Güter erhebt sich die Frage, wie man den Risiken begegnet.

Gesetzliche Regelungen. Abgestellt auf die Gefährlichkeit der Stoffe und die in den Verkehrssystemen liegenden Risiken gibt es ein umfangreiches Vorschriftenwerk, welches bis ins einzelne gehende Bestimmungen enthält. Hierzu gehören das Gesetz über den Transport gefährlicher Güter (1975), die Gefahrgutverordnung Straße (1973, Fassung 1979 nach Vorbild ADR), die Gefahrgut VO/RID für den Schienenverkehr, die Druckgas VO mit den TRG, die Verordnung über brennbare Flüssigkeiten mit den TRbF, weiterhin das Wasserhaushaltsgesetz, das Bundesimmissionsschutzgesetz und andere.

Bei allen getroffenen Regelungen gilt der Grundsatz, daß mit steigender Gefährlichkeit des Stoffes auch eine steigende Widerstandsfähigkeit der Verpackung/ Behälter einhergehen muß. Eine Auswahl der Sicherheitsgrundsätze und der daraus abgeleiteten Maßnahmen sei nachfolgend genannt.

- Tanks für Benzin und Heizöl brauchen nur eine gewisse Mindestwanddicke zu haben; jedoch werden für gefährliche Stoffe Tanks gefordert, die zudem noch einem höheren Druck standhalten

  - 4 bar: Gifte,
  - 10 bar: CS_2, Schwefelsäure, starke Gifte,
  - 15 bar: Blausäure,
  - 21 bar: Fluorwasserstoff.

- Tanks müssen bei Untenentleerung zwei hintereinanderliegende Absperreinrichtungen haben, von denen eine so geschützt sein muß, daß sie bei einem Unfall nicht undicht wird – selbst wenn die zweite Absperreinrichtung beim Unfall zerstört wird.
- Tanks für bestimmte Stoffe (besonders giftige, stark ätzende Stoffe) dürfen keine Untenentleerung haben.
- Tanks auf Straßenfahrzeugen müssen gegen Unfälle durch seitlichen und rückwärtigen Anfahrschutz gesichert sein.
- Für die Herstellung der Tanks müssen Werkstoffe verwendet werden, die eine ausreichende Verformungsfähigkeit besitzen und bei Unfalleinwirkungen nicht zum Bruch neigen.

- Die Tankwandwerkstoffe müssen gegen die Transportgüter beständig sein.
- Tanks dürfen nur so weit gefüllt werden, daß bei den möglichen Transportbedingungen (Erwärmung) ein ausreichender Gasraum zur Aufnahme der Flüssigkeitsausdehnung zur Verfügung steht.
- Tanks müssen mit Sicherheitseinrichtungen ausgerüstet sein (Lüftungseinrichtungen, Unterdruckventile, ggf. Sicherheitsventile, Flammendurchschlagsicherungen, Kippsicherungsventile).
- Die Absperreinrichtungen der Tanks müssen gegen unbeabsichtigtes Öffnen und unbefugte Betätigung gesichert sein.
- Für spezielle Einsatzzwecke (Unfälle, Abfalltransport, Katastrophenschutz) werden Tanks in explosionsdruckfester Bauweise verwendet.
- Tanks müssen dynamischen Beanspruchungen, die beim Transport auftreten (Verzögerungen, Beschleunigungen) standhalten. Tankcontainer für den Eisenbahnverkehr werden einem Verzögerungstest (Auflauf auf Prellbock) unterworfen.
- Verpackungen und Fässer müssen einem Fall aus 1,5 m Höhe standhalten (Fallhöhe entspricht Fall vom Lkw; Tankcontainer für den Seeverkehr sind allerdings für die bei der Kranverladung möglichen Fallhöhen nicht ausreichend widerstandsfähig).
- Verpackungen, Fässer erhalten eine Musterprüfung und daraufhin eine Zulassung.
- Tanks erhalten eine Musterprüfung und Zulassung. Jeder einzelne Tank wird jedoch vom Sachverständigen der Bau- und Druckprüfung sowie wiederkehrenden Prüfungen unterzogen. Bei Tankfahrzeugen erstrecken sich diese Prüfungen auf das gesamte Fahrzeug.

Für eine Reihe von Stoffen ist wegen ihrer Gefährlichkeit die Beförderung in Großbehältern und Tanks unzulässig. Zur Gewährleistung der Sicherheit ist nur der Versand in Kleinbehältern erlaubt – also eine Mengenbegrenzung.

Für den Bereich des Straßentransportes gibt es eine Reihe von Stoffen, für deren Transport ab einer festgelegten Menge weitergehende Bedingungen zu beachten sind. Transporte dieser besonders gefährlichen Stoffe sind erlaubnispflichtig (sog. Listengüter) – die Erlaubnis kann mit Auflagen über zu benutzende Straßen, Tageszeiten und Geschwindigkeit erteilt werden.

Für die Bereiche des Eisenbahn- und Binnenschiffsverkehrs gibt es nichts Vergleichbares. Allerdings hat das Erlaubnisverfahren für die Straßentransporte auch das erklärte Ziel, die Transporte der besonders gefährlichen Stoffe auf die Verkehrsträger Eisenbahn und Binnenschiff zu verlagern.

Diese Aufzählung ist nur beispielhaft und könnte beliebig fortgesetzt werden. Insgesamt besteht das Vorschriftenwerk aus einigen Tausend Druckseiten und wirft damit auch die Frage nach seiner Handhabbarkeit auf.

Risikoanalysen. Bei komplexen Systemen (hohe Zahl beteiligter Komponenten, vielfältiger Verknüpfung der Komponenten untereinander) oder auch bei Systemen, an die wegen der besonderen Gefährlichkeit der gehandhabten Stoffe hohe Sicherheitsanforderungen zu stellen sind, ist eine Systemanalyse zur Risikobegegnung angezeigt.

Diese Arbeitstechnik hilft, den Einfluß des Teilsystems oder auch der Komponente zu erfassen und daraus Schlüsse zu ziehen.

Welche Methode man dabei anwendet (Fehlerbaumanalyse, Entscheidungstabellentechnik, Ausfallart- und Fehlereffektanalyse, Störfallablaufanalyse...) ist dabei zunächst ohne größere Bedeutung, wenn nur die Systemstruktur deutlich wird. Auch die Frage, ob eine Analyse mit der qualitativen Ermittlung der Systemschwachstellen beendet wird oder sich eine quantitative Analyse anschließen läßt (weil z. B. geeignete Daten vorliegen für eine Rechnung) ist ohne Belang, solange sich aus der Analyse konkrete Ergebnisse ableiten lassen, und dies ist im allgemeinen der Fall.

Tabelle 5. Ergebnisse von systemanalytisch durchgearbeiteten Anlagen

Anlage	Zahl der Komponenten	Technische[a] Hinweise	Organisatorische[b] Hinweise
Vinylchlorid Lagerung und Schiffsabfüllung	107	15	9
Aethylenlagerung	88	1	0
Propangastanklager	25	9	7

[a] Technische Hinweise: Vorschläge zu technischen Änderungen bzw. Ergänzungen
[b] Organisatorische Hinweise: Instandhaltung (Inspektion, Wartung, Reparatur)

In Tabelle 5 sind die Ergebnisse von drei Anlagen behandelt, die systemanalytisch durchgearbeitet wurden. Während bei den Anlagen 1 und 3 sich eine Reihe von Verbesserungen durch die Systemanalyse ergab, wurden diese bei der Anlage 2 ganz offenbar bereits vom Hersteller/Betreiber im Rahmen einer vorgezogenen eigenen Analyse erkannt und berücksichtigt. Diese Zahlen unterstreichen das oben Gesagte über den Wert von Systemanalysen.

Grundlegende Sicherheitsentscheidungen. Die Zuständigkeit für das Sicherheitskonzept beim Transport gefährlicher Güter liegt beim BMV. Für die Vorbereitung fachlicher Entscheidungen bedient sich das Ministerium eines Beirates für den Transport gefährlicher Güter, welcher Empfehlungen ausspricht. Dieses Gremium hat sich für die laufenden Probleme bewährt. Für die Entwicklung neuer Risikostrategien sind jedoch zusätzliche Maßnahmen notwendig, die im Bereich der Forschung und der Sicherheitskonzeption liegen. Entsprechende Maßnahmen befinden sich in Vorbereitung. Bei übergeordneten Risikofragen sind zukünftig anstelle von empirisch ermittelten mehr systemanalytisch abgeleitete Entscheidungsdaten notwendig.

6 Ausblick

Risiken verbleiben, die bei der bisherigen Behandlung der Probleme des Transports gefährlicher Güter nicht erkannt oder aus technisch-wirtschaftlichen Gründen nicht beachtet wurden. Ein Beispiel erläutert die letztgenannte Kategorie.

Durch die vom Gesetzgeber vorgeschriebenen Baumaße für Tankfahrzeuge (Breite und Höhe) werden konstruktive Möglichkeiten zur Maximierung des Fassungsvermögens genutzt. Die Querschnitte werden elliptisch bis nahezu rechteckig ausgeführt. Diese Tankformen versagen leichter als solche mit kreisförmigen Querschnitten, wie es auch aus den Unfällen hervorgeht. In der Aufstellung sind acht Fälle aufgeführt, bei denen Tankfahrzeuge in Unfälle verwickelt wurden. In sechs Fällen trat Schadstoff aus. In zwei Fällen blieben die Tanks dicht. Diese besaßen einen zylindrischen Querschnitt.

Im Transportsystem für gefährliche Güter sind zweifellos, wie auch in anderen technischen Bereichen, latente Risiken vorhanden. Diese gilt es im Rahmen von Schwachstellenanalysen zu ermitteln.

Zu den Schwerpunktaufgaben wird es gehören, das vorhandene Datenmaterial systematisch zu ordnen und für eine optimale Nutzung leichter zugänglich zu machen. Das gilt sowohl für die Vorschrifteninhalte, Sondergenehmigungen und Unfalldaten, wie auch für die bei Notfällen und der Katastrophenabwehr benötigten Informationen. Weiterhin benötigen wir genauere Angaben über die Risikobeeinflussung durch die Art der Verkehrsträger, der Verkehrswege, der Umgebungsnutzung von Verkehrswegen, sowie durch den Faktor Mensch bei den Wartungs- und Bedienungsaufgaben. Dieses sind nur einige Beispiele.

Wenig sinnvoll wäre eine Risikobewertung auf der Basis tödlicher Arbeitsunfälle, wie sie für einzelne Wirtschaftszweige aufgestellt werden. Neben dem Risiko des Arbeitsunfalls für die am Transport beteiligten Personen gibt es das Risiko für unbeteiligte Personen, für Sachwerte Dritter und für die Ökologie. Dieses kann in der Risikokomponente Schadensausmaß beträchtlich sein, obwohl die Risikokomponente Eintrittswahrscheinlichkeit gering ist.

Die Risikobewertung hat somit neben wirtschaftlichen und technischen nach sozialökologischen Aspekten zu erfolgen. Eine Gesellschaft akzeptiert in einem spektakulären Bereich weder einfache Unfälle in größerer Zahl noch eine gewisse Eintrittswahrscheinlichkeit für den katastrophalen Unfall. Das bedeutet, zumindest diejenigen Maßnahmen zu treffen, welche durch die Struktur des Transportsystems den Gefahrguttransport sicher vor katastrophalen Unfällen machen, wenn schon verkehrsbedingt Unfälle nicht auszuschließen sind. In diesem Sinne sind durchaus noch Verbesserungen möglich, obwohl in der Bundesrepublik Deutschland ein anerkannt hoher Sicherheitsstand erreicht werden konnte.

Sicherheitstechnische Aspekte beim Schiffstransport gefährlicher Stoffe

G. Gütschow

1 Einführung

Sicherheitstechnische Fragen spielen in der Schiffstechnik eine wesentlich größere Rolle als auf vielen anderen Gebieten der Technik. Dies gilt sowohl vom Grundsätzlichen her als auch hinsichtlich des Umfanges sicherheitstechnischer Maßnahmen.

Die Diskussion sicherheitstechnischer Fragen ist gewiß ein aktuelles Thema. Und auch auf dem Gebiet der Schiffstechnik haben spektakuläre Tankerunfälle den Blick der Öffentlichkeit für Fragen der Sicherheit in der Schiffahrt geschärft. Aber auch die erwähnten Tankerunglücke dürfen nicht zu dem Fehlschluß führen, daß in der Schiffstechnik der Sicherheitstechnik weniger Beachtung geschenkt würde als dies im allgemeinen üblich sei. Das Gegenteil ist eher der Fall. Es gibt kaum ein Gebiet der Technik, auf dem so weitgehende sicherheitstechnische Regeln befolgt werden müssen wie in der Schiffstechnik.

Jedes Schiff stellt als Teilnehmer am Seeverkehr oder auf den Binnenwasserstraßen natürlich auch einen Risikofaktor für andere Schiffe oder für die sonstige Umwelt dar. Gerade das letztere, wozu der Komplex der Umweltverschmutzung gehört, verdient eine zunehmende Beachtung.

Der Ausfall wichtiger maschinentechnischer Einrichtungen kann zum Ausfall des Vortriebes des Schiffes bzw. zur Einschränkung der Manövrierfähigkeit eines Schiffes führen. Ein nicht mehr kontrollierbares Schiff kann aber zu einem erheblichen Risiko für andere werden. Darüber hinaus ist natürlich das Sicherheitsbedürfnis der sich an Bord befindlichen Besatzung zu sehen, wenn das Schiff in Gefahr gerät, ohne andere oder seine Umwelt zu gefährden.

Zu den Aufgaben der Technischen Sicherheit gehört es, das Betriebsverhalten der Schiffe und ihrer Antriebsanlagen einschließlich möglicher abweichender Betriebszustände und Störfälle zu analysieren, auftretende Schäden zu untersuchen und Konstrukteur und Betreiber entsprechende Hinweise zu geben.

In der Erarbeitung der sicherheitstechnischen Regeln fließen die Erfahrungen aus dem Betrieb der Schiffe über längere Zeit ein. Auftretende Schäden werden systematisch erfaßt und in Fällen grundsätzlicher Bedeutung einer weitgehenden Schadensuntersuchung als Einzelfallbetrachtung unterworfen. Die hierbei gewonnenen Erfahrungen fließen in die Bauvorschriften zur Erhöhung der Betriebssicherheit der Schiffsanlagen ein.

Neben dem Komplex der sicherheitstechnischen Überlegungen, die anzustellen sind, um eine akute Gefahr an Bord eines Schiffes durch Feuer, Wassereinbruch, Explosion etc. abzuwenden oder zu bekämpfen, müssen die Anstrengungen dahin gehen, das Schiff als Teilnehmer am Schiffsverkehr sicher und manövrierfähig zu erhalten; d. h., im weiteren Sinne gehören zur technischen Sicherheit alle Maßnahmen, die der Erhöhung der Betriebssicherheit der Schiffsanlagen dienen.

2 Historische Entwicklung der Sicherheitsvorschriften

Die beim Bau eines Schiffes zu beachtenden Vorschriften sind umfangreich und ihre Zuordnung zueinander recht kompliziert. Der internationale Charakter der Seeschiffahrt erfordert darüber hinaus zwischenstaatliche Vereinbarungen, um die Freizügigkeit des Seeverkehrs weitgehend zu gewährleisten.

Die Zusammenhänge sind in vielen Fällen nur aus historischer Sicht verständlich. Daher wird nachfolgend ein Überblick über die Entstehung der Sicherheitstechnik in der Schiffstechnik gegeben. Solange ein Seehandel betrieben wird, hat es Überlegungen gegeben, die sich mit der Sicherheit von Schiff und Ladung befassen. Die Phoenizier, die Venezianer, die Hanse, sie alle hatten ihre Systeme der Versicherung der Ladung gegen die Gefahren des Seetransportes. Hierbei spielten dann natürlich auch Fragen der Seetüchtigkeit der Schiffe eine Rolle. Aus der Zeit der Italienischen Republiken sind Vorschriften über die Tiefladelinie von Handelsschiffen bekannt.

Der Beginn einer systematischen Beurteilung von Bauart, Ausrüstung und Zustand von Schiffen liegt im 18. Jahrhundert. 1764 wurde das erste Schiffsregister herausgegeben, das Angaben über den Zustand der registrierten Schiffe enthielt.

Das Register enthielt Eintragungen, die den Zustand des Schiffes und seiner Ausrüstung und das Ergebnis späterer Prüfungen in 1765 und 1766 kennzeichnen. Die Schiffe und ihre Ausrüstung wurden entsprechend ihrem Zustand in Klassen eingeteilt, d. h. klassifiziert. Dies ist der Ursprung der Schiffsklassifikation. Hierher haben die technischen Überwachungsorganisationen für Schiffe ihre Bezeichnung als Klassifikationsgesellschaften (Classification Societies).

In Deutschland wurde als deutsche Klassifikationsgesellschaft 1867 der Germanische Lloyd (GL) gegründet. Das war noch zur Zeit des Norddeutschen Bundes. Damals wie heute wurden bzw. werden die Schiffe in einem Register geführt, das veröffentlicht wird und u. a. Angaben über den Zustand und die erfolgten Überprüfungen enthält.

Der internationale Seeschiffahrtsverkehr läßt es als wenig sinnvoll erscheinen, ausschließlich nationale Regelungen zu treffen. Unter Berücksichtigung des Flaggenrechtes bleiben derartige Maßnahmen weitgehend wirkungslos bzw. würden zu einer weiteren Einschränkung der Freizügigkeit des Seeverkehrs führen.

Sicherheitstechnische Regeln werden von schiffahrtstreibenden Nationen in der IMCO (Inter-Governmental Maritime Consultative Organization), einer Unterorganisation der UNO, beraten. Die IMCO erarbeitet sicherheitstechnische Empfehlungen, die als Rahmenvorschriften Sicherheitsziele nennen. Die Ausführung bleibt Festlegung durch Regeln der Sicherheitstechnik überlassen. Allerdings ist auch hier die Tendenz feststellbar, die Rahmenvorschriften immer weiter zu präzisieren, so daß sie z. T. schon Regeln der Sicherheitstechnik werden.

Diese internationalen Vereinbarungen treten in Kraft, wenn sie von einer jeweils festgelegten Mindestzahl von Mitgliedsstaaten mit einem ebenfalls festgelegten Mindestanteil an der Welthandelstonnage ratifiziert worden sind. Die Mitgliedstaaten sind danach verpflichtet, die IMCO-Resolutions in die nationale Gesetzgebung zu übernehmen.

Nach dem Gesetz über die Aufgaben des Bundes auf dem Gebiet der Seeschiffahrt ist in Deutschland der Bundesminister für Verkehr für die Schiffahrt zuständig. Er erläßt die entsprechende Schiffssicherheitsverordnung, die im wesentlichen die IMCO-Vereinbarungen enthält, erweitert durch zusätzliche Bestimmungen. Nach § 7 dieser Verordnung müssen Schiffe darüber hinaus nach anerkannten Regeln der Schiffstechnik gebaut sein. Als Regeln der Schiffstechnik gelten nach § 7 SSV die Bauvorschriften des Germanischen Lloyd, die ihrem Wesen nach sicherheitstechnische Regeln darstellen.

3 Sicherheitstechnische Methodik

In der Schiffstechnik ist die Sicherheitstechnik relativ weit entwickelt. Dies ist einerseits in der langen Tradition sicherheitstechnischer Maßnahmen im Bereich der Schiffahrt begründet, andererseits dadurch, daß der Bau eines Schiffes seit mehr als 100 Jahren nach recht detaillierten Kontruktions- und Sicherheitsvorschriften erfolgt, die laufend aufgrund von Erfahrungen und technischen Erkenntnissen fortgeschrieben werden.

Es darf jedoch nicht verkannt werden, daß ursprünglich den Bauvorschriften fast ausschließlich Erfahrungen zugrunde lagen. Erfahrungen, die z.Z. auch aufgrund von z.T. spektakulären Schäden und Unfällen gesammelt wurden. So führte z.B. der Untergang des Schnelldampfers „Elbe" am 30. Jan. 1895 zu Maßnahmen der Reichsregierung, in deren Konsequenz die vom Germanischen Lloyd erarbeiteten und von der Seeberufsgenossenschaft erlassenen Vorschriften für die Anordnung von Schotten seitens der Reichsregierung in § 37 der Verordnung für Auswandererschiffe verbindlich vorgeschrieben wurden. Und auch die Tankerunfälle, insbesondere die Strandungen der „Torrey Canyon" an der südenglischen Küste 1967 und der „Amoco Cadiz" 1978 bei Brest haben zu Aktivitäten der IMCO geführt.

Die Fortschreibung der Sicherheitsvorschriften in der Vergangenheit aufgrund von Erfahrungen ist verständlich, wenn man den Stand der technischen Kenntnisse und ingenieurwissenschaftlichen Möglichkeiten berücksichtigt. Die Vorausberechnung n-fach statisch unbestimmter Systeme, wie sie Schiffe darstellen, unter Berücksichtigung dynamischer Seegangsbeanspruchungen ist erst möglich, seitdem es Großrechenanlagen und weit entwickelte elektronische Meßsysteme gibt, wie sie heute zu Anwendung kommen. Damit beruhen die heutigen Auslegungsvorschriften doch schon zu einem beachtlichen Teil auf exakten Rechenmethoden.

Hierzu haben eine größere Zahl von Forschungsvorhaben z.B. im Sonderforschungsbereich 98 beigetragen. Die ständige Weiterführung dieser Aufgaben ist geeignet, zur laufenden Verbesserung der Sicherheit, soweit sie konstruktionsbedingt ist, beizutragen.

Anders gelagert sind die Verhältnisse im Bereich der Anlagentechnik, wie z.B. durch die Antriebsanlage eines Schiffes dargestellt wird. Zwar wurden auch hier die Komponenten der Systeme nach z.T. sehr aufwendigen Rechenvorschriften berechnet, wie sie z.B. für Kurbelwellen der Schiffsmotoren herausgegeben worden sind, die Untersuchung der Systeme z.B. mit modernen Methoden der Zuverlässigkeitstechnik gestaltet sich aber doch sehr schwierig.

Die Zuverlässigkeitstechnik befaßt sich mit dem Verhalten technischer Einrichtungen unter vorgegebenen Betriebsbedingungen.

Die Zuverlässigkeit $R(t)$ von Bauteilen gilt definitionsgemäß für festgelegte Betriebsbedingungen. Die Sicherheitseinrichtungen sollen die Zuverlässigkeit beeinträchtigende Abweichungen verhindern bzw. in ihrer Auswirkung begrenzen.

Hieraus ergibt sich auch die z.T. unterschiedliche sicherheitstechnische Betrachtung für Schiffsanlagen und stationäre Anlagen. Landanlagen können im allgemeinen so eingerichtet werden, daß sie die vorgenannte Voraussetzung erfüllen. Damit folgen sie den Regeln der Zuverlässigkeitstechnik.

Schiffsanlagen müssen u.U. auch bei Abweichungen vom Normalbetrieb und Störungen weiterbetrieben werden können. Damit gilt die Zuverlässigkeitstechnik nicht mehr völlig in der für Landanlagen gültigen Form, sondern in der speziell für Schiffsanlagen festgelegten bzw. festzulegenden Weise.

Infolgedessen ist es erforderlich, zusätzlich den gestörten Betrieb in die sicherheitstechnischen Vorausüberlegungen einzubeziehen. So ist z.B. die sicherheitstechnische Vorschrift aufgestellt worden, Antriebsanlagen drehschwingungstechnisch auch für bestimmte Störfälle zu untersuchen und entsprechend auszulegen. Durch Zündunregelmäßigkeiten oder gar Zündausfälle können sich Schwingungsbeanspruchungen

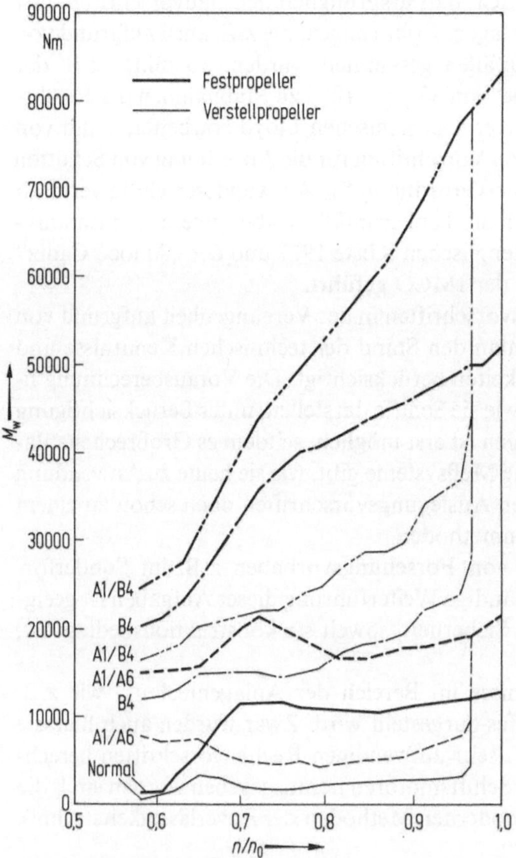

Bild 1. Wechseldrehmomente als Funktion der Drehzahl für Normal- und gestörten Betrieb

ergeben, die ein Vielfaches der üblichen Beanspruchungen bei ungestörtem Betrieb ausmachen (Bild 1). Ihre Größe muß vorher ermittelt werden, um den Fahrbetrieb unter eingeschränkten Bedingungen hierauf abstellen zu können.

Die Unterschuchung der Systeme mit Hilfe der Zuverlässigkeitstechnik beginnt jedoch in systematischer Form mehr und mehr Eingang in die Schiffstechnik zu finden. Allerdings lassen die im allgemeinen sehr komplexen Systeme an Bord eines Schiffes z. Z. nur mehr qualitative Betrachtungen zu.

Die redundante Anwendung wichtiger Systemkomponenten ist zwar schon seit langer Zeit im Schiffsmaschinenbau üblich, ihre systematische Untersuchung im Hinblick auf Vermaschungen und Verknüpfungen etc. aber relativ neu.

Quantitative Aussagen über die Zuverlässigkeit ganzer komplexer Systeme lassen sich aber i.d.R. nicht machen.

Für die Beurteilung der Zuverlässigkeit ganzer Systeme ist die Kenntnis der Zuverlässigkeit der einzelnen Bauteile Voraussetzung. Die Zuverlässigkeit eines Bauteils hingegen wird durch seine Ausfallquote bestimmt.

Der Nachweis der Ausfallrate ist schwierig, da man bei anzustrebenden geringen Ausfallraten Untersuchungen mit einer möglichst großen Zahl von Prüfungen über lange Zeiträume durchführen muß.

Bei bestimmten, meist kleineren Bauteilen lassen sich solche Prüfungen ggf. unter verschärften Bedingungen durchführen. Bei Schwingungsbeanspruchung beispielsweise durch Anwendung einer höheren Frequenz im Versuch als es während des Betriebes der Fall ist. Für einen Dieselmotor z. B. ist ein solches zeitraffendes Verfahren nicht anwendbar. Da die dann erforderlichen Erprobungszeiten nicht darstellbare Kosten verursachen würden, wird klar, daß man in einem solchen Fall auf die Betriebsergebnisse bereits eingesetzter Motoren angewiesen ist. Ein 10 000-Stunden-Lauf eines 18-Zylinder-Motors mit 750 kW Zylinderleistung würde bei einem spezifischen Brennstoffverbrauch von 210 g/kWh und einem Brennstoffpreis von 240 DM/t folgende Brennstoffkosten verursachen:

$$\kappa = 10^4 \cdot 18 \cdot 750 \cdot 210 \cdot 10^{-6} \cdot 270 = 7{,}65 \cdot 10^6 \, \text{DM}$$

Die Aussagefähigkeit der dann ermittelten Ausfallrate z. B. der Kolben wäre zudem gering, da aus der geringen Zahl ausgefallener Kolben – im Beispiel bei einer Ausfallrate von $\lambda = 10^{-5}/h$ $10^{-5} \cdot 10^4 \cdot 18 = 1{,}8$ Kolben – keine sichere Aussage möglich ist, es außerdem schwierig ist, über so lange Zeit die Betriebsbedingungen konstant zu halten und außerdem auch Ausfälle aus anderen als den zu untersuchenden Gründen auftreten können.

Es ist also wichtig, einen gesicherten Rückfluß von Informationen über im Betrieb befindliche Bauteile zu haben. Hierbei ist eine Schwierigkeit, die jeweiligen Betriebsbedingungen exakt zu erfassen. Eine Ausfallrate, die für Bauteile ermittelt worden ist, die unterschiedlichen Betriebsbedingungen ausgesetzt gewesen sind, hat nur eine stark eingeschränkte Aussagefähigkeit.

4 Tankersicherheit

4.1 Einleitung

Die bisherigen Ausführungen treffen für Schiffe allgemein zu und somit auch für Schiffe, die dem Transport gefährlicher Ladung dienen wie Tankerschiffe zum Transport von Öl, Flüssiggas und Chemikalien in flüssiger Form. Es ist aber festzuhalten, daß in vielen Fällen auch normale Trockenfrachtschiffe Chemikalien in Gebinden transportieren. Im folgenden soll aber auf einige wesentliche Sicherheitsaspekte der Tankschiffe eingegangen werden.

Fragen der Tankersicherheit sind mehr und mehr zum Gegenstand des öffentlichen Interesses geworden, nachdem es immer wieder zu Tankerunglücken mit z.T. schwerwiegenden Folgen gekommen ist. Die Tankerunglücke sind auf verschiedene Ursachen zurückzuführen und stellen unterschiedliche Sachverhalte dar.

Tabelle 1. Übersicht über in die Weltmeere eingebrachte Ölmengen (nach Sasamura)

Quelle	Ölmenge pro Jahr in Mio. t (1973)
Seetransport	
LOT[a]-Tanker	0,31
Nicht LOT-Tanker	0,77
Trockendock	0,25
Betrieb am Terminal	0,003
Leichtern der Bilge	0,5
Tankerunfälle	0,2
Unfälle ohne Tanker	0,1
Zwischensumme	(2,133)
Off-shore Ölgewinnung	0,08
Ölraffinerien an der Küste	0,2
Industrieabfall	0,3
kommunaler Abfall	0,3
Abflüsse aus Städten	0,3
Ablauf aus Flüssen (einschließlich nicht kommerzielle Boote)	1,6
natürliche Sickerquellen	0,6
atmosphärischer Niederschlag	0,6
Summe	6,113

[a] LOT-Tanker = Load on top-Tanker

Zu erwähnen ist zunächst die Serie der Tankerexplosionen, von denen die Großtanker „Marpessa", „Mactra" und „Kong Haakon VII" betroffen waren, die namhaften Reedereien gehörten. Mängel der Schiffsführung waren nicht ursächlich für die Ereignisse. Diese von neutralen Fachleuten auf elektrostatische Aufladung beim Tankwaschen zurückgeführten Katastrophen sind auf mit Inertgasanlagen ausgerüsteten Tankern nicht aufgetreten

Mehrere 1977 vor der US-Küste stattgefundene Tankerunfälle haben zu der sog. Carter-Initiative für die Einführung zusätzlicher Sicherheitsmaßnahmen für Tanker geführt. Bei diesen Unfällen spielten schwere Fehler in der Schiffsführung eine Rolle.

Der dritte und für die Öffentlichkeit ersichtlichste Komplex sind die Tankerunfälle in Küstennähe. Als größte Katastrophen sind zu nennen die Strandungen der „Torrey Canyon" an der südenglischen Küste 1967 und der „Amoco Cadiz" im März 1978 bei

Brest. Im letzten Fall sind 230 000 t Rohöl ausgelaufen, die weite Teile der französischen Küste verseucht haben.

Natürlich sind es die Unfälle, bei denen große Ölmengen an einer Stelle ins Meer gelangen, die die Öffentlichkeit besonders beunruhigen. An sich beträgt der Anteil, der durch die Schiffahrt ins Meer eingebrachten Ölmenge weitaus weniger als die Hälfte der insgesamt eingebrachten Menge, 1973 war es ca. ein Drittel, wie Tabelle 1 zeigt. Tankerunfälle waren 1973 mit ca. 3% beteiligt. Die eingebrachte Menge entspricht 0,1% der transportierten Ladung. Allerdings entspricht die beim Unfall der „Amoco Cadiz" ins Meer gelangte Ölmenge der gesamten 1973 bei allen Tankerunfällen ausgelaufenen Menge.

Neuere Erhebungen ergeben eine der 1973er Untersuchung sehr ähnliche Verteilung.

Zu betrachten sind zwei Hauptkomplexe:

- Ereignisse, die zu einer Gefahr für den Tanker selbst führen, in der Hauptsache Explosionen, austretendes, verdampftes Gas etc.
- Gefahren, die durch austretendes Öl, Gas oder Chemikalien für die Umwelt entstehen. Dies kann durch Kollisionen und Strandung geschehen oder durch den Tankerbetrieb durch Tankreinigen etc.

4.2 Öltanker

4.2.1 Allgemeines

Zu Beginn der Verschiffung wurde Petroleum in Fässern transportiert. Später baute man eiserne Behälter in hölzerne Segelschiffe ein. Bereits 1886 wurde als erstes Tankschiff der Welt nach heutigen Begriffen der Tanker „Glückauf" nach Plänen des Bremerhavener Reeders W. A. Riedemann in England gebaut. Die Ladung wurde in durch den Schiffskörper begrenzten Tanks gefahren. Bereits dieses Schiff wies wesentliche Sicherheitsmerkmale auf, wie Anordnung der Maschinenanlage außerhalb des explosionsgefährdeten Bereiches, Trennung des Kesselraumes vom Ladungsbereich durch einen Kofferdamm, geschlossenes Ladesystem (Bild 2).

Die Entwicklung der zu transportierenden Ladungsmenge zeigt Bild 3. Diese Entwicklung hat nicht nur die Zahl der Tanker anschwellen lassen, sondern auch ihre Größe. Betrug 1954 die mittlere Tankergröße noch 15 000 tdw, der größte Tanker hatte 45 000 tdw, war die übliche Größe der Tankerneubauten 1974/75 140 000 bis 360 000 tdw. Diese großen Schiffe sind natürlich schwierig zu navigieren. Bild 4 zeigt den außergewöhnlich großen Stoppweg eines Großtankers trotz seiner relativ geringen Mindestgeschwindigkeit im Verhältnis zu anderen Schiffstypen nach einer Untersuchung des Germanischen Lloyd.

Bei den heute transportierten Rohölen (crude oil) handelt es sich um eine Mischung verschiedener Kohlenwasserstoffe mit z.T. sehr niedrigen Siedepunkten. Infolgedessen wird das Rohöl der Gefahrenkategorie KI zugeordnet. Die aus dem Rohöl austretenden Gase, im wesentlichen Methan, Äthan, Propan, Butan, Pentan und Hexan, sind in bestimmtem Mischungsverhältnis mit Luft leicht entzündbar. Für Rohölgas-Luftgemische liegt der Explosionsbereich zwischen 2 und 12 Vol.-% Ölgasgehalt.

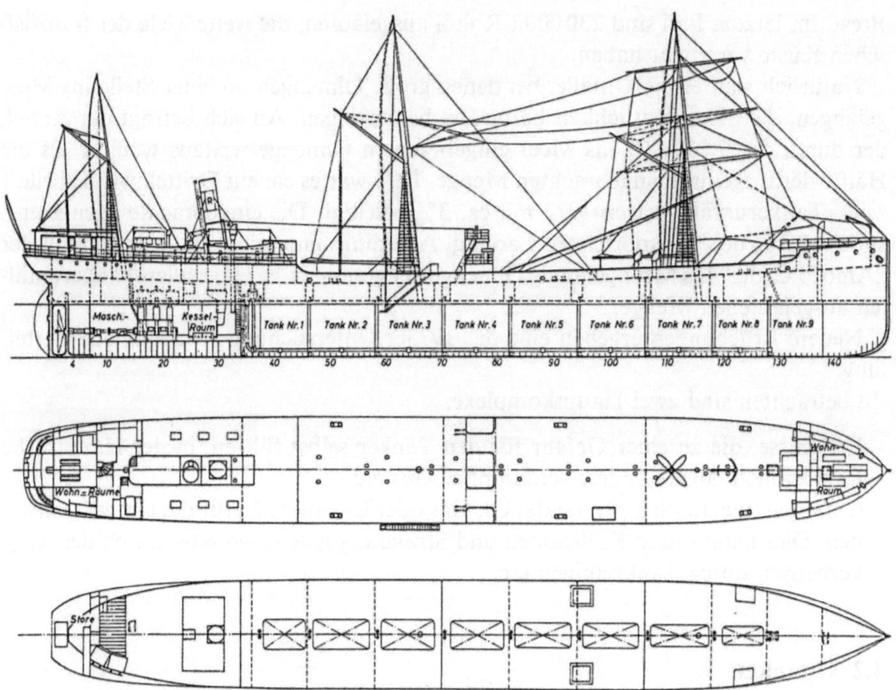

Bild 2. D „Glückauf". Erstes Tankschiff erbaut 1886 nach Plänen von W. A. Riedemann (Germanischer Lloyd)

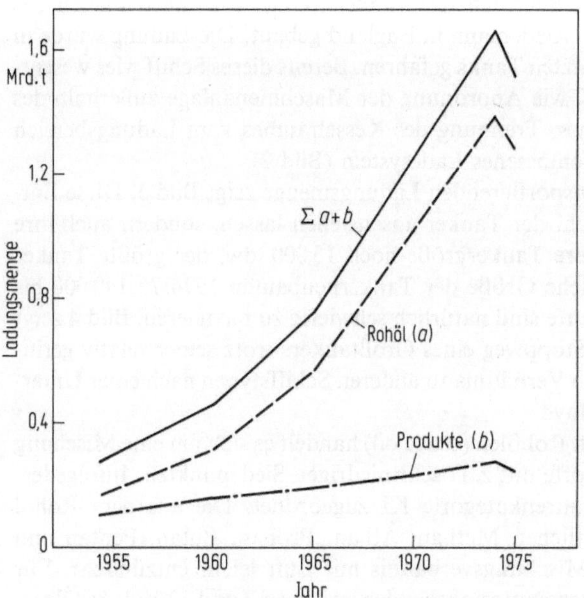

Bild 3. Transportierte Ladungsmenge Rohöl und Produkte

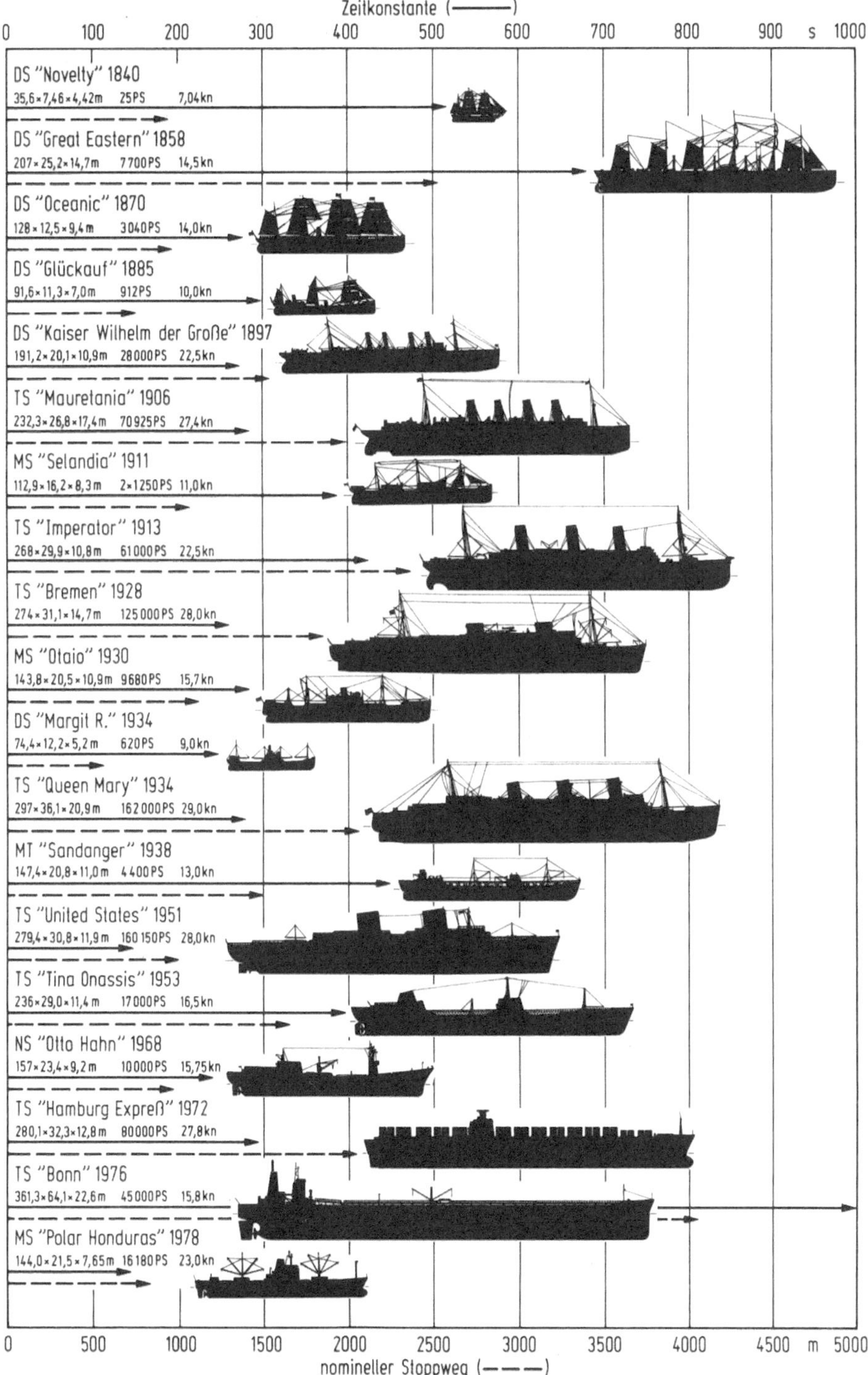

Bild 4. Die Zeitkonstanten und Stoppwege einiger Schiffe von der Vergangenheit bis zur Gegenwart (Germanischer Lloyd)

Durch austretendes Öl wird die Umwelt stark belastet. Hierbei sind es einmal die Betriebsbedingungen, die zu einer Umweltgefährdung führen können, wenn ölverschmutztes Wasch- und Ballastwasser abgelassen wird, zum anderen, wenn bei Unglücksfällen Öl ausläuft. Im ersteren Fall können eine Reihe von Maßnahmen getroffen werden, die die Ölverschmutzung behindern oder stark reduzieren, im zweiten Fall handelt es sich darum, die Auswirkungen eines Unfalls zu begrenzen, im wesentlichen durch schiffbauliche Maßnahmen wie Tankunterteilung, Doppelböden, Lukentanks.

4.2.2 Sicherheit im Ladungsbereich

Die Sicherheitsüberlegungen sind darauf gerichtet, die Entzündung von Öl/Luft-Gemischen zu verhindern, oder weitergehender, die Entstehung zündfähiger Gemische überhaupt zu unterbinden, indem die Ladetanks unter Inertgas gehalten werden.

Beim Beladen werden explosible Gase ausgeblasen und gelangen in den Decksbereich. Zur Vermeidung von Rückzündungen in die Tanks sind die Entlüftungsöffnungen mit Flammendurchschlagsicherungen zu versehen.

Für deutsche seegehende Öltanker gelten eine Reihe sicherheitstechnischer Bestimmungen, die beim Laden, Löschen und auf See Tankexplosionen vermeiden sollen, wie z. B. Hochgeschwindigkeits-Überdruckventile, deren hohe Gasaustrittsgeschwindigkeit (> 30 m/s) das Zurückschlagen einer Flamme in den Tank verhindern (Bild 5).

Der wirksamste Schutz besteht in der Inertisierung der Tanks. Alle großen deutschen Tanker sind mit Inertgasanlagen ausgerüstet, siehe auch die Zusammenstellung der IMCO-Beschlüsse 1978 über die Ausrüstung von Öltankern (Bild 6).

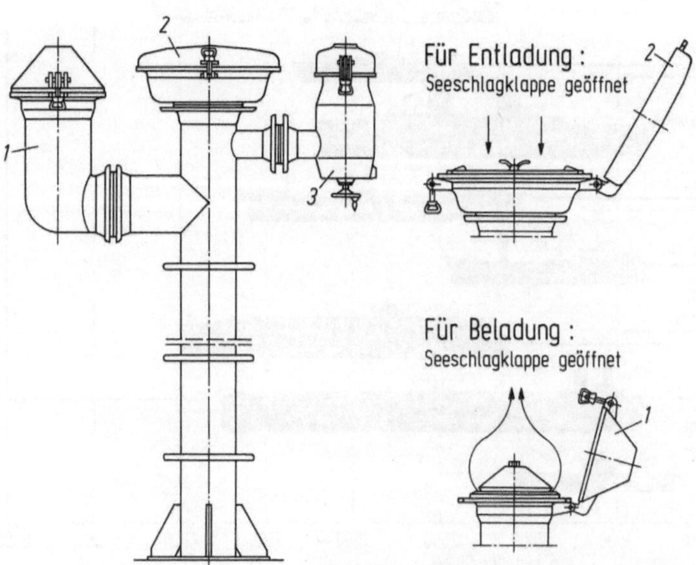

Bild 5. Tanksicherung System PROTEGO. *1* Hochgeschwindigkeits-Überdruckventil, *2* Belüftungseinrichtung, *3* Be- und Entlüftungsreiseventil

INTER-GOVERNMENTAL MARITIME
CONSULTATIVE ORGANIZATION

TSPP/CONF/C.3/WP.11
12 February 1978

Original: ENGLISH

INTERNATIONAL CONFERENCE ON
TANKER SAFETY AND POLLUTION
PREVENTION, 1978

COMMITTEE III
Agenda item 2

IMCO

CONSIDERATION OF DRAFT INSTRUMENTS ON TANKER SAFETY AND
POLLUTION PREVENTION AND RELATED RECOMMENDATIONS
AND RESOLUTIONS

SUMMARY OF COMPOSITE PACKAGE

NEW TANKERS

Crude Carriers	SBT/PL plus COW plus IGS 20,000 dwt
Product Carriers	SBT/PL 30,000 dwt IGS 20,000 dwt
Dates	6/82 Delivery
	1/80 Keel Laying
	6/79 Contract

EXISTING TANKERS

Crude Carriers

CBT or SBT or COW (see note 1)	40,000 dwt	H (see note 2)
SBT or COW	70,000 dwt	H plus 2
	40,000 dwt	H plus 4
IGS	70,000 dwt	H plus 2
	20,000 dwt	H plus 4 (see note 3)

Product Carriers

CBT or SBT	40,000 dwt	H
IGS	70,000 dwt	H plus 2
	40,000 dwt	H plus 4 (see note 4)

NOTES

1. An IGS is required when COW is operated.

2. H denotes the year of coming into force of the Protocols.

3. Between 20,000 and 40,000 dwt, the Administration of the Flag State may grant exemption from an IGS if high capacity washing machines are not fitted and it is determined that it is not reasonable and practicable to fit IGS taking into account the ship's design characteristics.

4. Tonnage limit to be reduced to 20,000 dwt where high capacity washing machines are fitted.

Bild 6. IMCO-Beschlüsse 1978 über die Ausrüstung von Öltankern. (IGS: Inert Gas System, CBT: Clean Ballast Tanks, SBT: Segregated Ballast Tanks, SBT/PL: Protective Location of SBT, COW: Crude Oil Washing)

4.2.3 Umweltschutz

Die Verschmutzung der See durch Öltanker aus betrieblichen Gründen ist auf zwei Ursachen zurückzuführen: die Abgabe von ölhaltigem Ballastwasser und ölhaltigem Waschwasser nach dem Tankwaschen. Obwohl es sich insgesamt gesehen nur um einen kleinen Anteil der Meeresverschmutzung durch Öl handelt, ergibt sich das Problem durch die konzentrierte Abgabe, die zudem kurz nach dem Löschen bzw. vor dem Beladen in Küstennähe erfolgt. Hierdurch wird die Möglichkeit eines biologischen Abbaus im Meer stark eingeschränkt.

Um die Abgabe von ölhaltigem Wasser auf ein Minimum zu beschränken, werden drei Maßnahmen getroffen:

– Load on Top-Verfahren (LOT)
– Segregated Ballasttanks (SBT)
– Waschen mit Rohöl (COW: Crude Oil Washing)

Das LOT-Verfahren ist in Bild 7 dargestellt.

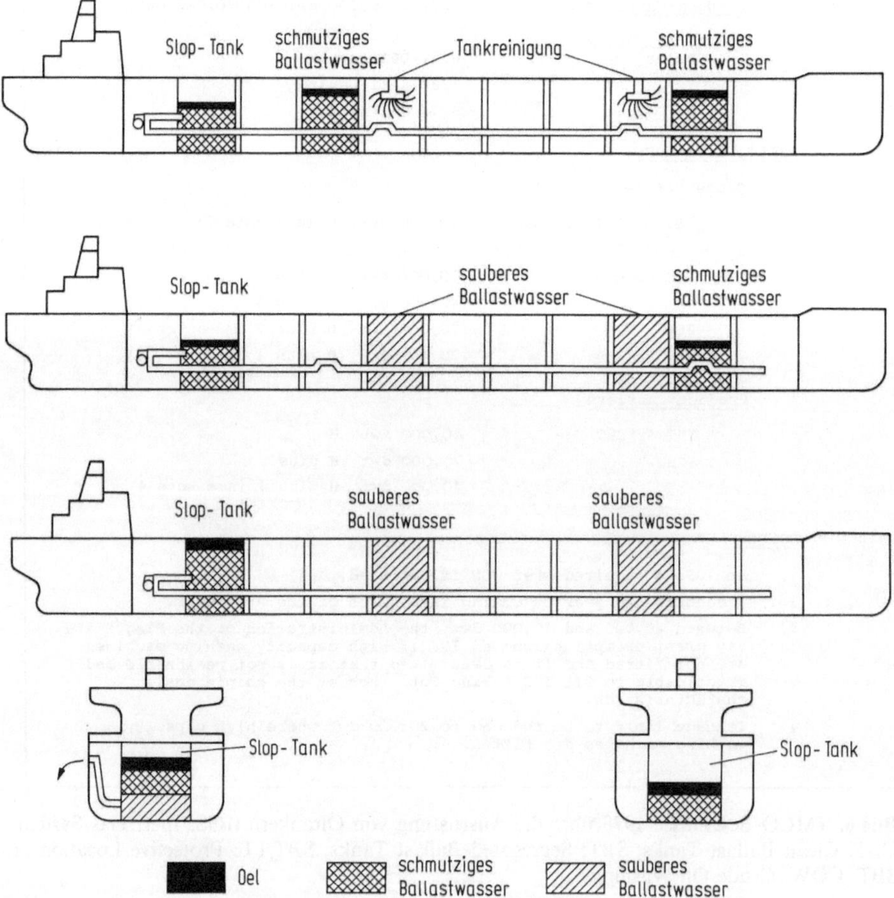

Bild 7. Load on Top-Verfahren

4.3 Gas- und Chemikalientanker

Ein beachtliches Gefahrenpotential stellen Schiffe dar, die verflüssigte Erdgase drucklos und tiefgekühlt (ca. -162 °C; LNG-Tanker) verflüssigte und tiefgekühlte Erdgase unter Druck (ca. -50/-60 °C, bis 415 bar; LPG-Tanker), verflüssigte chemische Gase (z. B. Ammoniak, Vinylchlorid) oder chemische Flüssigkeiten transportieren.

Daß es bislang im wesentlichen nicht zu größeren Unfällen gekommen ist, dürfte auf die gerade für diese Schiffe sehr weit entwickelte Sicherheitstechnik zurückzuführen sein, die sich u. a. auch neben den Bauvorschriften in internationalen Sicherheitsvereinbarungen niedergeschlagen hat (IMCO-Gastanker-Code, IMCO-Chemical Tanker Code).

Die Bauweise, die zu verwendenden Werkstoffe, die sicherheitstechnische Ausrüstung (Inertgasanlage, Einrichtungen für die Vernichtung der Ausdampfrate etc.) sind in sehr weitgehendem Maße vorgeschrieben.

Dennoch bleiben unter Berücksichtigung der zunehmenden Zahl der Gas- und Chemikalientanker weitere Untersuchungen erforderlich. Hierzu gehören z. B. die Ausbreitung und Auswirkungen einer aus Flüssiggas gebildeten, sogenannten kalten Gaswolke.

Wichtig erscheint überhaupt, daß sich die Sicherheitsüberlegungen nicht nur auf den Gastanker selbst konzentrieren, sondern auch auf die übrigen Verkehrsteilnehmer oder auch auf die Anlage der Hafenanlagen. Vernünftigerweise wird ein Gastanker-Terminal so angelegt, daß die Revierfahrt möglichst kurz ist. Da dann aber alle anderen Schiffe an diesem Terminal vorbeifahren müssen, muß er entsprechend geschützt werden.

Somit ergibt sich hier wie auch in manch anderen Fällen die Notwendigkeit, die Sicherheitsforderungen nicht nur an das Schiff zu richten, sondern auch an die landseitig bestehenden Gegebenheiten.

5 Schlußbemerkungen

Alle sicherheitstechnischen Betrachtungen bleiben unvollständig, läßt man den Faktor Mensch unberücksichtigt. Zwar versucht man, menschliche Fehlreaktionen durch Ausweiterung des automatischen Betriebes zurückzudämmen, vermeiden lassen sie sich nicht.

Gerade in der Schiffahrt spielt der Faktor Mensch bei wichtigen Entscheidungen über Kurs des Schiffes, zulässige Geschwindigkeit im Seegang, Manövrieren etc. eine besonders große Rolle. Insbesondere bei großen Schiffen wie Öl- und Gastankern, die auch ein entsprechend großes Gefahrenpotential darstellen können, ist die richtige Einschätzung des Seegangseinflusses schwierig. Bild 8 zeigt die erhebliche Geschwindigkeitsdifferenz zwischen einer „freiwilligen Fahrtminderung" zur Sicherung von Schiff und Ladung und einem möglichen „Knüppelkurs", beim dem u. U. schwere Schäden an Schiff und Ladung auftreten können.

Es war vorgesehen, im Rahmen eines F + E-Programmes Meßsysteme weiterzuentwickeln, die über Messung der Beanspruchungen in den schiffbaulichen Verbänden der Schiffsführung verläßliche Daten für einen sicheren Fahrbetrieb liefern.

Wenn auch eingangs gesagt wurde, daß die Sicherheitstechnik in der Schiffstechnik relativ weit entwickelt sei, sollte damit nicht der Eindruck erweckt werden, daß

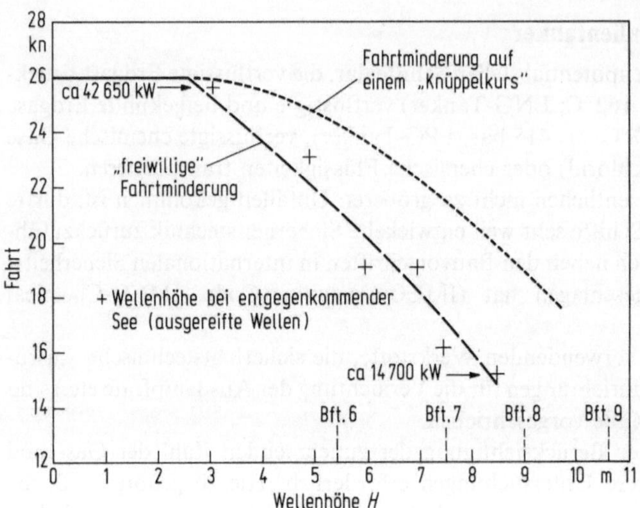

Bild 8. Freiwillige Fahrtminderung

weitere Bemühungen nicht erforderlich seien. Es sollte vielmehr darauf hingewiesen werden, daß hier ein gutes Fundament für weiterführende Forschungsvorhaben besteht. Eines der untersuchenswerten Probleme ist beispielsweise die Entwicklung einer objektiven Methode zur Gewichtung von Risiken.

Eine Kooperation mit anderen Disziplinen auf dem Gebiet einer gemeinsamen Sicherheitsforschung wäre zu begrüßen. Einerseits wäre die Schiffstechnik wohl in der Lage, viele Anregungen zu geben – der Betrieb der „Otto Hahn" über viele Jahre mag als Indiz gelten – andererseits würden auch viele Anregungen aus anderen Fachgebieten zu erwarten sein.

Zusammenfassung und Auswertung der Diskussion über den Themenkreis „Transport gefährlicher Stoffe"

S. Hartwig (unter Hinzuziehung einer Zusammenfassung von J. Zehr)

Verlauf und Inhalt der Diskussion

Ohne, daß es explizit ausgesprochen wurde, zeigte die Diskussion einen Konsensus derart, daß dem Transport gefährlicher Güter ein Risiko zugeschrieben wird, das noch durch geeignete Maßnahmen vermindert werden kann und auch sollte. Hierbei wurde, ohne auf spezifische Einzelheiten bestimmter Transporte oder Transportarten einzugehen, die Be- und Entladungsphase als am risikoreichsten hervorgehoben.

Deutlich trat bei dieser Diskussion hervor, daß Risikobewältigung beim Transport nicht nur eine Frage der Bewältigung technisch-wissenschaftlicher Schwierigkeiten ist, sondern das Sachzwänge von außerhalb eine wesentliche Rolle spielen. Hierzu gehören die Vorschriften (es wurde die Zahl von 4000 Seiten Vorschriften erwähnt), die internationale Einbindung (besonders in Europa muß wegen der vielen Grenzen eine Harmonisierung angestrebt werden) und die zeitliche Entwicklung. Gerade bei letzteren kommt es durch verschieden schnelle Änderungen von Einzelkomponenten zu nicht angepaßten Systemen.

Angesprochen wurde außerdem der Zusammenhang zwischen Wirtschaftlichkeit und Risikominderung, nötige und unnötige Vorsorgemaßnahmen (als Beispiel diente die Evakuierung), Bewertung von Risiken, sowie die Durchsetzbarkeit von Vorschriften. Eine besondere Problematik des Risikos beim Transport gefährlicher Güter stelle das nicht ortsfeste Gefahrenpotential dar. Dadurch kann es zu

- unvorhergesehenen Synergismen (freitreibende Gaswolken auf KKW) und
- zu Schwierigkeiten bei der Identifikation kommen.

Das internationale Klassifizierungssystem wurde als fossiles Relikt angegriffen, da ökologische und toxische Langzeitschäden nicht berücksichtigt werden. Vorbild sei Klassifizierung radioaktiver Stoffe. Auf der anderen Seite wurde eingewendet, daß ein neues Klassifizierungssystem sich international nur schwer durchsetzen läßt. Und in diesem Sinne sei eine schlechte internationale Lösung besser als keine. Transporte können nicht nur Gefahrenpotential per se darstellen sondern auch über brennbare Gaswolken andere freisetzen (Dominoeffekt, Synergismen).

Zum Problem des Verbotes gefährlicher Transporte wurde darauf hingewiesen, daß der Verbotslevel nicht nur eine Frage des Gefahrenpotentials sondern auch der Eintrittswahrscheinlichkeit ist. Da es aber keine Maßstäbe gibt, welche Eintrittswahrscheinlichkeit tolerierbar ist, bleibt hier ein offenes Ende.

Außerdem wurde vermerkt, daß oft gute Analysen durchgeführt, aber aus wirtschaftlichen und politischen Gründen per Ausnahme falsche Entscheidungen getroffen werden.
Folgende Sachverhalten wurden zusätzlich diskutiert:
Aus Risikogründen werden vernünftige Vorschriften erlassen, aber an der Durchsetzung hapert es, da zu wenig Kontakte existieren.
In der Vergangenheit hat sich gezeigt, daß viele Stoffe unter Handelsnamen geführt werden, bei Unglücken kennt man nicht die Zusammensetzung oder zusätzlich die Begleitpapiere werden bei Unfällen vernichtet.
Manchmal wird Handelsrecht gegen Sicherheitstechnik entscheiden.
Zusätzlich wurde vermerkt, daß es ein internationales Vollzugsdefizit gibt.
Für Konsequenzenmittelung und -analysen fehlen weitgehend Unfallschwerestatistiken.

Stellungnahme und Folgerung

Die Diskussion dieser Gesprächsrunde vermittelte den generellen Eindruck, daß im Bereich des Transports gefährlicher Güter dringend etwas getan werden sollte. Nur über das „wo", „wann" und „wie" gingen die Meinungen auseinander. Gegenüber der anderen auf der Tagung angesprochenen Themenbereichen ist hier die Sonderstellung zu sehen, daß ein internationaler Konsensus bei den Sicherheitsbestimmungen am stärksten nötig erscheint. Auf der anderen Seite sollte das nicht als Entschuldigung für verzögertes Handeln oder Nichtstun dienen.

Zusätzlich erscheint für diesen Themenbereich bedeutsam, daß die Wahrscheinlichkeit für Synergismen, insbesondere unerwartete, höher als in anderen Bereichen erscheint. Das wird durch die nicht ortsgebundenen Gefahrenpotentiale bedingt.

Neben der internationalen Kooperation ist für das Transportwesen Kooperationen verschiedener Disziplinen und auch damit verschiedener Ministerien wichtig, um eine Gesamtrisiko- bzw. Gesamtsicherheitskonzeption entwickeln und durchsetzen zu können.

Bedeutsam erscheint zusätzlich, daß beim Transportwesen und den damit zusammenhängenden Risiken sehr langfristige Entscheidungen über die Art der Transport*träger* getroffen werden müssen, die über viele Jahrzehnte nicht mehr revidierbar sind.

Forschungsempfehlungen

Eine Reihe von Forschungsvorhaben für den Transport gefährlicher Güter sind in einer Pilotstudie des TÜV Rheinland (August 1979), die für den Bundesminister für Verkehr durchgeführt wurde, angesprochen. Von den verkehrsspezifischen Vorhaben wurden in der Diskussion in Romrod folgende Sachverhalte angesprochen und sollten bearbeitet werden:

- Analyse von Unfallschäden, insbesondere deren Schwere;
- Bewertung transportspezifischer Risiken;
- Erstellung von leicht zugreifbaren Informationssystemen über Zusammensetzung und Eigenschaften des Transportgutes;
- Festlegung von Grenzwerten für gefährliche Stoffe;
- Festlegung von Prüfverfahren für diese Stoffe;
- Untersuchung des Ausbreitungsverhaltens von Stoffen mit negativen oder positiven Auftrieb oder physikalisch-chemischer Reaktion nach der Freisetzung;
- Untersuchung und Bestimmung der risikoreichsten Phase beim Transport (Umschlag, Be-, Entladen);
- Rolle menschlichen Fehlverhaltens bei Unfällen, Mensch-Maschine-Problem;
- Untersuchen, welche Prioritäten gesetzt werden müssen zwischen internationaler Harmonisierung und Implementieren neuer Entwicklungen;
- Notfallschutzüberlegungen;
- Entwickeln eines vernünftigen Kontrollkonzeptes;
- Entwickeln einer vernünftigen Strategie zwischen Wirtschaftlichkeit und Risiko;
- Vergleichende Verkehrsträgeruntersuchung für verschiedene Gefahrenpotentiale.

Flugverkehr

Sicherheit im Luftverkehr aus der Sicht einer Fluggesellschaft

R. Stüssel

1 Einleitung

Das Ziel jeder Luftverkehrsgesellschaft ist es, sicher, pünktlich und wirtschaftlich zu fliegen. Die drei Forderungen nach Sicherheit, Pünktlichkeit und Wirtschaftlichkeit führen jedoch in verschiedene Richtungen, denn das sicherste Flugzeug wäre das Flugzeug am Boden, das wirtschaftlichste wäre pausenlos und vollbesetzt in der Luft und für ein immer pünktliches und zuverlässiges Flugzeug müßte ein unvertretbarer Aufwand an technischer Betreuung und Ersatzteilbevorratung erfolgen.

Es stellt sich daher die Aufgabe, diese Forderungen optimal miteinander zu verknüpfen. Dabei zwingt der zunehmende Kostendruck und der gleichzeitige Tarifverfall im Luftverkehr heute dazu, den Spielraum im Spannungsfeld der Zielsetzungen

- Sicherheit,
- Pünktlichkeit und Zuverlässigkeit,
- Wirtschaftlichkeit

voll zu nutzen und jede Möglichkeit einer Produktivitätssteigerung und Kostenreduktion durchzusetzen, ohne eine Beeinträchtigung des Sicherheitsniveaus in Kauf zu nehmen. Sicherheit hat oberste Priorität, Maßnahmen zur Steigerung der Wirtschaftlichkeit, die die Sicherheit herabsetzen könnten, gelangen nicht zur Durchführung; Maßnahmen, die der Erhaltung und Verbesserung der Sicherheit dienen, sind stets von wirtschaftlichen Überlegungen ausgeschlossen.

2 Sicherheitsstatistik

Was heißt nun „sicher fliegen"? Es ist ein großer Unterschied, ob man fragt, wie sicher der Luftverkehr an sich ist, oder ob man fragt, welchen Beitrag zur Sicherheit eine Luftverkehrsgesellschaft leistet.

Zur Beantwortung der ersten Frage gibt es die globale Unfallstatistik, die jedes Jahr die Zahl der Unfälle und Toten auf die Zahl der Flüge, auf die geflogenen Stunden oder auf die Transportleistung bezieht. In derartigen Sicherheitsstatistiken werden nicht nur Unfälle aus technischen und menschlichen Gründen erfaßt, für die der Hersteller und/oder die Fluggesellschaft verantwortlich sind, sondern auch die Vorfälle, die im Verantwortungsbereich der Flugsicherungsdienste liegen.

Nach einer dramatischen Verbesserung Ende der 50er und Anfang der 60er Jahre haben sich die Unfallzahlen mit der Einführung der Strahlverkehrsflugzeuge auf etwa zwei tödliche Unfälle pro 1 Mio. Flugstunden eingependelt. Ganz abgesehen davon, daß diese Unfallrate niemanden zufrieden stellt, kann eine Luftverkehrsgesellschaft mit einer solchen Statistik nicht viel anfangen. Ihre eigene statistische Basis ist viel zu gering, um sich an der globalen Unfallrate messen zu können und daraus Schlußfolgerungen zu ziehen. Dafür wurden im Laufe der letzten 25 Jahre ganz andere Methoden entwickelt. Ich werde mich daher mit den Sicherheitsaspekten befassen, die Hersteller und Fluggesellschaft direkt beeinflussen können und die allgemein zum Maßstab in der Beurteilung des Komplexes „Sicherheit einer Luftverkehrsgesellschaft" gemacht werden.

3 Entwicklung eines Sicherheitssystems

In den 50er Jahren setzte auf dem Gebiet der Luftfahrttechnik eine äußerst intensive und fruchtbare Forschungs- und Entwicklungstätigkeit ein, mit dem Ziel, sichere und wirtschaftliche Verkehrsflugzeuge herzustellen. Damals begann die Ablösung der Propellerflugzeuge durch Düsenflugzeuge mit größeren Passagierkapazitäten, Fluggewichten, Geschwindigkeiten und Flughöhen. Sie stellten neue Anforderungen an die Werkstoffe, an die Konstruktion, Ausrüstung und auch an den Betrieb der Flugzeuge.

Natürlich mußten die Bau- und Betriebsvorschriften überarbeitet und erweitert werden, um den gestiegenen Leistungen, Belastungen und Einsatzbedingungen Rechnung zu tragen. Hierzu haben die Fluggesellschaften einen erheblichen Beitrag geleistet durch Mitarbeit in den technischen Ausschüssen der internationalen Organisationen der Luftfahrt wie: z.B. der ICAO und bei der Gestaltung der nationalen Bau- und Betriebsvorschriften für Verkehrsflugzeuge (FAR, BCAR, JAR).

Diese internationale Zusammenarbeit führte im Laufe der Jahre zu gemeinsamen Vorstellungen über einen Standard der Luftfahrt-Technologie und der Betriebsverfahren. Es bestand in der Branche weitgehende Übereinstimmung über eine Strategie, das gegenwärtige Sicherheitsrisiko laufend zu identifizieren und konsequent zu verringern, ohne ein hypothetisches Minimum auch nur in Erwägung zu ziehen. Der Sicherheitsstandard im Luftverkehr ist deshalb auch nur eine Momentaufnahme der gegenwärtig praktizierten Methoden und Verfahren bei der Konstruktion, beim Bau, bei der Zulassung und beim Betrieb von Verkehrsflugzeugen. Diese Sicherheitsstrategie läßt sich heute auf folgende Grundsätze zurückführen:

– Gewährleistung der Zuverlässigkeit der Systemelemente hinsichtlich der Wahrnehmung ihrer diskreten Aufgaben,
– Redundanz der Elemente im System und die Vernetzung der Systeme derart, daß ein beliebiges individuelles Versagen nicht zu einem unerwünschten Verhalten und schon gar nicht zu einer Katastrophe führen kann, zumindest solange innerhalb der „design limits" operiert wird.

Bei diesen mechanistischen Prinzipien spielen also die Element-Zuverlässigkeit, die Redundanz und die Vernetzung der Systeme eine entscheidende Rolle für die Gesamtzuverlässigkeit. Das Maß und die Art der Redundanz und der Vernetzung bestimmen die Komplexität der Systeme und Funktionen und somit ihre Durchschaubarkeit für den Menschen. Der Mensch muß schließlich die richtigen Entscheidungen treffen, ein

Fehlverhalten diagnostizieren, den Schaden beheben, für die Zukunft vorbeugende Maßnahmen treffen und geeignete Überwachungsmethoden vorsehen. Der Mensch wird dadurch selbst zu einem maßgeblichen Funktionselement im Gesamtsystem. Wir möchten ihn daher in das mechanistische Systemdenken einbeziehen und dem mathematischen Kalkül vertrauen. Aber wir wissen alle, daß das nicht geht.

Würde man das Leistungspotential des Menschen und die Freiheitsgrade seines Verhaltens auf bloße Ja/Nein-Funktionen beschränken, dann wäre ihm jede simple elektronische Digitallogik an Zuverlässigkeit und Leistungsfähigkeit weit überlegen.

Läßt man dagegen das gesamte menschliche Potential in dominierender Funktion sich frei entfalten, dann kann sein Beitrag zur Gesamtzuverlässigkeit nicht mehr berechnet werden. Oder man müßte mangels quantitativer Kenntnisse über sein wahrscheinliches Verhalten wie bei Maschinen- und Schaltelementen ein Extremverhalten unterstellen, das in letzter Konsequenz zu einer Art narrensicheren Maschine oder zu einem Sicherheitssystem führen müßte, das jeden menschlichen Fehler toleriert. Da der Mensch als Initiator, als Macher und Nutzer aller Technik die Finger von A bis Z im Spiel hat, ist eine rein mechanistische Betrachtungsweise in der Praxis wenig hilfreich und man sollte Versuche in dieser Richtung kritisch beobachten.

Ein alter Kunstgriff besteht darin, daß man den Menschen nach Vorschriften, nach Regeln handeln läßt. Im Luftverkehr stellen solche Regeln ein Kondensat früherer Lernprozesse dar, um in besonders brisanten Situationen die Ungewissheit eines freien menschlichen Handelns weitgehend auszuschalten. Der Pilot z. B. handelt in solchen Fällen nach Programm und Drill und verzichtet vorübergehend auf seine Freiheit.

Ein Unternehmen, das viele Menschen zur Herstellung des Produktes beschäftigt, kommt erst recht nicht ohne solche Regeln aus, wenn Sicherheit, Pünktlichkeit und Wirtschaftlichkeit zugleich gewährleistet sein und der Zielkonflikt bestanden werden soll.

Den mechanistischen Prinzipien entsprechen auf der einen Seite die Auswahl, die Ausbildung und das Training des Personals, um einen hohen Grad individueller Zuverlässigkeit aufrechtzuerhalten, zum anderen die Organisation zur Qualitätssicherung, die aufgabenbezogene Gliederung der Kompetenzen, die Entscheidungsebenen und Kontrollinstanzen, um die Unternehmensstrategie erfolgreich durchzusetzen und die Folgewirkungen individuellen Versagens gering zu halten. Im Flugzeug, im Cockpit konzentriert sich diese Konzeption auf wenige Personen und eine hoch komplizierte Maschine. Auf diese Situation werde ich zum Schluß noch näher eingehen.

Der Umgang des Menschen mit den technischen Objekten seiner täglichen Arbeit, seine Verzahnung mit der Maschine zu einem funktionierenden Gesamtsystem verlangt also neben den mechanistischen Kriterien noch die Beachtung einiger elementarer Lebenserfahrungen, die sich wohl für immer einer quantitativen Betrachtung entziehen werden, die aber ein Sicherheitssystem ermöglichen, mit dem man leben kann und dessen Resultate von der Öffentlichkeit akzeptiert werden:

Da ist einmal das Lernen aus Erfahrung, d. h., die Befolgung der zwei uralten Intelligenzregeln, erstens – einen Fehler nicht zweimal zu machen und zweitens – durch fortgesetztes Abstrahieren und konstruktive Anwendung des Gelernten die erste Regel entbehrlich zu machen. Ich möchte hier nur eine besondere Art von Erfahrung hervorheben, die – obgleich ihre Logik zwingend ist – immer wieder gemacht und verarbeitet werden muß, nämlich daß Wirkungen wieder Ursachen für neue Wirkungen sind und die Sicherheitsbestrebungen u. a. dahingehen müssen, solche Wirkungsketten zu unterbrechen.

Da ist zum anderen die Erkenntnis, daß ein ungünstiges Zusammentreffen voneinander unabhängiger und für sich allein relativ harmloser Ereignisse möglich ist und zum Unfall führen kann. Das Problem besteht also darin, während des konstruktiven Prozesses und beim Organisieren des Betriebsablaufes auch an die Verknüpfungen der Möglichkeiten zu denken und entsprechende Vorkehrungen zu treffen.

Ist aber ein ernster Zwischenfall während des Fluges, ein größerer Schaden oder gar ein Unfall mit Toten und Verletzten eingetreten, dann sorgt ein internationales Benachrichtigungssystem für entsprechende Sofortmaßnahmen bei den Fluggesellschaften und bei den Herstellern. Je nach dem was die Untersuchung als Ursache herausfindet oder was zu dem Unfall beigetragen hat, werden die Bau- oder die Betriebsvorschriften, d. h., die Zulassungsbedingungen revidiert, werden Überlebenshilfen verbessert, werden Sicherheitsanalysen stärker differenziert bzw. ihre Prämissen neu überprüft. Längerfristig werden Konstruktionsprinzipien, Bauweisen und Gestaltung neu überdacht, Testmethoden und Lastspektren werden den Betriebsbedingungen angepaßt, die Anforderungen an die Auswahl, die Ausbildung, das Training des Personals werden einer Überprüfung unterzogen, im Simulator werden die katastrophalen Situationen nachvollzogen. Nicht zuletzt muß der internationale Erfahrungsaustausch angekurbelt werden. So hat sich in vielen Jahren immerhin eine Art von internationalem Sicherheitsnetz entwickelt, dessen Reißfestigkeit und Maschenweite den Sicherheitsbedürfnissen weitestgehend Rechnung trägt.

Ein wesentlicher Teil dieses internationalen Sicherheitsnetzes besteht in den gewachsenen Beziehungen und der Kommunikation zwischen den nationalen Behörden, den Fluggesellschaften, den Herstellern von Fluggerät und den internationalen Organisationen der Luftfahrt, im wesentlichen also

- Beziehungen zwischen den Fluggesellschaften und ihren Aufsichtsbehörden etwa betreffend Sofortmaßnahmen bei aktuellen technischen oder fliegerischen Problemen, die Interpretation von Vorschriften, die Genehmigung von Ausnahmeregelungen und die Zulassung von größeren technischen Änderungen am Fluggerät;
- weiterhin in der täglichen Kommunikation zwischen den Fluggesellschaften und den Herstellern ihres Fluggerätes etwa bezüglich der Reparatur bestimmter Schäden, technischer Verbesserungen,. besonderer Inspektionen oder Bedienungsvorschriften, die aus den eigenen und aus den Erfahrungen anderer Fluggesellschaften resultieren.

Ein anderer Teil des Sicherheitsnetzes ergibt sich

- aus der Kommunikation zwischen den Herstellern von Fluggerät und ihren Zulassungsbehörden etwa über die Anwendung und Änderung von Bauvorschriften, über Art und Umfang der zu führenden Nachweise, die Abstimmung über geeignete, vorbeugende Sicherheitsmaßnahmen, wenn die Luftfahrtbehörde Veranlassung sieht für eine obligatorische Lufttüchtigkeitsanweisung;
- aus der Kommunikation zwischen den Fluggesellschaften und ihrer internationalen Organisation (IATA) und der Abstimmung gemeinsamer Interessen, deren Vertretung gegenüber Ländern und Luftfahrtbehörden, dem Erfahrungsaustausch über Sicherheitsprobleme in den technischen Ausschüssen.

Schließlich sind als Teil dieses Sicherheitsnetzes zu nennen

– die Beziehungen zwischen den Organen der nationalen Gesetzgebung, ihren Luftfahrtbehörden und ihrer internationalen Organisation (ICAO), hinsichtlich der an das Luftfahrtgerät, an seinen Betrieb und an den Luftverkehr zu stellenden Sicherheitsanforderungen und in den Bemühungen, die nationalen Vorschriften einander anzugleichen zur Förderung des internationalen Luftverkehrs und der Sicherheit (JAR).

Ich hatte schon angedeutet, daß die Lernprozesse und korrigierenden Maßnahmen bei der Entwicklung eines Sicherheitsnetzes natürlich nicht nur von Unfällen ausgelöst werden. Bei der Aufklärung von Unfällen stellt sich nicht selten heraus, daß bestimmte Gefahrenpotentiale sich durch weniger auffällige Ereignisse im täglichen Betrieb bereits angekündigt haben und durch größere Wachsamkeit und/oder ein besser funktionierendes Informationssystem hätten entscheidend reduziert werden können.

Aus diesem Grunde und als Maß für die Sicherheit im eigenen Unternehmen verfolgen die Fluggesellschaften eine Kategorie von Ereignissen, die sogenannten „besonderen Vorkommnisse", die wegen technischer, fliegerischer und sonstiger Probleme einen Flug tatsächlich gefährdet haben oder unter anderen Umständen hätten gefährden können. Solche Ereignisse kommen ungefähr 100mal häufiger vor als Unfälle mit größeren Schäden und werden deshalb von den Fluggesellschaften sorgfältig registriert, ausgewertet und an die Behörde, den Hersteller und an die IATA weitergemeldet. Die Wiederholung solcher Vorfälle und das Eintreten eines Unfalles unter vergleichbaren Umständen wird dadurch verhindert, daß man die gefundenen Schwachstellen beseitigt. Die Methode besteht also darin, frühzeitig ein Gefahrenpotential buchstäblich zu „wittern", um das große Risiko zu verhindern.

Bei der quantitativen Sicherheitsanalyse technischer Systeme verlangt man heute, daß eine umgekehrte Beziehung bestehen muß zwischen der Wahrscheinlichkeit eines Versagens und der Stärke seines Effektes und daß eine Katastrophe äußerst unwahrscheinlich sein muß. Das heißt, ihre mittlere Häufigkeit muß in der Größenordnung von 10^{-9} pro Flugstunde oder geringer sein. Da die mittlere Häufigkeit von Unfällen tatsächlich bei 10^{-6} pro Flugstunde liegt, zielt also die Vorgabe bei der Konstruktion und Sicherheitsanalyse um drei Größenordnungen tiefer. Wenn auch die Luftfahrtbehörden nicht beabsichtigen, den gesunden Menschenverstand durch dogmatische und starre Verfahren zu ersetzen, so wird doch die Benutzung des Wahrscheinlichkeitsbegriffes als eine sehr wirksame Hilfe angesehen, um eine Fehlersituation und damit die Sicherheit eines Systems zu beurteilen.

4 Instandhaltung

Während der ungefähr 15 Jahre, in denen ein Verkehrsflugzeug täglich zwischen 7 und 12 Stunden in der Luft ist, kommt es immer wieder zu Schäden, die behoben und verfolgt werden müssen. Dieser Aufgabenbereich ist in der Verkehrsluftfahrt wie in kaum einem anderen Industriezweig von Vorschriften staatlicher Aufsichtsorgane abhängig, in unserem Land dem Luftfahrt-Bundesamt in Braunschweig. Von den diversen Rechtsverordnungen dieser Behörde seien hier nur die Betriebsordnung und die Prüfordnung für Luftfahrtgerät erwähnt. Sie regeln die technischen und flugbetrieblichen Verfahren, die Ausrüstung der Flugzeuge sowie die verschiedenen Prüfungsstadien wie Musterprüfung, Stückprüfung und die Nachprüfung. Letztere dient dem wiederholten Nachweis, daß das Flugzeug als Ganzes und in seinen Teilen „lufttüchtig" ist, d.h. daß alle Merkmale und Bedingungen erfüllt sind, aufgrund derer es als Muster und zum Einsatz im Linienverkehr zugelassen wurde.

Um diese Lufttüchtigkeit fortlaufend zu gewährleisten, muß das Fluggerät systematisch instandgehalten werden. Das bedeutet die Festlegung aller am Objekt durchzuführenden Maßnahmen, die für die Aufrechterhaltung der Lufttüchtigkeit wesentlich sind, sowie die Erfassung der hierfür notwendigen Zustands- und Zuverlässigkeitsdaten.

Darüber hinaus hat aber der technische Bereich einer Fluggesellschaft dafür Sorge zu tragen, daß ein über vorgegebene Zielwerte definierter Qualitätsstandard für die im Einsatz befindliche Flotte unter Beachtung der notwendigen Wirtschaftlichkeit erzielt wird und konsequent erhalten bleibt. Dazu müssen neben einem mit absoluter Priorität verfolgten sicheren und unfallfreien Flugbetrieb eindeutige, für den Verkehrsbetrieb noch tolerierbare Grenzwerte für technisch bedingte Flugausfälle und Verspätungen, für besondere Vorkommnisse im Fluge und natürlich für Komfort und ein sauberes Erscheinungsbild festgelegt werden.

Große Luftverkehrsgesellschaften wie die Lufthansa nehmen daher bereits Einfluß auf die Definition und technische Auslegung neuer Flugzeuge und spielen eine dominierende Rolle bei der Entwicklung des Instandhaltungssystems für jedes neu anzuschaffende Flugzeugmuster.

Um eine höchst mögliche Sicherheit und einen vorgegebenen Qualitätsstandard bei möglichst hoher Flugzeugausnutzung und geringem Aufwand zu erhalten, wird planmäßig eine präventive Instandhaltung betrieben, die technische Fehler und deren Auswirkungen durch vorbeugende Maßnahmen vermeidet.

Man unterscheidet hierbei

a) Feste Laufzeiten (hard time) für den Ausbau von Komponenten zum Zwecke der Überholung bzw. bei Ablauf der zulässigen Lebensdauer zwecks Verschrottung.
b) Die Zustandsüberwachung (on condition). Dabei handelt es sich um ein Verfahren von Kontrollen bzw. Funktionsprüfungen in bestimmten Zeitabständen, um den Zustand von Struktur, Systemen und Komponenten festzustellen und – falls erforderlich – Abhilfemaßnahmen einzuleiten.

Solche vorbeugenden Maßnahmen zur Vermeidung von Fehlern werden also immer dort vorgesehen, wo bei Eintreten des Fehlers die Sicherheit betroffen ist oder wo nennenswerte Auswirkungen operationeller oder wirtschaftlicher Art auftreten. Unter operationellen Auswirkungen verstehen wir ein Abweichen von vorgegebenen Grenzwerten für Abflugverspätungen, Flugausfälle oder sonstige Störungen des geplanten Flugablaufs.

Bei einem modernen Verkehrsflugzeug ergeben sich auf diese Weise über 2000 verschiedene Einzelmaßnahmen, meist vorbeugende Kontrollen mit zeitlichen Intervallen von „vor jedem Flug" bis „alle 8 oder 10 Jahre". Diese Einzelmaßnahmen faßt man aus Gründen der rationellen Planung und Steuerung der Durchführung in Pakete, in sogenannte Instandhaltungsereignisse zusammen, die dann als ein „Ereignis" eingeplant und zeitlich verfolgt werden.

Die erstmalige Festlegung aller vorbeugenden Instandhaltungsmaßnahmen erfolgt bereits lange vor Inbetriebnahme eines neuen Flugzeugmusters und wird vom Hersteller, von den Luftfahrtbehörden und Luftverkehrsgesellschaften gemeinsam durchgeführt.

Wegen der zu diesem Zeitpunkt noch begrenzten Information über die im praktischen Betrieb zu erwartende Zuverlässigkeit von Systemen und Geräten muß man sich dabei häufig auf die sichere, d.h., die konservative Seite begeben.

Mit Beginn des Flugzeugeinsatzes werden daher alle im Flugbetrieb auftretenden technischen Fehler erfaßt, sowie die Informationen über ihre operationelle Auswirkung. Weiterhin werden die Befunde aufgrund der geplanten Kontrollen gesammelt. Diese Informationen werden mit dem Ziel analysiert, die Laufzeiten von Geräten, die Intensität der Kontrollen und ihre Intervalle den Forderungen der Sicherheit und Wirtschaftlichkeit anzupassen.

Gleichzeitig zu diesem Prozeß werden dort, wo sich im Flugbetrieb technische Schwachstellen zeigen, Änderungen im Fluggerät durchgeführt. Ihre Anzahl nimmt naturgemäß mit steigender Betriebszeit ab.

Bei Fehlermöglichkeiten ohne negative Konsequenzen auf Sicherheit und Wirtschaftlichkeit wird auf vorbeugende Maßnahmen, d.h., auf präventive Instandhaltung verzichtet. An ihre Stelle tritt die Zuverlässigkeitsüberwachung (Condition Monitoring), ein Verfahren, das auf statistischer Basis das Zuverlässigkeitsverhalten der betroffenen Bauteile in der gesamten Flotte überwacht. Es kann nur dann angewandt werden, wenn Ausfälle der betroffenen Bauteile aufgrund der Redundanz der Konstruktion keinen Einfluß auf die sichere Flugdurchführung haben. Fehler werden dann nach ihrem Auftreten behoben. Dabei kann die Behebung aus wirtschaftlichen Gründen bis zu einem geeigneten Zeitpunkt zurückgestellt werden.

Die Gesamtkonzeption der Instandhaltung muß präventive und nichtpräventive Maßnahmen sinnvoll vereint einsetzen mit dem Gesamtziel, die Lufttüchtigkeit und Sicherheit zu erhalten und trotzdem durch progressive Optimierung den gewünschten Qualitätsstandard sowie eine Steigerung der Produktivität, also der täglichen Flugstundenleistung mit einem minimalen Einsatz von Kosten zu erzielen.

5 Der Faktor Mensch

Die Sicherheit ist nicht nur eine Frage der technischen Auslegung, Konstruktion, Produktion und Instandhaltung eines Flugzeuges, sondern ganz wesentlich eine Frage der Anpassung des Gesamtsystems an die Leistungsgrenzen des Menschen; denn alle Menschen, die im Luftverkehr eine Funktion ausüben, sind von der kreatürlichen Eigenschaft, Fehler zu machen, betroffen. Der Faktor Mensch spielt naturgemäß eine besondere Rolle bei der Arbeit des Piloten im Cockpit eines Flugzeuges. Das Cockpit ist die Nahtstelle zwischen Mensch und Technik, und Fluggesellschaften sind bestrebt, durch Einflußnahme auf die Auslegung der Cockpits der von ihnen betriebenen Flugzeugmuster ein Höchstmaß an Sicherheit zu erzielen. Wesentliche Zielrichtung ist dabei neben der notwendigen Redundanz wichtiger Systeme die Reduktion der Arbeitsbelastung für die Flugbesatzung.

Ich hatte eingangs erläutert, daß das Sicherheitsniveau im Luftverkehr seit Einführung des Strahlantriebes stark angehoben wurde, obwohl das Verkehrsflugzeug bei wachsender Größenordnung zu einem komplexen und anspruchsvollen technischen

System geworden ist und die Verkehrsdichte stark zugenommen hat. Ursache für
diese erfreuliche Entwicklung ist ohne Zweifel in einer sich ständig verbessernden
Technologie zu suchen. Leistungsfähige und weitgehend störungsfreie Triebwerke,
Anwendung neuester aerodynamischer Erkenntnisse, redundante und automatisch
arbeitende Bordsysteme, ausgeklügelte Warnanlagen, fast perfekte automatische
Steuerungsanlagen, Erdfeld unabhängige Trägheitsnavigation, deren Computer mit
zuvor nie gekannter Präzision jederzeit die Position, den Wind, Kurs und Flugdauer
zu jedem gewünschten Punkt errechnet, ermöglichen heute eine sichere regelmäßige
Flugdurchführung bei Wetterbedingungen und mit Geschwindigkeiten, von denen
man nur träumen konnte.

Früher flog man fast ausschließlich von Hand – also ohne Autopiloten und weitergehende automatische Unterstützung. Man war überwiegend damit beschäftigt, das
Flugzeug zu steuern, seine Systeme zu regeln, Korrekturmaßnahmen durchzuführen,
wenn eine Anlage ausfiel.

Die Technik hat sich grundlegend gewandelt – die Rolle des Flugzeugführers damit
zwangsläufig auch. Anstelle einer durch Negativ-Erfahrungen geprägten Furcht vor
technischem Versagen von Systemen und Triebwerken ist Vertrauen auf eine nicht
nur moderne, sondern überwiegend auch fehlerfrei funktionierende Technik getreten.
Die notwendige kritische Skepsis wird eher durch Training und Simulation von
Fehlern und Ausfällen als durch deren tatsächliches Vorkommen wachgehalten.

Trotz des deutlich verbesserten Sicherheitsniveaus bleibt festzustellen, daß heute
wie vor zwei Jahrzehnten mehr als zwei Drittel aller Unfälle auf menschliches Versagen zurückzuführen ist. Diese Tatsache ist für die im Luftverkehr tätigen Menschen
nur deshalb nicht deprimierend, weil sie auch aussagt, daß es dem Menschen immerhin gelungen ist, mit der technischen Entwicklung Schritt zu halten – sonst läge der
Anteil heute schon bei über 90%. Man kann sich mit dieser Feststellung trösten, sicher
aber nicht zufriedengeben. Der sogenannte „human error" muß auf einen letztlich
unvermeidbaren Rest zurückgedrängt werden, wenn man das Sicherheitsniveau im
Luftverkehr weiter steigern will. Es gilt also, ein Arbeitssystem im Cockpit zu schaffen, das die Auswirkung von Fehlern weitgehendst unterbindet.

Dazu hat die Lufthansa Auslegungskriterien festgelegt, die bei der Entwicklung
moderner Verkehrsflugzeuge erfüllt werden müssen:
– Die Technik muß dem Menschen angepaßt werden, nicht umgekehrt. Sie muß
  insbesondere gegenüber Fehlbedienung tolerant sein, d.h., Bedienfehler dürfen
  nicht sofort gravierende nachteilige Folgen haben.
– Das Flugzeug muß bei Ausfall eines Besatzungsmitgliedes durch den oder die
  Verbleibenden voll beherrschbar sein. Es müssen alle für die sichere Durchführung
  des Fluges wichtigen Bedienungselemente und Anzeigen für mindestens zwei Besat-
  zungsmitglieder erreichbar bzw. einsehbar sein. In diesem Zusammenhang ist die
  von Lufthansa praktizierte Zusammenarbeit im Team zu nennen, die neben unver-
  ändert hohem Anspruch an die saubere Einzelleistung die gegenseitige Unterstützung und Überwachung ohne Rücksicht auf hierarchische Gegebenheiten verlangt.
– Ich hatte bereits erwähnt, daß alle für die sichere Durchführung des Fluges wichtigen Systemelemente redundant vorhanden sein müssen.
– Beim Auftreten eines technischen Fehlers darf kein sofortiges Eingreifen durch die
  Besatzung notwendig werden, sondern ein korrigierendes Handeln muß in bestimmten Zeitgrenzen verschiebbar oder gänzlich überflüssig gemacht werden.

– Bei aller Automation zur Entlastung der Besatzung muß der Pilot sich in jeder Situation ohne großen Aufwand durch Anzeige- und Warneinrichtungen ein umfassendes Bild vom technischen Zustand des Flugzeuges verschaffen können.

Natürlich werden andere Fluggesellschaften andere Prioritäten bei Aufstellung eines Forderungskataloges an die Cockpitgestaltung stellen. Auch haben die verschiedenen Hersteller unterschiedliche Lösungsvorschläge parat, die unmittelbaren Einfluß auf das Sicherheitsniveau nehmen können. Der Mensch im Cockpit kann letztlich jedoch nur so gut sein wie das Werkzeug, das ihm in die Hand gegeben wird. Dieses zu verbessern im Sinne einer Risikoabwehr muß vornehmste Aufgabe von Herstellern, Fluggesellschaften und Behörden bleiben.

6 Zusammenfassende Schlußbemerkung

Ich habe Ihnen einen kurzen Überblick über die Entwicklung des Sicherheitsstandards im Luftverkehr gegeben, wobei die Frage des Kollisionsrisikos im kontrollierten Luftraum und der Verantwortungsbereich der Flugsicherungsdienste nicht behandelt wurde, da sich Mr. A. Busch in seinem Referat mit diesem Problem beschäftigen wird.

Mir lag daran, die sicherheitstechnische Behandlung der großen Risiken bzw. die tragenden Elemente des Sicherheitssystems beim Bau und Betrieb von Verkehrsflugzeugen anzusprechen. Zu ihnen gehören die Zuverlässigkeit der Einzelelemente, ihre Redundanz und Vernetzung, die Lernprozesse und die enge Zusammenarbeit zwischen Herstellern, Flugesellschaften, Behörden und internationalen Organisationen beim Aufbau und bei der ständigen Weiterentwicklung eines Sicherheitsnetzes.

Einen wesentlichen Beitrag zur Sicherheit leistet das Instandhaltungssystem, das im Rahmen der behördlichen Vorschriften vorbeugende Maßnahmen und Zuverlässigkeitsüberwachung sinnvoll vereint, und das durch Lernerfahrung und technische Änderungen am Fluggerät im Laufe des Flugzeugeinsatzes optimiert wird.

Schließlich spielt der Faktor Mensch eine entscheidende Rolle bei der Frage nach der Sicherheit im Luftverkehr. Am Beispiel des Piloten und seiner Arbeit in der Kommandozentrale einer hochkomplizierten Maschine wurde gezeigt, welche Anstrengungen unternommen werden, um negative Auswirkungen menschlichen Versagens weitgehendst auszuschalten und das Sicherheitsniveau im Luftverkehr dadurch weiter anzuheben.

Entscheidungsfindung für ein Flugsicherungssystem durch Abschätzung des Kollisionsrisikos unter Berücksichtigung der Wirtschaftlichkeit

A. C. Busch und B. Colamosca

1 Einleitung

Wie bei jeder Unternehmung, so gibt es auch beim Lufttransport viele Arten von Risiken. Gefahren, denen sich Flugzeugbenutzer gegenübersehen, sind z. B. Verletzung an Bord des Flugzeugs, Unfälle bei Start und Landung und bei Flugzusammenstößen in der Luft. In diesem Vortrag soll darüber berichtet werden, wie die U.S. Federal Aviation Administration das letztgenannte Risiko, die Kollision in der Luft, in verschiedenen Flugsicherungsbereichen abschätzt. Weiterhin behandelt dieser Vortrag aktuelle Forschungsarbeiten, die beim Federal Aviation Administration Technical Center auf diesem Gebiet durchgeführt werden.

Um den in diesem Vortrag behandelten Arbeitsbereich weiter einzugrenzen, ist es notwendig, zwei Begriffe zu definieren, die sich auf Flugsicherungssysteme beziehen. In diesem Vortrag wird der Luftraum innerhalb eines Radius von 50 Seemeilen (93 km) um den Flughafen herum bis zu einer Höhe von 10 000 Fuß (3000 m) über der Erdoberfläche als Flughafenbereich bezeichnet, während der übrige Luftraum zwischen zwei solchen Flughafenbereichen Flugroutenbereich genannt wird. Wenn der Flugroutenbereich sich über internationalen Gewässern befindet, wird er als ozeanisches Flugrouten-Flugsicherungssystem bezeichnet, befindet er sich über nationalem Gebiet, nennt man ihn nationales Flugrouten-Flugsicherungssystem. Der Vortrag befaßt sich zunächst mit der Kollisionsrisikoabschätzung, wie sie in ozeanischen Flugroutensystemen durchgeführt worden ist, und beschreibt dann laufende Untersuchungen, die entweder auf ozeanische oder nationale Flugroutenbereiche ausgerichtet sind.

2 Kurzer Überblick über die Entwicklung der Kollisionsrisikoabschätzung

Das Nordatlantik Flugsicherungssystem betreut Flüge zwischen Nordamerika und Europa. Mitte der sechziger Jahre belastete die Anzahl der im Nordatlantikbereich fliegenden Strahlturbinenflugzeuge die Kapazität dieses Systems so sehr, daß viele Flugzeuge erst verspätet in den ozeanischen Bereich eingelassen wurden oder gezwungen wurden, den Atlantik auf treibstoffvergeudenden Routen zu überfliegen.

Deshalb waren sowohl die Systemanwender als auch die Länder, die den Nordatlantik-Flugsicherungsdienst betrieben, bestrebt, die Verkehrsdichte zu erhöhen. Zum Verständnis der Art und Weise, in der diese Kapazität erhöht werden sollte, ist es notwendig zu verstehen, wie die Flugzeugbewegungen innerhalb eines Flugsicherungssystems organisiert werden. Flugzeuge fliegen auf Routen oder Flugwegen, die aus Großkreissegmenten zwischen Punkten geographischer Breite und Länge bestehen. Auf einer bestimmten Route dürfen die Flugzeuge nur in genau definerten Flughöhen fliegen, die in vertikaler Richtung durch Abstände, die als Höhenstaffelungsnorm bezeichnet werden, voneinander getrennt sind. Die Flugsicherung plant die Positionen der Flugzeuge für eine gegebene Route und Flughöhe so, daß sie eine Minimaldistanz nicht unterschreiten, die als Längsstaffelungsnorm bezeichnet wird. Wenn von der Flugsicherung parallele Routen verwendet werden, um eine große Zahl von Flugzeugen unterzubringen, dürfen diese Routen einen Horizontalabstand nicht unterschreiten, der Seitenstaffelungsnorm genannt wird. So versucht die Flugsicherung durch Anwendung der Höhen-, Längen und Seitenstaffelungsnormen sicherzustellen, daß die geplanten Positionen von jeweils zwei Flugzeugen zu jeder Zeit während des Fluges so weit voneinander entfernt sind, daß irgendwelche Fehler, die zu Abweichungen von den geplanten Positionen führen, klein bleiben, daß es nicht zu Luftkollisionen kommt.

Flugzeuge bewegten sich im Nordatlantik-Flugroutenbereich grundsätzlich in einem System mehr oder weniger paralleler Bahnen. Es wurde dann vorgeschlagen, zur Lösung des Kapazitätsproblems die Seitenstaffelungsnorm zwischen den Bahnen von 120 Seemeilen (220 km) auf 90 Seemeilen (170 km) zu reduzieren; damit hätten im gleichen Luftraum mehr Routen untergebracht werden können. Von den Piloten, die den Nordatlantikraum benutzten, wurden Befürchtungen geäußert, daß durch eine solche Reduzierung der Seitenstaffelungsnorm das Risiko von Luftkollisionen zu groß werden würde.

Nach einem unbefriedigenden ersten Versuch, das Problem der Sicherheit der vorgeschlagenen Seitenstaffelungs-Reduzierung zu lösen, gründeten die Benutzer und Betreiber des Flugsicherungssystem die North Atlantic Systems Planning Goup unter der Schirmherrschaft der International Civil Aviation Organization der Vereinten Nationen, um das Problem zu studieren.

Die Gruppe einigte sich auf ein Verfahren zur Risikoabschätzung, das in anderen Teilen der Welt schon schon angewandt und in den Jahren seither verbessert worden ist. Teile dieser Arbeit bildeten die Grundlage für die von der Federal Aviation Administration verwendete Kollisionsrisikoanalyse.

Das Verfahren, das von der North Atlantic System Planning Group entwickelt wurde, um zu entscheiden, ob 90 Seemeilen (170 km) eine sichere Seitenstaffelungsnorm ist, enthält zwei Elemente: (1) ein mathematisches Modell und Daten des Flugsicherungssystems, um das Risiko von Luftkollisionen für die Seitenstaffelungsnorm abzuschätzen und (2) einen Risiko-Grenzwert, der als Soll-Sicherheitsgrad (Target Level of Safety) bezeichnet wird und ein sicheres Funktionieren des Systems definiert. Jedes dieser Elemente wird im folgenden kurz behandelt.

2.1 Mathematisches Modell zur Abschätzung des Kollisionsrisikos

Die Gruppe stützte sich auf die Arbeiten von Reich [1, 2] und [3] als Grundlage für die Schätzung des Kollisionsrisikos bei Verringerung des geplanten Seitenabstandes im Nordatlantik-Flugbahnsystem. Das Modell hat eine Reihe von vereinfachenden Annahmen über den betrachteten Flugsicherungsbereich, um die notwendigen Rechnungen durchführbar zu machen. Die wichtigsten dieser Annahmen sind, daß das

System aus geraden, parallelen Flugbahnen besteht, auf denen Flugzeuge einer einzigen Standard-Größe fliegen und so navigieren, daß die Navigationsfehler der verschiedenen Flugzeuge nicht miteinander korreliert sind und daß auch die Abweichungen eines einzigen Flugzeugs längs, quer und vertikal zur Flugbahn nicht korrelieren. Eine weitere wichtige Annahme ist, daß weder die Flugsicherungsbehörden noch irgendeine andere Stelle irgendwelche Handlungen durchführt, die das Risiko einer Luftkollision über das von der Flugzeugnavigation herrührende Risiko hinaus vergrößert. Ausdrücklich außer acht gelassen werden also Vorkommnisse wie Sabotage, die Luftkollisionen herbeiführen sollen, oder absichtliches Rammen von Flugzeugen.

Das Risiko einer Luftkollision setzt sich im Modell allein aus den unvermeidbaren Abweichungen der Flugzeuge von den zugewiesenen Routen zusammen.

Ein wichtiges Konzept bei der Entwicklung des Risikomodells bildet das Überlappen zweier Flugzeuge, das eintritt, wenn die Massenschwerpunkte der beiden Flugzeuge einen kleineren Abstand haben, als es der Spannweite, Länge oder Höhe eines Flugzeugs entspricht. Da die Fehler als nicht korreliert angenommen wurden, kann die Wahrscheinlichkeit eines Überlappens – das sehr seltene Ereignis einer Luftkollision – als das Produkt der Einzelwahrscheinlichkeiten, daß sich zwei Flugzeuge nur in einer Dimension, d.h. nur parallel, nur quer oder nur vertikal zur Flugbahn überlappen, abgeschätzt werden. Die durchschnittliche Kollisionsrate bzw. die erwartete Anzahl von Kollisionen pro Flugstunde für ein typisches Flugzeugpaar, wird dann vom Modell berechnet als:

(Durchschnittliche Anzahl von Kollisionen pro Flugstunde) = (In Überlappung verbrachter Zeitanteil) : (durchschnittliche Dauer einer Überlappung)

Und:

(Anteil der in Überlappung verbrachten Flugzeit) = (Anteil der von dem Flugzeugpaar in einer Entfernung von weniger als der Länge eines Flugzeugs verbrachten Flugzeit)
× (Anteil der von dem Flugzeugpaar in einer Entfernung von weniger als der Flügelspannweite eines Flugzeugs verbrachten Flugzeit)
× (Anteil der von dem Flugzeugpaar in einer Entfernung von weniger als der Höhe eines Flugzeugs verbrachten Flugzeit).

Bei Flugzeugen, die auf parallelen Routen in derselben Höhe fliegen, sind die von einem Flugzeugpaar innerhalb der Länge bzw. Höhe eines Flugzeugs verbrachten Zeitanteile diejenigen, die von dem Flugzeugpaar im Vorbeiflug in der gleichen Höhe verbracht werden. Bei keinem von diesen Ereignissen handelt es sich um Fehler irgendwelcher Art, sondern einfach um normale Vorkommnisse in einem Flugleitsystem, und die Wahrscheinlichkeiten ihres Auftretens kann aus Daten des Leitsystems abgeschätzt werden. Im Fall, daß zwei Flugzeuge, die mit dem Abstand einer bestimmten Staffelungsnorm, einen Abstand von weniger als einer Flügelspannweite haben, handelt es sich jedoch um einen Fehler. Dieser Fall tritt selten auf, aber die Entrittswahrscheinlichkeit kann geschätzt werden, indem man die Einhüllende der beobachteten Verteilung der seitlichen Abweichungen des einzelnen Flugzeugs von der zugewiesenen Flugbahn bildet.
Die durchschnittliche Dauer des Überlappens im System ist eine Funktion der typischen Flugzeuggröße und der durchschnittlichen Relativgeschwindigkeiten des

Flugzeugpaares in den drei Dimensionen, in denen sie sich überlappen. Daten zur Abschätzung dieser Größen können auch aus dem Flugleitsystem erhalten werden.

So liefert das mathematische Modell eine Schätzung der erwarteten Kollisionsrate, berechnet aus Daten, die aus dem System gewonnen werden können. Weiterhin identifiziert das Modell explizit den Faktor im System, der kontrolliert werden muß, wenn das Kollisionsrisiko sich innerhalb einer Grenze halten soll, insbesondere bei großen seitlichen Abweichungen von der zugewiesenen Flugbahn. Außerdem gestattet das Modell eine quantitative Bewertung des Einflusses dieses Faktors auf das Risiko, indem es numerische Risikoabschätzungen liefert, die sich ändern, wenn die Häufigkeit dieser größeren Abweichungen zu- oder abnimmt.

Die von dem Modell gelieferte Kollisionshäufigkeit wird in ein Unfallrisiko umgewandelt, indem man die Häufigkeit zunächst mit 2 multipliziert (es wird angenommen, daß sich zwei Flugzeugunfälle durch die Kollision eines Flugzeugpaares ereignen). Dann wird die Unfallhäufigkeit mit 10^7 Stunden multipliziert, um das erwartete Unfallrisiko innerhalb der von der North Atlantic Systems Planning Group als angemessen erachteten Zeitdauer, d.h. 10 Mio. Flugstunden im Flugleitsystem, zu erhalten.

2.2 Innerhalb der North Atlantik Systems Planning Group zur Beurteilung der Sicherheit eines Systems benutztes Verfahren

Parallel zu den Arbeiten zur Anwendung des Reichschen Kollisionsrisikomodells auf das Nordatlantiksystem befaßte sich die Gruppe mit der Frage, welches Kollisionsrisiko (und damit welche Seitenstaffelung) im Leitsystem akzeptierbar sind. Das Vereinigte Königreich erstellte das technische Material in diesem Untersuchungsgebiet und stellte der Gruppe das Konzept eines Soll-Sicherheitsgrads vor. Eine aktualisierte Version dieser Arbeit ist in [4] enthalten.

Der Soll-Sicherheitsgrad wurde als Schwellwert (eigentlich als Wertbereich) des Kollisionsrisikos vorgeschlagen, der den qualitativen Begriff „sicher" quantifizieren sollte. Man nahm zuerst an, diesen Schwellwert durch Auswertung versicherungsstatistischer Daten über Todesrisiken bei der Ausübung eines breiten Spektrums von Tätigkeiten einschließlich verschiedener Transportarten ableiten zu können. Als die Ergebnisse dieser Untersuchung sich als unbefriedigend erwiesen, wurden weltweite Daten (ohne Sowjetunion und China) über tödliche Flugzeugunfälle ausgewertet.

Zunächst wurde eine Schätzung der gesamten Unfallrate vorgenommen, die in den üblichen Einheiten als tödliche Unfälle pro 10^7 Flugstunden ausgedrückt wurde. Dann wurde der auf Flugrouten zurückzuführende Anteil an der Gesamtrate ermittelt und danach der auf Kollisionen in der Luft zurückzuführende Anteil an tödlichen Unfällen auf Flugstrecken bestimmt. Schließlich wurde diese Luftunfallrate willkürlich in drei gleiche Teile aufgeteilt, je einer für Kollisionen infolge von Abweichungen von der geplanten Seiten-, Höhen- und Längsstaffelung. So kam man zum Soll-Sicherheitsgrad für das System. Um die Unsicherheit in diesem Entwicklungsprozeß wiederzugeben, die aus der Qualität der verwendeten Daten und den vorgenommenen willkürlichen Beurteilungen resultiert, wurde der Soll-Sicherheitsgrad als ein Wertebereich angegeben. So betrug er für die Seitenstaffelung 0,15 bis 0,40 Flugzeugunfälle pro 10^7 Flugstunden im Nordatlantik-Flugleitsystem durch Abweichungen von der geplanten Seitenstaffelung.

Das von der Gruppe angewandte Verfahren zur Beurteilung der Zuverlässigkeit einer Seitenstaffelungsnorm bestand aus drei Schritten:

– Sammlung der zur Abschätzung der Parameter für das Kollisionsrisikomodell notwendigen Daten über das Flugbahnsystem,
– Modellrechnungen zur Abschätzung des Kollisionsrisikos für jede der vorgeschlagenen Seitenstaffelungsnormen,
– Vergleich des Schätzwertes mit dem Soll-Sicherheitsgrad.

Lag der Risikoschätzwert innerhalb oder unter dem Bereich des Soll-Sicherheitsgrads, wurde die Seitenstaffelungsnorm als sicher, andernfalls als unsicher beurteilt.

Nach Durchführung dieses Verfahrens entschied die Gruppe 1968, daß die bestehende Seitenstaffelungsnorm von 120 Seemeilen (220 km) sicher ist, nicht aber die vorgeschlagene Norm von 90 Seemeilen (170 km).

2.3 Wie die North Atlantic Systems Planning Group die Unsicherheit im Risikobewertungsprozeß berücksichtigte

Das von der Gruppe benutzte Risikomodell enthält eine Reihe von Parametern, die aus Flugleitsystemdaten bestimmt werden. Infolgedessen wurde für jeden Parameter ein bester Wert abgeschätzt und für jeden so erhaltenen Faktor ein zugehöriges Vertrauensintervall bestimmt. Der unter Verwendung des Modells berechnete Risikoschätzwert enthält also ebenso eine Unsicherheit. Anders als die einzelnen Parameter war jedoch die Stichprobenverteilung der Zufallsvariablen des Risikos nicht bekannt, noch schien sie leicht zu bestimmen zu sein. Um die Unsicherheit im Risikoschätzwert zu bestimmen, entschloß sich die Gruppe, ein Rechenprogramm zu verwenden, daß 1000 Iterationen durchführt und bei jedem Zyklus Zufallsstichproben von der Verteilung jedes Modellparameters nimmt und einen Risikoschätzwert berechnet. So erzeugt das Programm 1000 Stichproben von der Verteilung der Zufallsvariablen des Risikos und erlaubt die Bestimmung der Variabilität im Modellschätzwert der erwarteten Anzahl von Unfällen pro 10^7 Flugstunden im Flugbahnsystem.

Diese Variabilität und auch die mit dem Soll-Sicherheitsgrad verbundene Unsicherheit wurde so von der Gruppe bei der Abschätzung der Sicherheit einer gegebenen Seitenstaffelungsnorm in Betracht gezogen. Die Gruppe versuchte jedoch nicht der Tatsache zu begegnen, daß keine Aussicht besteht, den Modellschätzwert des Risikos jemals durch empirische Daten über Kollisionen in der Luft bei Abweichungen von der geplanten Seitenstaffelung auf der Nordatlantikroute bestätigt zu bekommen. Diese Bestätigung ist *in der Praxis* unmöglich, da die erwartete Zeit zwischen dem Eintreten von Unfällen im Nordatlantiksystem bei einem Kollisionsrisiko im Rahmen des Soll-Sicherheitsgrads ca. 150 Kalenderjahre betragen würde. Deshalb ist eine möglicherweise bedeutende Variabilitätsursache, der Unterschied zwischen dem wahren und dem nach dem Modell geschätzten Kollisionsrisiko, in den Sicherheitsüberlegungen nicht berücksichtigt worden. Es ist zu beachten, daß diese Variabilitätsursache dann wichtig ist, wenn die grundlegenden Annahmen der Gruppe verwendet werden, um einen mit Hilfe des Modells abgeleiteten Risikoschätzwert mit einer ohne das Modell bestimmten Risikogröße zu vergleichen. Weiterhin ist es wichtig darauf hinzuweisen, daß diese Variabilitätsursache unbedeutend ist, wenn auf gleicher Basis berechnete Modell-Risikoschätzwerte untereinander verglichen werden.

3 Anwendungen der Kollisionsrisikoabschätzung

Das grundlegende Verfahren zur Beurteilung der Funktionssicherheit des Nordatlantiksystems wurde von Ende der sechziger Jahre bis Mitte der siebziger Jahre angewendet. Große seitliche Abweichungen wurden laufend mit den Boden-Radar-Stationen überwacht, die am Rande des ozeanischen Systems verfügbar waren; dabei wurde, wenn möglich, Abhilfe geschaffen, um das Auftreten von systematischen Navigationsfehlern zu verhindern. Währenddessen wurde das grundlegende Risikoabschätzungsverfahren verbessert und in verschiedenen Bereichen und in unterschiedlicher Art und Weise eingesetzt. In diesem Abschnitt werden einige dieser Anwendungen kurz besprochen.

3.1 Bewertung der Durchführbarkeit der „Mehrfachstaffelung" im Zentral-Ostpazifik-Flugleitsystem

Das Zentral-Ostpazifik-Flugsicherungssystem betreut Flüge zwischen den Hawaii-Inseln und den amerikanischen Städten Los Angeles und San Francisco. In den frühen 70er Jahren traten dieselben Kapazitätsprobleme, denen man sich Mitte der 60er Jahre im Nordatlantikbereich gegenübergesehen hatte, auch im Zentral-Ostpazifik-System paralleler Flugbahnen auf. Die „Mehrfachstaffelung", eine im Nordatlantik zur Staffelung der Flugbahnen entwickelte Technik, schien eine Möglichkeit, den Engpaß zu überwinden. Ein Vergleich zwischen dieser Methode und der üblicheren Art, parallele Flugbahnen zu staffeln, ist in Bild 1 gegeben, das eine Frontansicht jedes der beiden Arten von Flugbahnsystemen zeigt. Die Seiten- bzw. Höhenstaffelungsnormen sind mit S_y bzw. S_z bezeichnet.

Da die Federal Aviation Administration Flugsicherungsdienste im ganzen Zentral-Ostpazifiksystem leistet, wurde das Technical Center beauftragt, die Feasibility und den wirtschaftlichen Nutzen der Einführung der „Mehrfachstaffelung" grundsätzlich zu untersuchen.

Mehrere mögliche Konfigurationen eines „Mehrfachstaffelungssystems" sind zur Untersuchung vorgeschlagen worden. Ein „Mehrfachstaffelungssystem" könnte als brauchbar angesehen werden, wenn das mit dem System verbundene Kollisionsrisiko akzeptierbar war. Der mit einem Mehrfachstaffelungssystems verbundene Nutzen sollte mit dem bestehenden System gemessen werden.

Das Technical Center führte eine umfassende Datensammlung durch und nahm Schätzungen des Kollisionsrisikos sowohl für das bestehende System als auch für

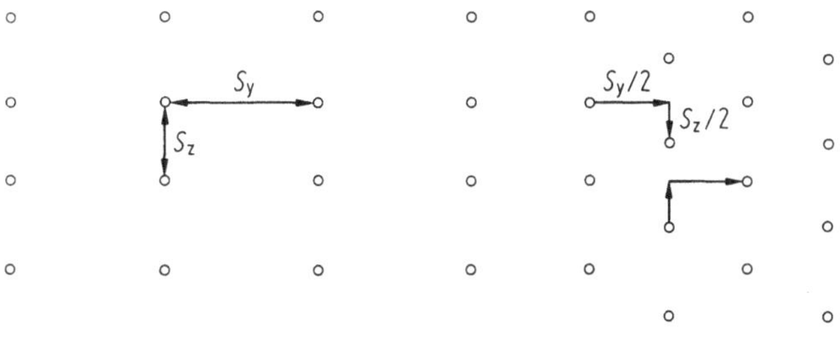

Bild 1. Methodenvergleich der Flugbahnstaffelung

jeder der Mehrfachstaffelungs-Alternativen vor. Außerdem wurden Treibstoffver-
brauchsschätzungen für alle Systemalternativen durchgeführt, wobei eine Rechnersi-
mulation der verschiedenen Systeme von Flugbahnanordnungen benutzt wurde.

Das Technical Center entschied sich dafür, nicht eine auf einem Soll-Sicherheitsgrad basierende Risikobewertung anzuwenden, sondern die Risikoschätzwerte
für das bestehende System und die Alternativen auf relativer Basis zu vergleichen.
Dabei wurde festgestellt, daß eine bestimmte Konfiguration des Mehrfachstaffelungssystem führte und auch beträchtliche Treibstoffeinsparungen versprach. Daraufhin
wurde diese Konfiguration 1976 eingeführt.

3.2 Entwicklung einer Mindest-Navigationsleistungs-Spezifikation für das Nordatlantiksystem

Gegen Ende der 60er Jahre wurde das neue und genauere Trägheitsnavigationssystem
im Nordatlantikbereich eingeführt und ersetzte weniger genaue und zuverlässige Methoden der Kurshaltung, die mit den Signalen von Langstrecken-Navigations-
Stationen arbeiteten. Die Benutzer des Nordatlantik glaubten, daß die erhöhte Genauigkeit des Trägheitssystems es ermöglichen würde, die Seitenstaffelungsnorm für
den Nordatlantik auf 60 Seemeilen (111 km) zu reduzieren.

Die North Atlantic Systems Planning Group untersuchte die Sicherheit dieser
Staffelungsreduzierung. Sie versuchte, die folgende von einem Systembenutzer gestellte Frage zu beantworten: Welche Navigationsleistung würde die Verwendung
einer Seitenstaffelungsnorm von 60 Seemeilen (111 km) rechtfertigen?

Das Technikal Center war aktiv an dieser andersartigen Anwendung des Risikoab-
schätzungsverfahrens beteiligt. Die Gruppe war bemüht, eine Reihe von Bedingungen
für die Flugzeugnavigationsleistung zu entwickeln, die sicherstellen würden, daß der
Soll-Sicherheitsgrad im Nordatlantik-Flugleitsystem mit einer Seitenstaffelungsnorm
von 60 Seemeilen (111 km) bei der für 1985 vorhergesagten Verkehrsdichte erreicht
wird, wenn sie von allen Systembenutzern erfüllt würden. Das Technical Center war
in der Lage, diese Bedingungen zu formulieren, die als „North Atlantic Minimum
Navigational Performance Specification" bekannt wurden. Weiterhin entwarf das
Center zwei Verfahren: Das erste erlaubt den Benutzern, eine vorläufige Bestätigung
über die Erfüllung der Spezifikation zu erhalten und so zu dem neuen System zugelassen zu werden; das zweite führt zu einer Entscheidung darüber, ob die Systembenutzer
die Spezifikation erfüllen, wenn sie in dem neuen System arbeiten.

Diese Spezifikation wurde im Dezember 1977 im Nordatlantikbereich eingeführt.
Das vorläufige Zulassungsverfahren (certification procedure) ist von der Federal
Aviation Administration und den Zivilluftfahrtbehörden anderer Länder übernom-
men worden.

Bisher haben die in dem System gesammelten Radarüberwachungsdaten jedoch
noch keinen Beweis für die volle Erfüllung der Spezifikationen erbracht. Deshalb ist
North Atlantic Systems Planning nicht bereit, die Einführung der Seitenstaffelungsnorm von 60 Seemeilen (111 km) zu empfehlen.

3.3 Für Risikobewertung und -kontrolle nützliche statistische Methoden

Flugsicherungsbehörden versuchen immer, der Sicherheit abträgliche Systemtrends
aufzuspüren und geeignete Maßnahmen zu treffen, und wenn möglich, zu beseitigen.
Kollisionen in der Luft durch Abweichen von der geplanten Seitenstaffelung sind sehr

selten. Tatsächlich haben in ozeanischen Flugsicherungsbereichen noch keine solchen Kollisionen zwischen Strahlturbinenflugzeugen stattgefunden. Das Risikomodell macht diejenigen Ereignisse in dem System deutlich, die zum Kollisionsrisiko beitragen, nämlich die drei vorgenannten Dimensionen der Überlappung. So gehört zur Kontrolle des Seitenkollisionsrisikos in einem Flugroutenbereich die Kontrolle der Häufigkeit, mit der Überlappungen auftreten. Es wäre eine extreme Maßnahme, wenn die Flugsicherungsbehörden den Verkehrsfluß vermindern würden; dies wäre jedoch erforderlich, um die Wahrscheinlichkeit von Überlappungen längs der Flugbahn zu reduzieren. Ebenso würde es radikale Maßnahmen erfordern, die Wahrscheinlichkeit der Vertikalüberlappung zu reduzieren.

Unter normalen Umständen wird die Risikokontrolle so zur Kontrolle der Häufigkeit seitlicher Überlappungen. Dies erfordert wiederum, die Häufigkeit der Seitenabweichungen vom zugewiesenen Kurs zu begrenzen und geeignete Maßnahmen zu treffen, um sicherzustellen, daß unbefriedigende Leistungen korrigiert werden und jede systematische Fehlerquelle beseitigt wird. Die Methoden zur Feststellung unzureichender Leistung verwenden Stichproben von Daten aus dem Flugleitsystem. Das Auftreten einer großen Seitenabweichung ist ein seltenes Ereignis, und die Häufigkeit dieses Auftretens wird probabilistisch angenähert unter Verwendung der Poissonschen Näherung an die Binomialverteilung.

Die statistische Bewertung zufriedenstellender Navigationsleistungen erfolgt so, daß Hypothesen über den Wert eines Parameters einer Poission-Verteilung geprüft werden. Üblicherweise werden zwei Hypothesen formuliert, wobei eine einem zufriedenstellenden Niveau der Fehlerhäufigkeit und die andere einem unzureichenden Niveau entspricht. Die Daten zur Prüfung dieser Hypothesen stammen aus Beobachtungen der Navigationsgüte, die zeitlich fortlaufend in einem Flugsicherungssystem zur Überwachung seitlicher Abweichungen anfallen. Wegen der Form, in der die Daten geliefert werden, und da es wünschenswert ist, auf nachteilige Leistungstrends zu reagieren, hat das Technical Center empfohlen, bei der Prüfung von Fehlerratenhypothesen sequentielle Stichprobenverfahren nach Wald [5] anzuwenden.

Diese sequentiellen Methoden verwenden die Daten, wie sie verfügbar werden, sind relativ leicht zu verstehen und anzuwenden und erlauben es, die Wahrscheinlichkeit abzuschätzen, daß bei der Prüfung der Hypothesen eine falsche Entscheidung getroffen wird. Das letztgenannte Merkmal des Verfahrens gestattet es den Flugsicherungsbehörden, die Wahrscheinlichkeit falscher Entscheidungen zu erkennen, d.h. eine Leistung für unzureichend zu erklären, wenn sie tatsächlich unzureichend ist.

Zur Entwicklung der North Atlantic Minimum Navigational Performance Specification ist zu bemerken, daß das Technical Center ein vorläufiges Zulassungsverfahren empfohlen hat, um sicherzustellen, daß ein zukünftiger Benutzer des neuen Systems mit der Seitenstaffelung von 60 Seemeilen (111 km) die Spezifikation erfüllt. Bei diesem vorläufigen Zulassungsverfahren wird die Standardabweichung der Verteilung seitlichen Navigationsfehlers geprüft, der von dem zukünftigen Benutzer erreicht wird. Bild 2 zeigt die Art des Diagramms, das zur Durchführung dieses vorläufigen Zulassungsverfahrens benutzt wird. Die horizontale Achse gibt die Anzahl der während der vorläufigen Zulassung beobachteten Testflüge an. Die senkrechte Achse zeigt den kumulierten Absolutwert der seitlichen Abweichungen von der Flugbahn, die nach Vollendung von n Testflügen beobachtet wurden, wobei $n = 1$ bis 200 reicht. Nach Beendigung jedes Fluges wird ein Punkt im Diagramm eingetragen, der dem

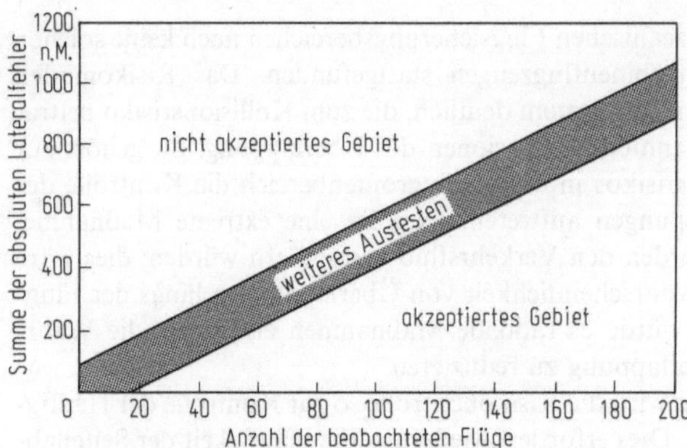

Bild 2. Übersichtsdiagramm zur Durchführung eines vorläufigen Zulassungsverfahrens

Gesamtbetrag der absoluten Abweichung vom Kurs entspricht, die bis dahin während der Testperiode beobachtet wurde. Je nach Lage des aufgetragenen Punktes relativ zu den in das Diagramm eingezeichneten Geraden sind drei Ergebnisse möglich:

(1) die Entscheidung, daß der Benutzer die vorläufigen Anforderungen erfüllt, bzw. den Test besteht, oder

(2) die Entscheidung, daß der Benutzer die vorläufigen Anforderungen nicht erfüllt bzw. den Test nicht besteht, oder

(3) die Entscheidung, daß eine Entscheidung nicht möglich ist, und daß der Test fortgesetzt werden muß.

Bild 3 zeigt ein ähnliches Diagramm, das verwendet wird, um die Häufigkeit großer Navigationsfehler im Flugleitsystem im Sinne der Spezifikation zu überprüfen. Dieser

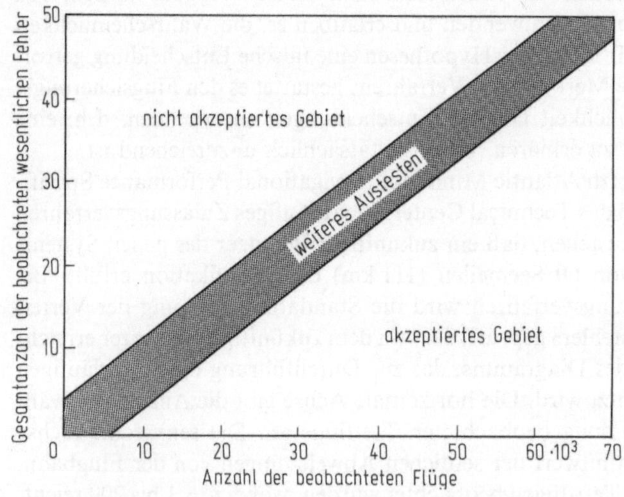

Bild 3. Übersichtsdiagramm zur Überprüfung der Häufigkeit von Navigationsfehlern

Test wird jeweils nach der Prüfung eines neuen Datensatzes durchgeführt und führt zu dem Ergebnis, daß die Häufigkeit größerer Systemfehler (1) zufriedenstellend, (2) unzureichend oder (3) durch weitere Tests zu prüfen ist.

4 Grundprinzipien für die Entwicklung von Entscheidungshilfen und weitere Forschungsbereiche

In den vorangegangenen Abschnitten dieses Vortrags sond die Aktivitäten der Federal Aviation Administration zu Festlegung von sicheren System-Staffelungsnormen in verschiedenen Flugsicherungsbereichen zusammengefaßt worden. Das Federal Avialtion Administration Technical Center wurde beauftragt, die analytischen Werkzeuge zu entwickeln oder anzupassen, die als Richtlinien bei diesen Überlegungen über das Risiko von Luftkollisionen seine Beherrschung und der Abschätzung seiner Größe gedient haben. Neue und kompliziertere Flugsicherungsbereiche werden gegenwärtig durch das Technical Center analysiert oder wahrscheinlich in Zukunft analysiert werden. In diesem Abschnitt wird über die gegenwärtig vom technischen Mitarbeiterstab des Centers auf diesem Gebiet durchgeführten Forschungsarbeiten berichtet und die allgemeinen Richtlinien für die Weiterentwicklung der hoffentlich erfolgversprechenden Ergebnisse dieser Forschungstätigkeit dargestellt. Die vorgestellten Forschungsthemen sind eher als Untersuchungsgebiete zu verstehen; denn als Politik der U.S. Federal Aviation Administration. Die Ergebnisse der laufenden Forschung können erst dann als offizielle Politik betrachtet werden, wenn sie von allen Mitgliedern der Luftfahrtgemeinschaft gründlich durchdacht und von der Leitung der Federal Aviation Administration ausdrücklich gebilligt worden sind.

4.1 Grundprinzipien für die Entwicklung von Entscheidungshilfen

Wie schon erwähnt, muß die Risikoabschätzung und die anschließende Entscheidungsfindung im Rahmen eines statistischen Modells erfolgen, im Gegensatz zu direkten Schlußfolgerungen aus Daten von tatsächlichen Luftkollisionen. Die folgenden Grundprinzipien sind bei der Entwicklung, Anpassung und Anwendung dieser Modelle von den Mitarbeitern des Technical Center angenommen worden:

(1) Da die Modelle durch Parameter definiert sind, die selbst statistischer Natur sind, muß es möglich sein, die Parameter aus Daten des Flugsicherungssystems abzuschätzen;
(2) im Einklang mit (1) müssen die Modelle „ökonomisch" sein –, d.h. sie müssen einfach sein und von so wenig Parametern wie möglich abhängen –, damit sie verständlich sind und ihre Parameter abgeschätzt werden können;
(3) die zur Entscheidungsfindung auf der Gundlage der Modelle entwickelten Verfahren und Daten müssen unkompliziert sein und deutlich die Natur der Fehler aufzeigen, die bei Verwendung der Verfahren in der Entscheidungsfindung möglich sind.

Das erste Prinzip ist wichtig, da man immer daran denken muß, daß die Modellentwicklung als Verfahren zur Abschätzung und Entscheidungsfindung bei Risiken dienen soll. Das komplizierteste und vollständigste Modell ist für diesen Zweck nutzlos, wenn es abzuschätzende Parameter enthält, für die keine Daten zur Verfügung stehen.

Bei der Modellerstellung müssen die Restriktionen durch die aus dem Flugsicherungssystem erhältlichen Daten hinsichtlich der Meßeinrichtungen und Kosten in Betracht gezogen werden.

Das zweite Prinzip steht zum ersten insofern in Beziehung, als komplizierte und mathematisch elegante Modelle diejenigen verwirren können, die die gelieferten Risikoschätzwerte verwenden sollen und die sich darauf verlassen müssen, daß diese Schätzwerte von seltenen Ereignissen, die oft so niedrig sind, daß sie das Fassungsvermögen des Einzelnen übersteigen, tatsächlich vernünftig sind. Eine große Stärke des in diesem Vortrag behandelten grundlegenden Kollisionsrisikomodells besteht darin, daß, obwohl das von dem Modell geschätzte Risiko nur in der Größenordnung von 10^{-7} liegt, die Grundbestandteile des Ereignisses – seitliche Überlappungen, Überlappungen längs der Flugbahn und Höhenüberlappungen – unter normalen Bedingungen nicht unterhalb von 10^{-4} liegen. Abgesehen vom leichteren Verständnis und leichterer Interpretation, hat die Verwendung eines stark vereinfachten Modells noch einen weiteren Vorteil. Jede Abschätzung eines Modellparameters ist mit einer Unsicherheit behaftet. Allgemein gilt deshalb, daß bei einer vorgegebenen Datenmenge die Unsicherheit in der von dem Modell gelieferten Risikoabschätzung um so größer ist, je mehr Parameter das Modell enthält.

Das dritte Prinzip betrifft die Handhabbarkeit der Entscheidungsfindungsmethode und die mitgelieferten Informationen über Fehler, die sich aus der Anwendung des Verfahrens ergeben können. Wie schon erwähnt, hat das Technical Center Wert darauf gelegt, solche Methoden zur Risikoabschätzung in einem Flugsicherungsbereich zu entwickeln, die die zur Verfügung stehenden Daten sofort verwenden. Diese sequentiellen Stichprobenverfahren erlauben es den Entscheidungsträgern mit der geringstmöglichen Anzahl von Daten, deren Beschaffung gewöhnlich teuer ist, Entscheidungen zu treffen; oft identifizieren sie auch zu einem frühen Zeitpunkt die Notwendigkeit Abhilfemaßnahmen nach einer Systemänderung zu treffen.

Weiterhin ist es notwendig, daß jedes Verfahren zur Entscheidungsfindung angesichts der Unsicherheiten einen Schätzwert über die beiden Fehlerarten, die auftreten können, liefert: eine Hypothese als richtig anzusehen, wenn sie tatsächlich falsch ist, und eine Hypothese als falsch zurückzuweisen, wenn sie in Wirklichkeit richtig ist. Im Falle der schon vorher erwähnten North Atlantic Minimum Navigational Performance Specification wurde das sequentielle Prüfverfahren so ausgelegt, daß sichergestellt wird, daß die Wahrscheinlichkeit, eine ausreichende Navigation zurückzuweisen oder eine unzureichende Navigationsleistung zu akzeptieren, jeweils 5% ist.

4.2 Forschungsbereiche

Die Themen, auf die sich das Technical Center zur Zeit konzentriert, fallen im wesentlichen in drei das Kollisionsrisiko betreffende Bereiche:

- Abschätzung,
- Akzeptanz,
- Kontrolle.

4.2.1 Untersuchungen zur Risikoabschätzung

Bei der Risikoabschätzung durch Entwicklung und Prüfung von Modellen, die am Technical Center vorgenommen wird, werden sowohl ein komplexere Geometrie des

Flugsicherungssystems, als sie bei parallelen Flugbahnen vorliegt, als auch die durch Unterschiede in der Leistung des Navigationssystems während eines Fluges bedingten zeitabhängigen Risikoaspekte berücksichtigt. Obgleich Entwicklung und Austestung der Modelle so detailliert wie möglich erfolgen, ist die Genauigkeit, mit der ein Kollisionsrisiko modellmäßig erfaßt werden kann, nur begrenzt. Einerseits würde, wenn man alle Einzelheiten potentieller Kollisionsvorgänge in Betracht ziehen wollte, die mathematische Seite der Modellentwicklung unüberschaubar, andererseits können Vorgänge wie Sabotage oder Flugzeugentführung, die nur sehr schwierig modellmäßig zu erfassen sind, nur unter gewissen willkürlichen Annahmen berücksichtigt werden, die eventuell harte Kontroversen auslösen könnten. Zur Verifizierung eines Modells kann nicht auf die Entsprechung zwischen modellmäßiger und auf Daten basierender Risikoabschätzung zurückgegriffen werden, da wegen der langen angenommenen Zwischenräume zwischen zwei Kollisionen wahrscheinlich nicht genügend empirische Informationen verfügbar sind.

Ein Modell kann also nicht an Meßdaten „geeicht" werden und schätzt das tatsächliche Kollisionsrisiko in einem Flugsicherungssystem daher wohl nicht exakt ab. Vielmehr liefert es, da bei der Entwicklung vereinfachende, aber nomalerweise konservative Annahmen zugrunde gelegt werden, eher eine Schätzung, die mit tatsächlichen Kollisionsdaten konsistent ist, aber beträchtlich über dem tatsächlichen Risiko liegen kann. Da man erkannt hat, daß es nie genau festzustellen sein wird, ob mit einem Modell das tatsächliche Kollisionsrisiko präzise abgeschätzt wurde, bemüht man sich am Technical Center, Modelle zu entwickeln, die logisch konsistent und mathematisch korrekt sind und deren Ergebnisse statistisch mit empirischen Daten übereinstimmen.

In Anbetracht dieser allgemeinen Überlegungen über die Fähigkeit eines Modells, das tatsächliche Kollisionsrisiko in einem System genau vorauszuschätzen, gründet das Technical Center die Entwicklung von Modellen und dazugehörigen Entscheidungsverfahren auf folgende Prämisse: absolute Schätzungen des Kollisionsrisikos in einem System mit Hilfe eines mathematischen Modells sind nicht besonders präzise, aber die relative Änderung des tatsächlichen Systemrisikos bei verschiedenen Staffelungsarten oder anderen Alternativen kann mit einem Modell gut bestimmt werden.

Ein Punkt der Kollisionsrisikoabschätzung, der weiter behandelt werden muß, ist die Frage, in welchen Einheiten das Risiko auszudrücken ist. In den bisher untersuchten Fällen paralleler Flugbahnen entschied man sich für die erwartete Anzahl von Unfällen innerhalb von 10^7 Flugstunden. Bei nicht-parallelen Flugrouten ist während eines Großteils der Flugzeit eines typischen Flugzeugs kein anderes Flugzeug nahe genug, um eine Gefahr darzustellen. Schätzt man deshalb das Risiko über die Gesamtflugstundenzeit, so wird das geschätzte Kollisionspotential möglicherweise künstlich reduziert. In einem solchen Fall würde das Risiko besser als die erwartete Zahl an Unfällen pro 100 000 Flüge ausgedrückt. Sobald die modellmäßige Risikoerfassung auch auf die Flugsicherung für den Flughafenbereich ausgedehnt wird, wird die Bestimmung geeigneter Parameter für das Kollisionsrisiko zweifellos vorrangig behandelt werden.

4.2.2 Untersuchungen über die Risikoakzeptanz

Das allgemeine Thema „Risikoakzeptanz" wird weiterhin untersucht. Der einzige Weg, das Risiko eines Zusammenstoßes in der Luft mit Sicherheit zu vermeiden besteht darin, jeweils nur ein Flugzeug zu einer bestimmten Zeit fliegen zu lassen. Mit dieser Art von Risikokontrolle hätte sich der Lufttransport fast mit Sicherheit nicht weiterentwickelt – wenn überhaupt überlebt hätte. Um die Vorzüge der Luftfracht nutzen zu können, wurde daher immer ein gewisses Maß an Risiko akzeptiert. Wie bereits gesagt, wird man den genauen Wert des Kollisionsrisikos in einem System wahrscheinlich nie kennen, aber im Vergleich zu einigen anderen Transportarten scheint er, empirisch betrachtet, gering.

Grundsätzlich ist nur Risikoakzeptanz in der Flugsicherung – wie auch in anderen Bereichen – zu sagen, daß die zuständigen Behörden nichts unternehmen, was direkt darauf abzielen würde, das Kollisionsrisiko zu erhöhen. Vielmehr werden nur solche Systemänderungen ins Auge gefaßt, von denen man sich einen Nutzen verspricht (z.B. eine Erhöhung der Flugkapazität oder verminderten Treibstoffverbrauch). Diese Änderungen können, müssen aber nicht gleichzeitig zu einer Erhöhung des Kollisionsrisikos führen. Die Federal Aviation Administration bewertet die Auswirkungen, die Systemänderungen möglicherweise auf das Risiko haben, dadurch, daß die verschiedenen Systemalternativen simuliert werden; soweit möglich, werden Daten des bestehenden Systems zur Bestätigung der Simulation herangezogen. Die simulierten Alternativen und das bestehende System werden dann mit Hilfe eines Risikomodells bewertet, damit eine relative Änderung des Kollisionsrisikos der jeweiligen Systemalternative zugeordnet werden kann. Die mit jeder Änderung verbundenen relativen Nutzen werden ebenfalls aus den Ergebnissen der Simulation zusammengestellt, so daß die mit jeder der vorgeschlagenen Alternativen zu erwartenden relativen Risiken und Nutzen gleichzeitig miteinander verglichen werden können. Wie schon im Zusammenhang mit der Analyse des Zentral-Ostpazifik-Flugsicherungssystems erwähnt, ist der Betrieb eines Flugsicherungssystems so komplex, daß die Systemalternative, die den größten Nutzen verspricht, nicht unbedingt auch das große Risiko beinhaltet.

Die Federal Aviation Administration bedient sich zur Zeit keines bestimmten Verfahrens, um das für eine Systemänderung geschätzte Kollisionsrisiko und den entsprechenden wirtschaftlichen Nutzen mathematisch miteinander in Verbindung zu setzen, alternative Änderung zu vergleichen und (anhand eines Kriterienkatalogs) die beste auszuwählen. Es wurden zwar schon viele grundsätzliche Arbeiten über die Frage der Risikoakzeptanz angesichts erkannter Nutzen und über die Wahl zwischen alternativen Handlungsrichtungen ·aufgrund solcher Informationen durchgeführt (s.z.B. Starr [6]), aber das Technical Center hat noch zu prüfen, ob die Ergebnisse dieser Arbeiten überhaupt auf Entscheidungsfindungsprozesse in der Flugsicherung anwendbar sind.

Wie bereits erwähnt, sollten nach Meinung der Mitarbeiter des Technical Center Urteile über die Akzeptierbarkeit von Risiken aufgrund von Modellabschätzungen eher auf relativem als auf absolutem Niveau gefällt werden. Da es unmöglich ist, eine Modellabschätzung durch emirische Daten über Kollisionen zu „eichen", erscheint es nicht klug, ein System allein aufgrund von Vergleichen zwischen solchen Schätzungen und absoluten Risikoschwellwerten (wie z.B. dem Nordatlantik-Soll-Sicherheitsgrad), die unabhängig von der Entwicklung des mathematischen Modells abgeleitet werden, als sicher oder unsicher einzustufen. Vielmehr sollten solche Schwellenwerte überprüft werden, ob die Risikomodellabschätzungen in ihrer Größenordnung vernünftig sind. Erst danach sollten Urteile über Akzeptierbarkeit einer Systemänderung abgegeben werden, wobei ein relativer Vergleich zwischen Risiken und allen anderen den Betrieb des Flugsicherungssystems betreffenden Faktoren vorzunehmen ist.

4.2.3 Untersuchungen über die Risikokontrolle

Die am Technical Center laufenden Arbeiten über die Kontrolle von Kollisionsrisiken sind auf zwei Fragen konzentriert:

– Welche Art von Kollisionsrisiko ist zu kontrollieren?
– In welcher Weise sollte die Kontrolle ausgeübt werden?

Ein Kollisionsrisikomodell liefert das erwartete – oder durchschnittliche – Risiko in einem Flugsicherungssystem während einer bestimmten Zahl von Flugstunden. Die Forschung über Risikokontrolle bemüht sich zunächst um die Interpretation dieses Durchschnittswertes. Welche Probleme bei der Betrachtung und Interpretation des „Durchschnittsrisikos" auftreten, soll hier anhand eines unrealistischen Beispiels erläutert werden: hierzu soll angenommen werden, daß eine Kollision pro eine Million Flugstunden als systemimmanentes Risiko akzeptiert wird. Wenn es möglich wäre, zwei Flugzeuge ununterbrochen eine Million Stunden fliegen zu lassen, nach deren Ablauf sie mit Sicherheit kollidieren würden, so wäre für diese zwei Flugzeuge das akzeptierbare Risikoniveau erreicht. Allerdings wären die beiden Flugzeuge während dieser Zeit einem sehr unterschiedlichen momentanen Risiko ausgesetzt.

Dieses Beispiel ist zwar extrem, aber es gibt praktische Situationen in einem Flugsicherungssystem, in denen das Höchstrisiko das Durchschnittsrisiko um eine Zehnerpotenz oder mehr übersteigt. Die Teile des Systems, in denen derartige Situationen auftreten, sind normalerweise klein. Wird die Staffelung allerdings so gewählt, daß das Maximalrisiko unter einem bestimmten Niveau bleibt, so können die Systemkapazität und der wirtschaftliche Nutzen sich beträchtlich von denen eines anderen Systems unterscheiden, das auf die Kontrolle des durchschnittlichen Risikos ausgelegt ist. Das Maximalrisiko besteht möglicherweise nur auf einem Flugroutenpaar in einem System oder nur zu einer bestimmten Tageszeit.

Ein ähnliches Dilemma zeigt sich, wenn man Flugzeuge auf die Erfüllung von Leistungsanforderungen, die der Kontrolle des Durchschnittsrisikos dienen sollen, untersucht. Es kann sein, daß die Gesamtheit der ein System benutzenden Flugzeuge diesen Anforderungen gerecht wird, während einige wenige dies nicht tun. Die Erfüllung von Anforderungen sowohl in der Gesamtheit als auch auf individueller Basis muß weiter untersucht werden.

Die Risikokontrollen in ozeanischen System wurden so ausgeführt, daß risikobehaftete Vorkommnisse großer Navigationsfehler registriert werden. Das Technical Center hat Pläne zur sequentiellen Stichprobennahme und andere Techniken entwickelt, die dazu dienen sollen, Probleme zu identifizieren und den Flugsicherungsbehörden bei der Entscheidung zu helfen, ob angesichts der Eintrittshäufigkeiten großer Abweichungen Abhilfemaßnahmen angezeigt sind. In dem Maße, in dem technologisch komplexere Systeme, einschließlich der Radarüberwachung und der Intervention von Fluglotsen zur Umleitung von Flugzeugen untersucht werden, wird es notwendig werden, auch die Nützlichkeit von Informationen über andere Vorkommnisse für die Bewertung und Kontrolle von Risiken zu prüfen. Dazu können zum Beispiel Informationen über Beinahe-Zusammenstöße in der Luft und Berichte über das Eingreifen eines Fluglotsen gehören.

Ungeachtet dessen, was die Forscher als nützliche Risikoindikatoren für technologisch komplexere Systeme vorschlagen, wird das grundlegende Verfahren der sequentiellen Stichprobennahme wohl weiterhin zur Risikokontrolle eingesetzt werden. Es scheint daher gerechtfertigt anzunehmen, daß zunächst zwei konkurrierende Hypothesen über die Entrittshäufigkeit eines risikobehafteten Faktors – wie z.B. eines Navigationsfehlers – formuliert werden, unter der Annahme, daß diese Häufigkeit Parameter einer Poisson-Verteilung ist. Für diese beiden Hypothesen, eine akzeptierbare und eine nicht akezeptierbare Eintrittshäufigkeit des Risikofaktors, wird dann ein Testverfahren entwickelt, mit dessen Hilfe schrittweise, sobald neue Daten zur Verfügung stehen, entschieden werden kann, ob eine der Hypothesen akzeptiert werden kann oder ob weitergetestet werden muß.

Literatur

1. Reich, P. G.: Analysis of Long-Range Air Traffic Systems: Separation Standards-I. Journal of the Institute of Navigation, Heft 19, Nr. 1 (Jan. 1966).
2. Reich, P. G.: Analysis of Long-Range Air Traffic Systems: Separation Standards-II. Journal of the Institute of Navigation, Heft 19, Nr. 2 (April 1966).
3. Reich, P. G.: Analysis of Long-Range Air Traffic Systems: Separation Standards-III. Journal of the Institute of Navigation. Heft 19, Nr. 3 (Juli 1966).
4. Booker, P.: Minimum Navigational Performance Specivication and Other Separation Variables in the North Atlantic Area, Part I. Journal of Navigation, Heft 32, (Sept. 1979).
5. Wald, A.: Sequential Analysis. New York: Wiley 1947.
6. Starr, C.: Social Benefit Versus Technological Risk. Science Heft 166 (März 1969).

Zusammenfassung und Auswertung der Diskussion über den Themenkreis „Flugverkehr"

M. Fricke

Verlauf und Inhalt der Diskussion

Der heutige Sicherheitsstandard im Luftverkehr führt weder bei den Passagieren noch bei Drittbeteiligten zu Akzeptanzproblemen. Bei der Flughafenplanung stehen heute Fragen der Umweltbelastung im Mittelpunkt der öffentlichen Diskussionen und nicht etwa die Befürchtung, daß ein Flugzeug abstürzen könnte. Auch bei dem Überschallflugzeug Concorde (das letztlich aufgrund mangelnder Wirtschaftlichkeit von den meisten Luftverkehrsunternehmen abgelehnt wird) konzentriert sich die Diskussion auf den von diesem Flugzeug ausgehenden Lärm beim Start, bei der Landung und im Überschallflug sowie auf die Frage des Einflusses der Abgase auf die Ozonschicht der Erde, nicht aber auf Sicherheitsfragen.

Dieser Standard wurde durch eine enge Zusammenarbeit der Hersteller von Luftfahrtgerät mit den Luftverkehrsgesellschaften erreicht. Auf Seiten der Luftverkehrsgesellschaften wird zur Erhaltung und Verbesserung des Luftfahrgerätes ein sehr hoher Instandhaltungsaufwand betrieben, dessen statistische Auswertung den Herstellern sowohl bei der Verbesserung der im Einsatz befindlichen Typen als auch bei der Konstruktion neuen Gerätes zugute kommt; die Hersteller ihrerseits stellen ihre Kenntnisse und Erfahrungen bezüglich Betriebsverhalten und Instandhaltungsverfahren den Luftverkehrsgesellschaften zur Verfügung.

Ein großer Teil der Diskussion war geprägt von der Frage nach der Aussagekraft der in den Vorträgen wiedergegebenen Maßzahlen für die Zuverlässigkeit des Gesamtsystems Flugzeug von 10^{-6} bis 10^{-9} Versagensfällen pro Flugstunde. Dieser Wert entstammt keiner im voraus erstellten Analyse sondern weltweiten und seit mehreren Jahrzehnten erhobenen Statistiken. Diese Zahlen beschreiben inzwischen einen Standard, der heute grundsätzlich bei der Entwicklung neuer bzw. der Veränderung bestehender Systeme als Minimalforderung erhoben wird, d. h. ein neues System soll keine geringere Zuverlässigkeit als die bisherigen Systeme aufweisen.

Dem – für den Luftverkehr gesehen – zufriedenstellenden Zuverlässigkeitsstandard stehen in Teilbereichen jedoch noch ungelöste Probleme gegenüber. Zentrale Bedeutung kommt hierbei dem häufig angeführten aber nicht exact definierten „menschlichen Versagen" zu. Dieser Begriff wird häufig dann gebraucht, wenn Probleme, die aus der Arbeitsbelastung, der Informationsverarbeitung und -darstellung sowie aus dem Arbeitsablauf und der -organisation im Cockpit eines Flugzeugs resultieren, die Zuverlässigkeit nachteilig beeinträchtigen. Zur Erklärung dieser Probleme sind weitergehende wissenschaftliche Untersuchungen erforderlich, um letztlich auch Fragen, ob drei oder zwei Mann im Cockpit tätig sein sollen, objektiv beantworten zu können.

Das Problem des Kollisionsrisikos wurde vor dem Hintergrund des Vortrags von Herrn Busch angesprochen. Deutlich wurden dabei die Schwierigkeiten, eine Korrelation zwischen subjektiv festgestellten Beinahe-Unfällen und objektiv geschehenen Unfällen festzustellen. Unstrittig war, daß auch in diesem Bereich das Problem menschlichen Versagens eine große Rolle spielt. Diese Erkenntnis darf jedoch nicht zu dem Schluß führen, daß der Mensch möglichst häufig durch Computer und Automatik ersetzt wird. Zu fordern ist ein optimales Zusammenwirken beider Komponenten, wobei letztlich die Entscheidungsfreiheit beim Menschen verbleiben muß.

Zur Erfassung von Problemsituationen dient im Bereich der Luftfahrt ein anonymes Meldesystem. Hier kann der Pilot ohne Namensnennung exakt einen Vorfall beschreiben und somit dazu beitragen, daß bislang nicht erkannte Fehlermöglichkeiten eliminiert werden. Dieses Verfahren wird erfolgreich praktiziert.

Stellungnahme und Folgerungen

Die Gesamtdiskussion hat dem Moderator des Fachgebiets Luftverkehr gezeigt, daß die Luftfahrttechnik bezüglich des Risikobewußtseins und der Risikoanalyse vielfach eine Pilotfunktion übernommen hat, die für andere Fachgebiete viele Impulse geben kann. Die Akzeptanz des verbleibenden Risikos im Luftverkehr durch die Öffentlichkeit kann als befriedigend bezeichnet werden. Dennoch sind weitere Verbesserungen notwendig. Die im Luftverkehr bekannten Maßzahlen von 10^{-6} bis 10^{-9} Unfällen pro Flugstunde sind Mindestwerte für die Flugsicherheit. Als Querschnittsproblem ist insbesondere die Funktion des Menschen im Gesamtsystem und damit bei der Konzeption bord- und flugsicherungsseitiger Betriebsverfahren zu sehen. Auf diese Problematik stützen sich die im folgenden Abschnitt vorgeschlagenen Forschungsschwerpunkte.

Forschungsempfehlungen

Anthropotechnik (Mensch-Maschine-Systeme)

- Messung der Arbeitsbelastung und -beanspruchung des Menschen im Flugführungsprozeß,
- Auslegung und Gestaltung von Informationssystemen im Cockpit,
- Untersuchung von Arbeitsverfahren im Cockpit und deren Bewertung,
- Modellierung des menschlichen Verhaltens bei Flugführungsaufgaben und Anwendung der Modelle bei Systemanalysen.

Flugsicherung

- Anwendung von Kollisionsrisikoanalysen bei der vergleichenden Untersuchung von Flugsicherungs- und Flugführungsverfahren,
- Entwicklung von Systemen und Verfahren zur genaueren Flugführung einschließlich der Verhütung von Kollisionen in der Luftfahrt,
- Konzipierung von taktischen und strategischen Flugsicherungskontrollverfahren, die hohe Kapazitätsauslastung bei geringerem Konfliktrisiko gewährleisten.

Flugbetrieb/Instandhaltung

- Erarbeitung von Grundlagen zur praxisgerechten Novellierung gesetzlicher Vorschriften und Verordnungen im Flugbetrieb,
- systematische Unfalluntersuchungen zur Ermittlung von primären Unfallursachen und deren Beurteilung hinsichtlich notwendiger Konsequenzen,
- Entwicklung meßtechnischer Verfahren zur Erkennung und Vorhersage gefährlicher flugmeteorologischer Phänomene.

Sicherheit im Bauwesen

Über die Rolle der Sicherheits- und Risikoanalyse in der Bautechnik

G. I. Schueller

1 Die Entwicklung des Sicherheitsbegriffs

Der Gedanke des Versagensrisikos von Strukturen und deren rechtliche Folgen geht bereits auf den viertausend Jahre alten Codex Hammurabi zurück, in dem sumerischen Baumeistern drakonische Strafen für den Fall des Versagens ihrer Bauwerke angedroht wurden. Später, besonders in der Zeit des gotischen Kirchenbaus verwendete man für die damals neuen, ungewöhnlich hohen, schlanken Konstruktionen über die man keinerlei Erfahrungen besaß, das, was man heute als „trial and error"-Methode bezeichnet. Die hohen Spitzbogen und Kuppelkonstruktionen wurden bei eventuellem Einsturz während des Bauvorganges mit etwas konservativeren Abmessungen wieder neu aufgerichtet. Dieser Vorgang wiederholte sich so oft, bis das Bauwerk eben stand. Das konnte entweder ohne Einsturz sein, oder aber auch nach dem ersten oder mehrmaligen Einsturz bzw. Versagen. Grundsätzlich reagierte man auf Versagensfälle immer mit Erhöhungen der Bauwerksabmessungen, die dann im Laufe der Zeit wieder zurückgenommen wurden – bis dann wieder Versagensfälle auftraten. Dasselbe gilt auch für Katastrophenfälle. Ein Beispiel dafür ist die „Bibi Kahn"-Moschee in Samarkand, die eine für die damalige Zeit ungemein hohe und kühne Kuppelkonstruktion darstellt. Sie hielt aber dem ersten größeren Erdbeben, das weniger als 30 Jahre nach ihrer Fertigstellung auftrat nicht stand und stürzte teilweise ein. Die darauffolgenden Bauwerke, die in diesem Ort errichtet wurden, weisen sichtbar gedrungeneren Charakter auf. Erst die etliche Jahrhunderte später errichteten Moscheen um den Registan stellen wieder gewagtere Konstruktionen dar, die aber wiederum deutliche Erdbebenschäden aufweisen.

Die historische Entwicklung des Sicherheitsbegriffes im Bauwesen läßt sich am besten durch die in Bild 1 gezeigte schematische Skizze darstellen.

Als Ursachen für die Versagensfälle gelten einerseits Fehler in der Bauwerksausführung und in der Strukturanalyse sowie andererseits Unsicherheiten in den Bemessungsgrundlagen. Im ersten Fall handelt es sich um sog. grobe Fahrlässigkeit oder menschliches Versagen, die einer objektiven statistischen Betrachtungsweise nicht zugänglich sind. Der zweite Fall bezieht sich vor allem auf die Unsicherheiten in der Festlegung der Bemessungskriterien, d.h. den maximal bzw. minimal zu erwartenden Lasten bzw. Festigkeiten.

Letztere Kategorie von Unsicherheiten, die ganz besonders zum Versagensrisiko beitragen, sind einer statistischen Behandlung zugänglich. Interessant ist in diesem Zusammenhang die Tatsache, daß sich früher und auch heute noch bei Versagensfällen die Untersuchungen meist auf den Komplex des menschlichen Versagens bzw. der

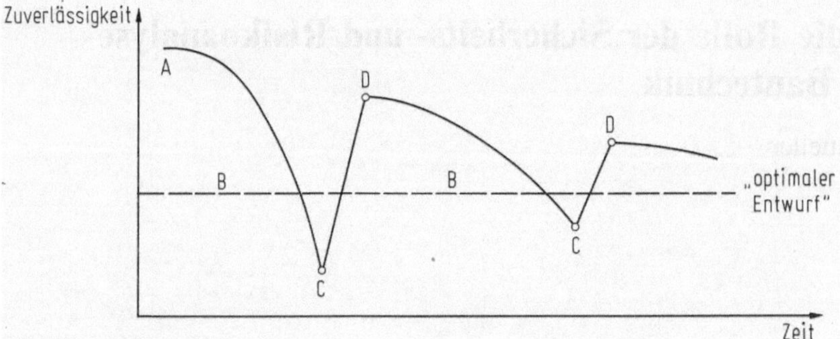

Bild 1. Historische Entwicklung des Sicherheitsbegriffs im Bauwesen

A Periode des konservativen Entwurfs (hohe Unsicherheit);
B erhöhte Konfidenz durch erfolgreiche Erfahrung;
C Versagensfälle;
D Kompensation durch Panik

groben Fahrlässigkeit beschränken. Die Fälle, in denen eine „unerwartet" hohe Last aufgetreten ist, z.B. hervorgerufen durch einen Orkan usw., erklärt man häufig mit „höherer Gewalt". Katastropheneinwirkungen bewirkten bisher keine grundsätzlichen Neuregelungen der Bemessungsgrundlagen. Es wurde jeweils lediglich soviel geändert, daß ein neuerliches Auftreten des untersuchten Versagensfalles verhindert werden sollte.

Die ersten Ansätze, die Lasten und Festigkeiten statistisch zu beschreiben, gehen auf das Jahr 1926 [1] zurück. Sie wurden aber leider, wie das so oft bei Neuentwicklungen der Fall war, wenig beachtet und wieder vergessen. Im Rahmen der Weiterentwicklung von Konstruktionen setzte sich langsam die Erkenntnis durch, daß die für

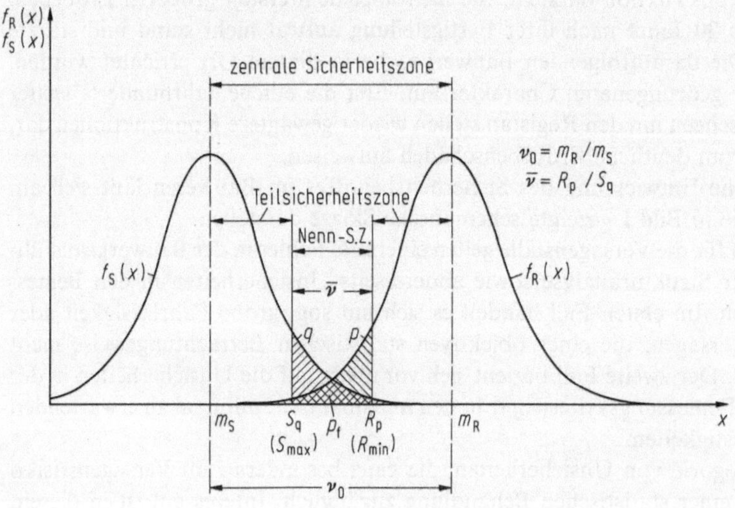

Bild 2. Schematische Darstellung des Zusammenhangs zwischen Versagenswahrscheinlichkeit p_f und Sicherheitsfaktor v

die herkömmlichen, auf empirischer Basis festgelegten Sicherheitsbegriffe nicht unbedingt für neue Konstruktionsarten zutreffen müssen. Strukturen wie sie Kernkraftwerke, Ozeanplattformen, Großtanker, Großflugzeuge, LNG-Tanks – um nur einige zu nennen – darstellen, stellen neue Anforderungen an den Ingenieur, denen er mit der bisherigen Methode, d.h. den Sicherheitsbegriff auf empirische Weise festzulegen, nicht mehr in ausreichendem Maße gerecht werden kann. Es braucht hier nicht besonders betont werden, daß wegen den verheerenden Folgen im Versagensfall, ihm auch die „trial error"-Methode versagt bleibt.

Die wahrscheinlichkeitstheoretische Betrachtung der Bemessung von Strukturen, die den statistischen Eigenschaften der Bemessungsparameter wie Belastungen und Werkstoffen Rechnung trägt, wurde von Freudenthal u.a. [2–5] in den 40er Jahren

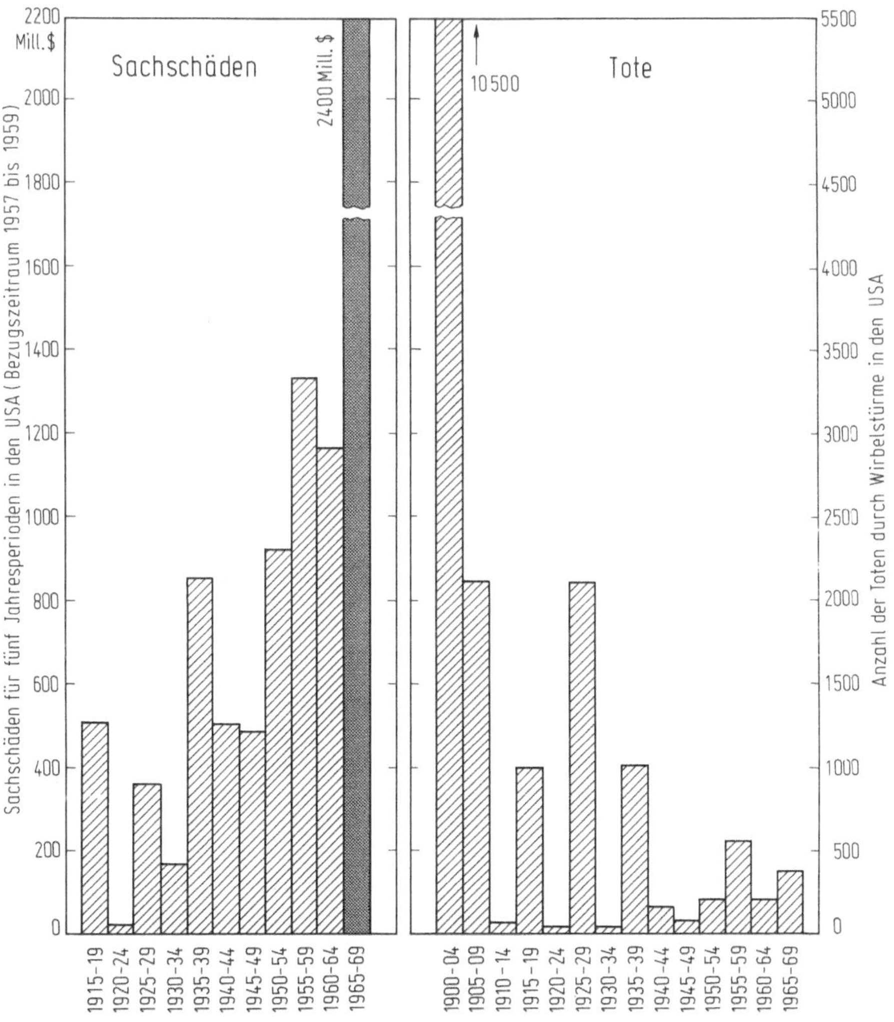

Bild 3. Entwicklung von Windschäden (tropische Zyklone). Verlust-Trend durch Wirbelstürme in den USA

d. Jh. entwickelt und durch spätere Arbeiten [6, 7] erweitert. Hierbei wurde der Begriff des bisher verwendeten Sicherheitsfaktors mit der Versagenswahrscheinlichkeit in Verbindung gesetzt (Bild 2).

Durch die voran erwähnten neuen Tragwerkstypen hat sich natürlicherweise auch das Gefahrenpotential erhöht. Dieser Tatsache wurde aber im Bauwesen grundsätzlich keine Rechnung getragen. Von einigen Ausnahmen, wie z.B. den Bohrplattformen abgesehen, geht man bei der Auslegung dieser Strukturen immer noch von der Annahme aus, daß ein den Bauvorschriften entsprechendes Tragwerk nicht versagen kann. Durch die Vermeidung des Begriffs des Versagensrisikos wird ein fiktiver Sicherheitsbegriff vermittelt. Mit anderen Worten, der Begriff des Versagensrisikos ist im Bauwesen noch weitgehend unbekannt. Fairerweise muß in diesem Zusammenhang betont werden, daß dazu auch die derzeitige Rechtslage beiträgt, da dieser Begriff dort noch keinen Eingang gefunden hat. Der Bauingenieur ist also gewohnt die auftretenden Versagensfälle entweder mit „grober Fahrlässigkeit" oder „höherer Gewalt" zu interpretieren. Es scheinen sich aber in dieser Richtung Änderungen anzubahnen [8, 9], die bestimmt in längerer Sicht auch ihre Rückwirkungen auf die Entwicklungen des Sicherheitsbegriffs in der Bautechnik haben wird.

Aufgrund dieser Voraussetzungen bzw. Einstellung erklärt sich auch die Tatsache, daß im Bauwesen noch keine zentrale Einrichtung existiert, die die Weitergabe sicherheitsrelevanter Informationen sowie die Erstellung von Schadensstatistiken zum Ziele hat. Es besteht besonders bei uns noch immer die Tendenz etwaige aufgetretene Schadensfälle, wenn möglich, zu verschweigen und so wenig als möglich offen zu diskutieren. Etwas positiver ist in dieser Hinsicht die Sachlage in angelsächsischen Ländern. Wenn auch nicht in wünschenswertem Umfang, so wird dort doch über Schadensfälle berichtet [10–12]. In bescheidenem Umfang werden auch Schadensstatistiken aufgestellt, die jedoch wie z.B. in Bild 3 für Hurrikanschäden gezeigt, so allgemein gehalten sind, daß der allein durch Tragwerksversagen hervorgerufene Teil nicht klar ersichtlich ist. Eine über längere Zeiträume hindurch geführte Schadensstatistik hätte den großen Vorteil, daß man auf breiterer Basis schadensverhindernde Maßnahmen treffen kann und darüberhinaus die analytischen Vorhersagen von Versagensraten überprüfen kann. Eine Ausnahme bildet auch hier wieder die Offshore-Technik, deren Schadensstatistik mit den analytisch ermittelten Versagensraten relativ gut übereinstimmen (Bild 4).

Akzeptiert man die Tatsache, daß ein Tragwerk mit einem gewissen Versagensrisiko behaftet ist, so geht daraus klar hervor, daß ein gewisser Zustand des Tragwerks wie z.B. „sicher" oder „nicht sicher" nur mit einem bestimmten Wahrscheinlichkeitsmaß belegt angegeben werden kann. Man wird also trachten, daß dieses Wahrscheinlichkeitsmaß für den „nicht sicheren", d.h. den Versagensfall eine gewisse vorgegebene Schranke nicht überschreitet. Diese Versagensraten können, wie in Bild 2 gezeigt, mit dem Begriff des Sicherheitsfaktors in Verbindung gebracht werden. Dieser enthält, wie bereits erwähnt, lediglich die statistisch interpretierbaren Unsicherheiten. Eine Einbeziehung der Einflüsse des menschlichen Versagens in dieses analytische Verfahren erscheint zur Zeit noch nicht durchführbar. Obwohl vielfach behauptet wird, daß diese Einflüsse im herkömmlichen, empirisch ermittelten Sicherheitsfaktor enthalten sind, stimmt dies nur teilweise. Ist die Auswirkung des menschlichen Versagens nur gering, d.h. z.B. eine falsche Bewehrungsführung bei Stahlbeton oder eine falsche d.h. zu geringe Lastannahme des Konstrukteurs, so kann sie durch den für

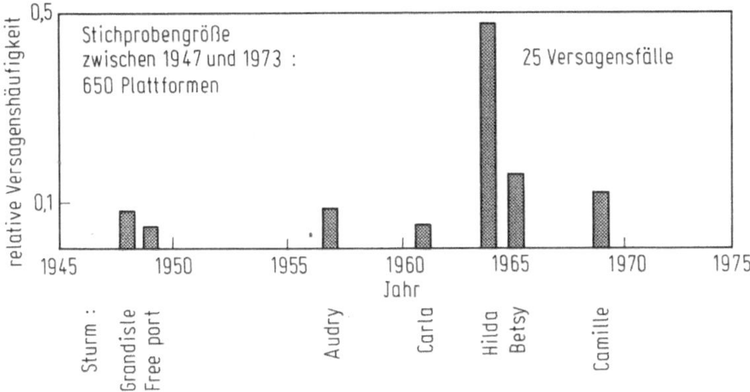

Bild 4. Schadensraten von ortsfesten Bohrplattformen im Golf von Mexiko

statistische Unsicherheiten (Streuungen der Werkstoffeigenschaften usw.) abgedeckt werden. Sind die Auswirkungen aber größer und führen zum Versagen der Struktur, weist man diesen Fall auch bei der empirischen Bemessung der Kategorie „menschliches Versagen" zu. In diesem Zusammenhang soll der Einfluß der Entwicklung der Methode zur Schnittgrößen- bzw. Spannungsermittlung, wie sie z.B. die Finite Element Methode darstellt, nicht unerwähnt bleiben. Die dadurch gegebene Möglichkeit einer – auch für komplexe Strukturen – genauen Schnittgrößenermittlung bedingt eine Verminderung des Sicherheitsfaktors. Der mit den herkömmlichen Methoden begrenzte Wissensstand drückte sich auch in erhöhten Sicherheitsfaktoren aus.

Bezugnehmend auf die naturbedingten Gefahren wie z. B. Erdbeben, Sturm, Hochwasser, usw. ist zu bemerken, daß sich auf diesem Gebiet die Auslegung zu einem gewissen Maß bereits auf statistische Information abstützt. Wurden früher z.B. die Windlasten für bestimmte Lokationen aufgrund der höchsten gemessenen Windgeschwindigkeit bestimmt, werden sie heute bereits nach einer bestimmten Rückkehrperiode, z.B. 50 Jahre festgelegt. Die Richtlinien zur Bemessung von Bohrplattformen in der Nordsee schlagen für die Bemessung die 100-Jahreswelle vor, d.h. eine Wellenhöhe die im Durchschnitt nur alle 100 Jahre überschritten wird. Im Fall der Festlegung von Hochwasserschäden geht man ähnlich vor. Im allgemeinen Fall der äußeren Einwirkungen werden jedoch die Maximal- bzw. Bemessungslasten aufgrund deterministischer Überlegungen festgelegt. Man denke nur an die Last-Zeit-Verläufe der äußeren Explosionsdruckwelle (Deflagration) oder des Flugzeugabsturzes auf Kernkraftwerke, oder an die Verkehrslasten auf Brücken usw.

2 Quantitative Beurteilung der Sicherheit und Zuverlässigkeit von Tragwerken

2.1 Allgemeines

Während im vorangegangenen Abschnitt versucht wurde einen kurzen historischen Überblick über die Entwicklung des Sicherheitsbegriffs und die heutige Sicherheitspraxis in der Bautechnik zu geben, befaßt sich dieses Kapitel mit der Beschreibung der derzeit zur Verfügung stehenden Methode der quantitativen Zuverlässigkeitsanalysen. Darüberhinaus werden noch einige Bemerkungen in Bezug auf die Bemühungen die Normung auf eine probabilistische Basis zu stellen gemacht. In diesem Zusammenhang sei sogleich darauf hingewiesen, daß die Anwendung der Methoden zur Beurteilung von Tragwerksrisiken – abgesehen von den Bohrplattformen – in der Praxis sich noch nicht durchgesetzt haben und daher immer noch Studiencharakter besitzen. Dasselbe gilt für die Bemühungen im Bereich der Normung auf nationaler und internationaler Basis.

Im Rahmen dieser Ausführungen kann natürlich nicht auf alle zur Verfügung stehenden Methoden in gebührender Genauigkeit eingegangen werden – dazu sei auf [13, 14] verwiesen – es soll jedoch versucht werden im folgenden einen gewissen Überblick zu geben.

Wie in anderen Bereichen ist die Zuverlässigkeitsbeurteilung in der Bautechnik auf der realistischen Betrachtung von auf Bauwerken einwirkenden Lasten und deren Festigkeiten als statistisch streuende Größen bzw. Variable zu behandeln. Eine Reihe von Untersuchungen von unterschiedlichen Lasten und Werkstoffeigenschaften belegen deren statistische Eigenschaften. Ferner wurde gezeigt, daß diesen statistischen Häufigkeitsverteilungen relativ gut probabilistische Modelle, d.h. Wahrscheinlichkeitsverteilungen angepaßt werden können. Mit anderen Worten, die in Bild 2 gezeigten Verteilungen von Lasten, $f_S(x)$ und Festigkeiten $f_R(x)$ werden je nach den vorliegenden Gegebenheiten durch unterschiedliche Wahrscheinlichkeitsmodelle beschrieben.·

Ferner sei noch darauf verwiesen, daß die im Rahmen der Systemzuverlässigkeitsanalyse verwendeten Modelle der Ereignis- und Fehlerbaumanalysen aufgrund der unterschiedlichen Voraussetzungen bzw. Eigenschaften der Tragwerksysteme nicht direkt angewandt werden können. Auch hierfür müssen unterschiedliche Modelle entwickelt werden.

2.2 Methoden der quantitativen Analyse

Ähnlich wie in der Mechanik, kann auch eine probabilistische Analyse in vereinfachter Form, d.h. einem gewissen gewünschten Genauigkeitsgrad entsprechend, durchgeführt werden. Die einfachste Form ist die Bemessung mit einer nach dem bereits erwähnten Konzept der Rückkehrperiode bestimmten Last. Zur Verteilung der Last $F_X(x)$, steht die Rückkehrperiode $\bar{T}_R$, d.h. die durchschnittliche Zeit zwischen dem Überschreiten des Lastniveaus x, in Beziehung: $\bar{T}_R(x) = [1/(1 - F_X(x))]$. Will man die Versagens- bzw. Überschreitenswahrscheinlichkeit mit 1 % begrenzen, muß man entsprechend obiger Gleichung $\bar{T}_R = 100$ Jahre wählen. Mit diesem Ereignis, das entsprechend Bild 2 als Maximallast betrachtet wird, kann sodann eine deterministische Bemessung durchgeführt werden. Diese Methode ist gegenüber einer willkürlichen Festlegung der Maximallast bereits zweifelsohne eine Verbesserung. Da Tragwerke meist nach einer bestimmten Nutzungsdauer ausgelegt werden, ermittelt man die Wahrscheinlichkeit, daß die Last noch während der Nutzungsdauer T das vorgegebene Lastniveau überschreitet mit $P(X > x) = 1 - (F_X(x))^T$.

Will man nun auch die Wahrscheinlichkeitsverteilung der Tragwerksfestigkeit direkt in die Analyse einbeziehen, so ermittelt man die Versagenswahrscheinlichkeit p_f in Form eines Faltungsintegrals, und zwar ist $p_f = \int\limits_0^\infty f_S(x) F_R(x)\, dx$, wobei $F_R(x)$ die

Summenhäufigkeitsverteilung von $f_R(x)$ bedeutet. Bezieht man diese Versagenswahrscheinlichkeit wiederum auf eine bestimmte Nutzungsdauer, so gilt für den Fall, in dem Lasten in gleichen Intervallen auftreten, die Beziehung $F_N(n) = 1 - (1 - p_f)^n$, wobei n die Anzahl der Lastangriffe in einen bestimmten Zeitraum bedeuten. Entspricht die Lastgeschichte einem stochastischen Prozeß, z. B. dem Poisson-Prozeß, so gilt für die Versagenswahrscheinlichkeit $F_T(t) \cong 1 - \exp(-\mu t p_f)$, worin μ die mittlere Auftretensrate der betrachteten Last bedeutet.

Bisher wurde die Versagenswahrscheinlichkeit ganz allgemein auf ein Tragwerk bezogen, ohne darauf zu achten, ob es sich um eine ein- oder mehrgliedrige Struktur handelt. Bei Rahmentragwerken aus spröden Werkstoffen kann man z. B. die Versagenswahrscheinlichkeit des Gesamtsystems p_f in guter Näherung aus der Summe der Versagenswahrscheinlichkeiten der einzelnen Tragglieder (Balken, Stützen usw.) $p_{f,i}$ bestimmen. Man nennt diese Systeme auch Kettensysteme. Bei Verwendung von duktilen Werkstoffen wie Baustahl, bei denen nach Ausbildung von Fließgelenken eine Lastumverteilung zu erwarten ist, kann diese Vereinfachung nicht mehr angewendet werden (statische Unbestimmtheit dieser Tragwerke wird hier vorausgesetzt). Man muß solche Systeme mit Hilfe einer sog. Parallelanordnung untersuchen. Bei Überlastung eines solchen Tragwerks werden sich Versagens- bzw. Kollapsmechanismen ausbilden, deren Sicherheitszone Z sich durch die bekannten Traglastgleichungen für verteilte Lasten und Traglasten bestimmen läßt. Die Wahrscheinlichkeit, daß ein Tragwerk im j-ten Mechanismus versagt, ist durch die Bedingung $p_{f,j} = P(Z_j \leq 0)$ gegeben. Die Systemversagenswahrscheinlichkeit ist sodann näherungsweise aus der Summe der Auftretenswahrscheinlichkeiten der einzelnen Mechanismen $p_{f,j}$ zu berechnen.

Den bisher diskutierten Beziehungen liegt die Annahme zugrunde, daß die Eigenschaften der Tragwerksfestigkeit unabhängig von der Lastaufbringung ist. Da aber durch die Belastung auch Schädigungen im Querschnitt auftreten können, wird in Fällen, in denen dies notwendig erscheint, eine Berücksichtigung dieses Aspekts durch die Beziehung $R_1 = R_0 \Phi$ berücksichtigt. Das heißt, die Festigkeit nach dem ersten Lastangriff R_1 wird aus der ursprünglichen Festigkeit R_0 durch einen Abminderungsfaktor Φ bestimmt. Die Größe dieses Faktors ergibt sich aus ermüdungs- bzw. bruchmechanischen Überlegungen.

Bei hohen, schlanken Strukturen, die z. B. durch Erdbeben, Sturm, Wellen etc., hervorgerufenen stochastischen Belastungen ausgesetzt sind, sind auch die dynamischen Eigenschaften zu berücksichtigen. Zur Lösung dieses Problems stehen dafür die im Zeitbereich durchgeführte Zeitverlaufsmethode sowie die im Frequenzbereich durchgeführte Leistungsspektralmethode zur Verfügung. Ersteres Verfahren findet auch in der herkömmlichen deterministischen dynamischen Analyse Anwendung. Bei Anwendung auf stochastische Probleme wird die Strukturantwort $Y(t)$ (s. Bild 5) lediglich für ein ganzes Ensemble von Stichprobenfunktionen der Erregerfunktionen $X(t)$, die durch einen stochastischen Prozeß charakterisiert werden kann, durchgeführt und statistisch ausgewertet, d. h. die Schätzwerte der Parameter des Reaktionsprozesses bestimmt. Da diese Vorgehensweise besonders für komplexe Strukturen mit großem Aufwand verbunden ist, verwendet man immer häufiger die frequenzabhängige Leistungsspektralmethode, mit der nach Berechnung einer deterministischen Übertragungsfunktion $H(\omega)$ aus der Leistungsspektraldichte (die Leistungsspektraldichte eines stochastischen Prozesses kann u. a. durch Fourier-Transformation der

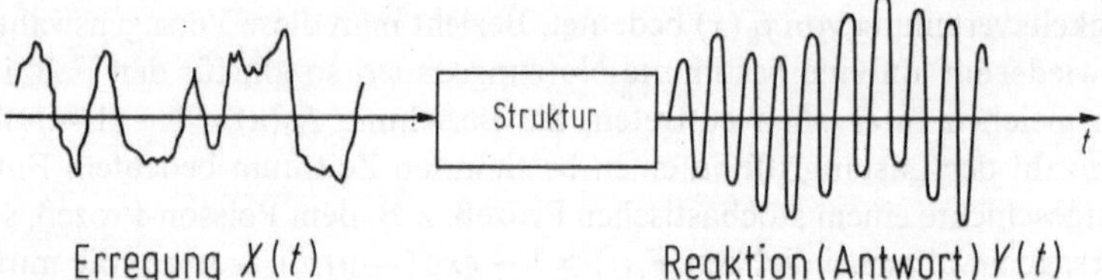

Bild 5. Schematische Darstellung der Problemstellung der stochastischen dynamischen Analyse von Strukturen

Autokorrelation des Prozesses ermittelt werden) des Erregerprozesses $S_X(\omega)$ die Leistungsspektraldichte der Reaktion $S_Y(\omega)$ bestimmt werden, und zwar ist $S_Y(\omega) = |H(\omega)|^2 S_X(\omega)$. Die Integration über $S_Y(\omega)$ ergibt sodann die Varianz der Reaktion, also einen der Parameter der Wahrscheinlichkeitsverteilung $f_Y(y)$ von $Y(t)$. Um in diesem Fall $F_Y(y)$ definieren zu können, muß ein stationärer Gaußscher Prozeß vorausgesetzt werden. Ferner gilt die Spektralmethode lediglich für lineare Tragsysteme mit kleiner viskoser Dämpfung.

2.3 Überlegungen zur Festlegung eines akzeptablen Zuverlässigkeitsniveaus in der Bautechnik

Die bisherigen Überlegungen zur Festlegung eines akzeptablen Zuverlässigkeitsniveaus von Strukturen lassen sich in drei Kategorien einteilen:

(1) Kalibrierung mit bisherigen Sicherheitsrichtlinien,
(2) Kosten-Nutzen-Optimierung,
(3) Vergleich mit anderen Risiken des täglichen Lebens.

Die erste Forderung, d.h. die Ergebnisse einer Sicherheitsbeurteilung mit den bisherigen Richtlinien zu kalibrieren, wird vorwiegend von den Ingenieuren der Praxis gestellt. Sie ist aber, wenn differenzierter betrachtet, nicht ganz überzeugend, da die

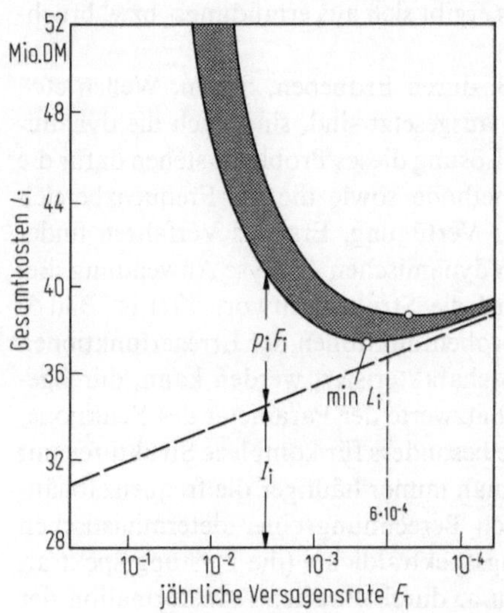

Bild 6. Gesamtkosten bei Bohrplattformen als Funktion der jährlichen Versagensraten, $F_T(t)$

sicherheitstheoretischen Methoden nicht entwickelt werden, um den Status quo zu erhalten, sondern um nach dem Erreichen der Transparenz der Zusammenhänge im Hinblick auf die Tragwerkssicherheit die notwendigen Änderungen durchzuführen.

Die zweite Methode, d.h. die Kosten-Nutzen-Optimierung hat sich derzeit nur im Rahmen der Bemessung von Bohrplattformen im Meer durchgesetzt. Das Verfahren beruht auf der Basis des Minimums der Gesamtkosten L_i. Diese setzen sich aus den Herstellungskosten I_i und dem Produkt zwischen Versagenskosten F_i und deren Eintretenswahrscheinlichkeit $p_{f,i}$ zusammen. Es ist also $L_i = I_i + F_i p_{f,i} \rightarrow$ Min. Als Ergebnis einer solchen Analyse erhält man eine in Bild 6 dargestellte Relation aus der hervorgeht, daß der kostengünstigste Entwurf der mit einer jährlichen Versagensrate von etwa $6 \cdot 10^{-4}$ ist. Differenziertere Optimierungsansätze, die auch eine Einbeziehung von zu erwartenden Teilschädigungen erlauben, zeigen, daß diese Versagensrate ein wenig zu hoch ist. Der Grund, warum dieses Optimierungsverfahren noch nicht breitere Anwendung gefunden hat, ist darin zu suchen, daß für Tragwerke, bei deren Versagen menschliches Leben in Gefahr ist, wie z.B. bei Dammbrüchen, die Diskussion, mit welchen Kosten ein Verlust von Menschenleben anzusetzen ist, in der Bautechnik derzeit im Gegensatz zu anderen Gebieten, wie z.B. die Autounfallversicherung, ohne Emotionen nicht durchzusetzen ist (im Fall der Bohrplattformen wird angenommen, daß die Bohrmannschaft aufgrund kurzfristiger Wettervorhersagen vor schweren Stürmen ausgeflogen werden kann). Um den Angaben für Kosten für Verlust von Menschenleben auszuweichen, wird vielfach versucht, die Analysen auf die durch Katastrophen hervorgerufene Verkürzung der durchschnittlichen Lebenserwartung von Menschen zu beziehen.

Der dritten Möglichkeit, d.h. die Versagensrisiken von Bauwerken mit den anderen Risiken des täglichen Lebens in Relation zu setzen, wurde bisher nur in geringem Maße in Betracht gezogen, sollte aber besonders in Anbetracht des diesbezüglichen Vergleichs von Reaktorrisiken und Dammbruchrisiko mehr Aufmerksamkeit gewidmet werden [15].

2.4 Normung unter Berücksichtigung wahrscheinlichkeitstheoretischer Überlegungen

Wie bereits erwähnt, sind seit einiger Zeit Bemühungen im Gange die Sicherheitsanforderungen an Bauwerken auf probabilistischer Basis zu formulieren. Es sei darauf hingewiesen, daß es sich hier bisher noch um unverbindliche Vorschläge handelt [16–18]. Dabei werden Nachweisverfahren auf verschiedenen Stufen geführt, wobei es sich bei der sog. Stufe I um ein praxisnahes Verfahren handelt, das für die tägliche Bemessungspraxis vorgesehen ist. Hierbei werden die statistischen Streuungen getrennt für Festigkeit und Einwirkungen mit sog. Teilsicherheitsbeiwerten berücksichtigt. Die Werte können je nach Variationskoeffizient und Fraktilwert der einzelnen Variablen gewählt werden. Dieses Verfahren wird von Zerna [19] ausführlich erläutert. Der Sicherheitsnachweis der Stufe II geht von der Bedingung aus, daß $p_f = P(g(X_1, X_2, \ldots, X_n) \leq 0)$ ist, wobei die Variablen X_i die maßgebenden streuenden Einflußgrößen und $g(\cdot)$ die das Verhalten der Konstruktion beschreibenden Funktion für den Grenzzustand bedeuten. Mit Hilfe eines Linearisierungsverfahrens kann diese Bedingung approximativ erfüllt werden. Beide Verfahren basieren auf der Annahme, daß alle streuenden Einflußgrößen normal- oder lognormalverteilte Variablen darstellen.

Die hier erwähnten Verfahren haben wohl den Vorteil, über die Aussagekraft der herkömmlichen deterministischen Bemessung hinauszugehen, weisen aber aufgrund der erwähnten Vereinfachungen gegenüber den in Abschnitt 2.2 beschriebenen Methoden den Nachteil auf, daß sie für eine Bestimmung des Versagensrisikos von Tragwerken nicht geeignet sind.

2.5 Ausblick auf die Weiterentwicklung der Methoden zur Zuverlässigkeitsbeurteilung

Aus den vorangegangenen Abschnitten wird deutlich, daß die Entwicklung der Methoden der Zuverlässigkeitsbeurteilung von Strukturen besonders in letzter Zeit große Fortschritte gemacht hat. Unter den Fachleuten besteht aber kein Zweifel, daß der derzeitige Erkenntnisstand in Anbetracht der vielschichtigen Anforderungen noch großer Anstrengungen in Bezug auf die Weiterentwicklung bedarf. Im folgenden sind schwerpunktmäßig einige wichtige Problemkreise angesprochen.

Die Beurteilung der Kollapsversagenswahrscheinlichkeit großer Strukturen wie Hochhausrahmenkonstruktionen, vielgliedrige Bohrplattformen, weitgespannte Flächentragwerke etc. bedarf der Entwicklung neuer Methoden, deren Rechenaufwand im Vergleich zu den bisher verwendeten Simulationsmethoden abnehmen und deren Genauigkeit im Vergleich zu den vorliegenden Approximationsmethoden zunehmen müssen.

Im Zusammenhang mit der Durchführung wahrscheinlichkeitstheoretischer dynamischer Analysen von Tragwerken unter Wind-, Erdbeben- und Wellenlasten usw. wurde bereits betont, daß die dafür anzuwendende Leistungsspektralmethode auf der Annahme der Stationarität und Symmetrie des Belastungsprozesses sowie der linear elastischen Tragwirkung der Struktur begründet ist. Da eine Reihe von Belastungsprozessen nicht symmetrisch und darüberhinaus nicht-Gaußverteilt sind und die Tragwerke besonders unter extremen Belastungen nichtlinear reagieren, ist eine Weiterentwicklung der Spektralmethode unter Beachtung dieser Randbedingung äußerst notwendig.

Die Werkstoffe von Strukturen unter dynamischer Last sind aufgrund der dadurch verursachten Wechselbelastung einer Schädigung ausgesetzt, die sich in der Bildung von Ermüdungsrissen oder in dem Wachstum bereits vorhandener Risse bemerkbar machen können. Die realistische Einbeziehung dieser physikalischen Vorgänge durch die Berücksichtigung ermüdungs- bzw. bruchmechanischer Methoden mit all ihren stochastischen Unsicherheiten im jeweils verwendeten Zuverlässigkeitsmodell sollte Ziel zukünftiger Forschung auf diesem Gebiet sein.

Als ein weiterer wichtiger Punkt sei hier noch die Notwendigkeit der Durchführung umfassender Zuverlässigkeitsstudien erwähnt, die eine geschlossene Beurteilung aller Risikobeiträge, die das Versagen einer Struktur bzw. Systems hervorrufen können, ermöglicht. Als Beispiel sei hier die Risikobeurteilung von Kraftwerken unter äußeren Einwirkungen erwähnt [20]. Im Fall der Erdbebenerregung ist es notwendig, z.B. vorerst im Erdbebenmodell die durch die Tektonik bedingten statistischen Unsicherheiten in der Übertragung der Bodenbewegung von Herd zur untersuchten Lokation bestimmen zu können. Danach folgt das Problem der Boden-Tragwerk-Wechselwirkung unter Berücksichtigung der streuenden Bodenparameter. Unter Beachtung der streuenden Werkstoffeigenschaften der Struktur ist sodann deren Versagenswahrscheinlichkeit zu berechnen. Zusätzlich kann sodann auch auf die

Zuverlässigkeit der elektronischen und mechanischen Systeme unter der Einwirkung Erdbeben geschlossen werden. Mit dieser Methode kann eine Transparenz der einzelnen Beiträge zum gesamten Versagensrisiko erreicht und ein Weg der Behandlung der Wechselwirkung zwischen System- und Strukturzuverlässigkeit entwickelt werden.

2.6 Diskussion der Methoden der Zuverlässigkeitsbeurteilung im Hinblick auf ihren effektiven Gebrauch

Es ist bereits in den vorangegangenen Ausführungen darauf hingewiesen worden, daß in der Praxis das derzeit zur Verfügung stehende Potential der Sicherheits- und Zuverlässigkeitsanalyse bei weitem nicht ausgeschöpft wird. Hierfür werden eine Reihe von Gründen vorgegeben, die aber einer genaueren Analyse nicht standhalten. Einer der Hauptgründe für diese ablehnende Haltung ist darin zu suchen, daß es der heutigen Generation von Ingenieuren an einer Ausbildung in der Statistik und Wahrscheinlichkeitstheorie mangelt. Diese Tatsache soll in Anbetracht der Wichtigkeit der Ermittlung des Risikos großer technischer Anlagen auf die zukünftige Lehrplangestaltung der Technischen Universitäten einen Einfluß haben.

Oft wird eingewendet, daß nicht genügend Daten zur Erstellung bzw. Verifizierung von probabilistischen Modellen vorliegen. Zugegebenermaßen ist diese Tatsache in vielen Fällen nicht von der Hand zu weisen. In jedem Fall aber ist ein probabilistisches Modell aussagekräftiger als ein deterministisches, da für beide dieselben physikalischen Modelle verwendet werden und die *zusätzliche* statistische Information – auch bei geringer Datenanzahl – in den meisten Fällen den analytischen Mehraufwand rechtfertigt. Durch Gewinnung zusätzlicher Daten erhalten die probabilistischen Aussagen eine zunehmende statistische Konfidenz. Aufgrund des raschen technologischen Fortschrittes ist die Anwendung und zügige Weiterentwicklung der quantitativen Methoden zur Zuverlässigkeitsbeurteilung von Stauwerken unumgänglich. Das bisher übliche „trial and error"-Vorgehen scheint schon aufgrund der überaus hohen Schäden im Versagensfall dieser neuartigen Konstruktionen keine echte Alternative. Vorbedingung für einen effektiven Einsatz der Methoden ist die Aufgeschlossenheit der für das Genehmigungsverfahren bzw. Prüfung der Strukturen zuständigen Behörden bzw. Stellen. Es mehren sich bereits die Anzeichen, daß die Bevölkerung in Zukunft als Grundlage für ihre Entscheidung für die Akzeptanz größerer Bauvorhaben sog. Risiko-Impakt-Studien verlangt. Die Voraussetzungen für die Durchführbarkeit dieser Studien müssen aber bereits heute geschaffen werden.

Literatur

1. Mayer, M.: Sicherheit der Bauwerke und ihre Berechnung nach Grenzkräften. Berlin: Springer 1926
2. Freudenthal, A. M.: The Safety of Structures. Transactions ASCE 112 (1947)
3. Rzhanitsyn, A. R.: Opredelenie zapasa prochnosti sooruzhenii. (Determination of the Margin of Safety of Structures). Stroit. promyskl. 8 (1947)
4. Torroja, E.: Sur le coefficient de sécurité dans les constructions en béton armé. Bulle de la Réunion des Laboratoires d'Essais et de Recherches sur les Matériaux et les Constructions. No. 1, Paris, 1951
5. Pugsley, A. G.: Concept of Safety in Structural Engineering. J. Inst. Civ. Engr. 36 (1951) No. 5
6. Freudenthal, A. M.: Safety and the probability of Structural Failure. Transactions, ASCE 121, Proc. Paper 2843, (1956) 1337–1397

7. Freudenthal, A. M.; Garrelts, J. M.; Shinozuka, M.: The Analysis of Structural Safety. J. Struct. Div., Proc. ASCE 92, No. ST 1 (Feb. 1966) 267–325
8. Lukes, R.: Juristische Aspekte bei der Risikobeurteilung. GRS-Bericht, 1. GRS-Fachgespräch, Kernenergie und Risiko. München 1977, S. 99–119
9. Kerntechnik, Jahrestagung 1980: Podiumsdiskussion „Rechtsordnung und Risiko". Berlin, März 1980
10. ASCE: Structural Failures: Modes, Causes, Responsibilities. A compilation of papers presented at the ASCE National Meeting on Structural Engineering, Cleveland, Ohio, April 1972
11. Leyendecker, E. V.; Fattal, S. G.: Investigation of the Skyline Plaza Collapse in Fairfax County, Virginia. NBSIR 73-222, NBS, Wash. D.C. 20234 (June 1973)
12. Burnett, E. F. P.; Somes, N. F.; Leyendecker, E. V.: Residential Buildings and Gas-Related Explosions. NBSIR 73-208, NBS, Wash. D.C. (June 1973)
13. Freudenthal, A. M.; Schueller, G. I.: Risikoanalyse von Ingenieurtragwerken. Reports, Konstr. Ingenieurbau, Hrsg.: Zerna, W. Report Nr. 25. Essen: Vulkan-Verlag 1976, S. 7–95
14. Schueller, G. I.: Einführung in die Sicherheit und Zuverlässigkeit von Tragwerken. Düsseldorf: Ernst & Sohn 1980
15. Reactor Safety Study: Wash 1400, U.S. NRC, Wash. D.C. (Oct. 1975)
16. CEB/FIP: Model Code, Vol. 2, Paris 1977
17. NBS: Development of a Probability Based Load Criterion for American National Standard A 58. NBS Special Publication 577, (June 1980) Wash. D.C.
18. NABAU: Grundlagen für die Festlegung von Sicherheitsanforderungen für bauliche Anlagen. Berlin 1977
19. Zerna, W.: s. Beitrag in diesem Buch
20. Smith, P. D. et al.: Seismic Safety Margins Research Program – Program Plan, Revision II UCID-17824, Rev. II, Lawrence Livermore Laboratory, Livermore, Calif. (Aug. 1978)

Grundlagen der gegenwärtigen Sicherheitspraxis in der Bautechnik

W. Zerna

1 Allgemeines

Bauwerke sind ausnahmslos ortsfeste Konstruktionen. Sie weisen erhebliche Unterschiede auf im Hinblick auf ihre Nutzung, ihre Gestaltung und ihre konstruktive Ausbildung. Sie sind fast immer einzeln gefertigte technische Werke. Serienherstellung, wie sie bei vielen anderen technischen Produkten anzutreffen ist, gibt es bei Ihnen so gut wie nicht.

Seit alters her hat sich der Mensch mit der Erstellung von Bauwerken befaßt. Er ist auf sie in hohem Maße angewiesen, sei es als Wohnung, sei es als Arbeitsstätte, sei es für die Ausübung seiner vielen Bedürfnisse im Bereich der Kultur, des Sports, des Verkehrs und seiner sonstigen Tätigkeiten.

Die Öffentlichkeit erwartet ein hohes Maß an Sicherheiten im Bauwesen. Ein Grund dafür dürfte sicherlich sein, daß von dem Versagen eines Bauwerkes viele meist unbeteiligte Menschen betroffen oder bedroht werden können.

Der allgemeinen Forderung nach ausreichender Sicherheit von Bauwerken wird dadurch Rechnung getragen, daß sich die Öffentliche Hand um die Sicherheit von Bauwerken in besonderer Weise kümmert. Durch zahlreiche Vorschriften und Regelwerke wird die Einhaltung von Sicherheitsanforderungen vorgeschrieben. In den bautechnischen Vorschriften sind die „anerkannten Regeln der Baukunst" festgelegt. Sie sollen die Öffentlichkeit und den Bauherrn vor Schäden bewahren. Selbstverständlich reichen diese anerkannten Regeln der Baukunst nicht aus, um Bauwerke zu konstruieren, zu berechnen und zu erstellen. Der Bauingenieur muß über ein umfangreiches theoretisches Wissen aus den Gebieten der Mathematik, der Mechanik, der Festigkeitslehre, der Numerik und der Konstruktion von Tragwerken verfügen. Für die Sicherheit von Bauwerken genügt es nicht, Vorschriften oder Gesetze zu erfüllen. Der gestaltende Ingenieur hat ein hohes Maß an Verantwortung für die Sicherheit eines Bauwerkes zu tragen. Welch große Bedeutung darüberhinaus der Sicherheit von Bauwerken beigemessen wird, kommt dadurch zum Ausdruck, daß alle Berechnungen und Konstruktionsunterlagen von besonders dafür eingerichteten Instanzen geprüft werden. In der Bundesrepublik sind dafür Behörden zuständig. In anderen Ländern übernehmen diese Aufgaben teilweise auch Versicherungen, die allerdings vorrangig aus anderen Motiven an der Sicherheit von Bauwerken interessiert sind.

2 Unsicherheiten, Schadensursachen und Versagenswahrscheinlichkeiten

Bauwerke haben bestimmte Aufgaben zu erfüllen, um derentwillen sie errichtet werden. Brücken sollen Fahrzeuge tragen, Häuser sollen Menschen und Einrichtungsgegenstände aufnehmen, Talsperren sollen dem Wasserdruck standhalten usw. Derjenige Zustand, in dem sich ein Bauwerk in Erfüllung seiner Aufgabe befindet, heißt Gebrauchszustand. Im Gegensatz dazu gibt es den Versagenszustand, bei dem das Bauwerk nicht mehr in der Lage ist, seine Aufgabe zu erfüllen.

Die im Gebrauchszustand auftretenden Lasten werden Gebrauchslasten genannt. Die Gebrauchslasten setzen sich zusammen aus ständigen Lasten (z. B. Eigengewicht), Nutzlasten bzw. Verkehrslasten, die nur zeitweilig wirken (z. B. Fahrzeuglast, Schneelast, Windlast usw.). Außer den Gebrauchslasten können im Gebrauchszustand auf Bauwerke auch noch Kraftwirkungen aus Zwängungen auftreten, wie sie sich beispielsweise bei Temperaturänderungen einstellen können. Es wird gefordert, daß ein Bauwerk die Gebrauchslasten unter allen vernünftigerweise voraussehbaren Einflüssen mit Sicherheit aufzunehmen in der Lage ist. Wenn es dies nicht tut, dann versagt es. Das muß nicht bedeuten, daß es dann einstürzt. Es genügt, daß es seinen einwandfreien Zustand oder seine Verläßlichkeit verliert. Es gibt viele Arten des Versagens. Es gehören dazu beispielsweise große Verformungen, Rißbildungen, mangelnde Beständigkeit usw..

Bauwerken haften Unsicherheiten an, die zum Versagen führen können. Versagensursachen können sein:

- Unzureichende Berücksichtigung der wirklich auftretenden Belastungen,
- fehlerhafte Konstruktion oder Berechnung,
- mangelhafte Werkstoffeigenschaften bzw. Werkstoffehler,
- Ausführungsfehler,
- unzureichende Tragfähigkeit des Baugrundes.

Von Feuer, höherer Gewalt und grober Fahrlässigkeit wird hier abgesehen.

Das Eintreten der aufgezählten Ereignisse, die zum Versagen eines Bauwerkes führen können, muß als zufällig betrachtet werden. Auch können mehrere ungünstige Ereignisse zusammentreffen. Weiterhin ist zu berücksichtigen, daß die Weiterentwicklung der Technik zu ständig neuen Baustoffen, neuen Bauformen und neuen Bauverfahren führt, für deren langjähriges Verhalten keine ausreichenden Erfahrungen vorliegen, was zu einer Erhöhung der Unsicherheiten führen kann.

Die Folgen, die durch Unsicherheiten bewirkt werden, können sehr unterschiedlicher Natur sein. Der Bruch einer Konstruktion läßt sich jedoch stellvertretend für alle anderen Fälle des Versagens einführen, wenn es auch angebracht ist, andere Versagensarten mit unterschiedlichen Sicherheitsanforderungen in die Betrachtungen einzubeziehen.

Da niemand eine Gewähr dafür übernehmen kann, daß alle erwähnten Unsicherheiten mit Sicherheit ausgeschlossen und alle Versagensursachen ausgeschaltet werden können, kann es keine absolute Sicherheit geben. Dementsprechend kann Sicherheit nur genügend kleine Versagenswahrscheinlichkeit bedeuten. Das dann immer noch verbleibende Risiko muß die Gesellschaft tragen.

Die Sicherheit einer Konstruktion läßt sich demgemäß als gegeben ansehen, wenn die Wahrscheinlichkeit des Versagens unterhalb eines zulässigen Wertes bleibt. Damit ergeben sich dann folgende Fragen:

- Wie lassen sich Versagenswahrscheinlichkeiten berechnen?
- Wie groß ist der zulässige Wert?

Zur Ermittlung der Versagenswahrscheinlichkeiten gehören eine Vielzahl von statistischen Angaben, die jedoch bisher nur spärlich vorliegen. Immerhin gibt es über das Versagen von Bauwerken in der Literatur [1, 2] einige Angaben, und es stehen einige

Tabelle 1. Versagen von Bauwerken

Art der Bauwerke	Art des Versagens	Land	Zeitraum Lebensdauer	Anzahl der		Jährliche Schadensrate	Versagensfolgen
				Schäden	Bauten		
Stahlbrücken	Einsturz	USA	vor 1900 40 Jahre	1	je 20	10^{-3}	groß
Hängebrücken	Einsturz	Welt	1900 bis 1940	7	55	$3 \cdot 10^{-3}$	sehr groß
Staudämme	Bruch	Welt	pro Jahr	1	je 1000	10^{-3}	sehr groß
Wohnungsdecken	Einsturz ·	Dänemark	30 Jahre	2	$5 \cdot 10^6$	10^{-8}	normal

statistische Daten zur Verfügung, die zumindest eine ungefähre Vorstellung davon geben, welches Risiko bisher akzeptiert worden ist. Die wenigen Angaben stammen vorwiegend aus dem Bereich des Brückenbaus und sind in Tabelle 1 zusammengestellt. Es fällt auf, daß von 55 Brücken, die in den Jahren zwischen 1900 und 1940 erstellt worden sind, immerhin 7 versagten, obwohl angenommen werden kann, daß diese mit Sorgfalt konstruiert und ausgeführt worden sind. Dies mag auf folgende Gründe zurückzuführen sein:

- Die Vergrößerung der Spannweiten führt zu einer überproportionalen Steigerung des Eigengewichtes. Die führt zu einer Ausnützung aller Tragreserven.
- Die Vergrößerung der Spannweiten zwingt den Konstrukteur in Gebiete vorzudringen, die nicht durch ausreichende Erfahrung abgesichert sind.
- Es läßt sich teilweise eine erhebliche Diskrepanz zwischen den hochentwickelten, theoretischen Berechnungsmethoden und der weniger entwickelten Qualität der Ausführung feststellen, was zum Abbau von Sicherheiten führt.

Bei Staudämmen ist die Versagensrate 1:1000. Da beim Bruch eines Staudamms viele Opfer an Menschenleben gefordert werden, erscheint diese Versagensrate als nicht akzeptierbar.

Schließlich muß noch erwähnt werden, daß ein sehr hoher Anteil von Versagensfällen schon im Bauzustand auftritt.

Die heutige Sicherheitspraxis in der Bautechnik ist noch weit davon entfernt, die Sicherheit von Bauwerken nach ihrer Versagenswahrscheinlichkeit festzulegen. Vielmehr findet sich oft die Vorstellung, daß Bauwerke, die nach den anerkannten Regeln der Baukunst konstruiert worden sind, als absolut sicher gelten. Beobachtete Versagensfälle werden einfach in den Bereich „grober Fahrlässigkeit" oder „höhere Gewalt" verlagert.

Es wäre wünschenswert, wenn Versagenswahrscheinlichkeiten festgelegt werden würden. Für die anzustrebenden jährlichen Werte werden folgende Vorschläge gemacht:

- Für den plötzlichen Verlust des Gleichgewichts eines Tragwerks mit großen Schadensfolgen: 10^{-5} bis 10^{-7},
- für das Erreichen der Grenztragfähigkeit, ohne daß ein vollständiger Verlust der Tragfähigkeit eintritt: 10^{-4},
- für unbefriedigendes Verhalten ohne Erreichen einer Tragfähigkeitsgrenze mit geringen Schadensfolgen: 10^{-2} bis 10^{-3}.

3 Geschichtlicher Rückblick

Es wurde bereits dargelegt, daß die Sicherheit von Bauwerken entsprechend der gegenwärtigen Sicherheitspraxis nicht mit Hilfe einer quantitativen Beurteilung der Versagenswahrscheinlichkeit vorgenommen wird. Bevor nun der heute übliche Weg zur Gewährleistung der Sicherheit von Bauwerken beschrieben wird, soll ein kurzer geschichtlicher Rückblick vorangestellt werden.

In der Mitte des 18. Jahrhunderts wurde begonnen, die Beanspruchung des Tragverhaltens von Bauwerken mit Methoden der technischen Mechanik analytisch zu bestimmen. Gleichzeitig wurden auch die ersten Betrachtungen über die Sicherheit von Bauwerken angestellt. Als im 19. Jahrhundert die Baustatik entwickelt wurde, ging die Erkenntnis einher, daß bei den Rechenannahmen und infolge von unvermeidbaren Ungenauigkeiten bei der Erfassung der Werkstoffeigenschaften Unsicherheiten auftreten, so daß zwischen den rechnerisch ermittelten Beanspruchungen und den rechnerisch ermittelten Tragfähigkeiten ein vorsichtiger Sicherheitsabstand einzuhalten ist. Wegen der vorausgesetzten linearen Zusammenhänge aller mechanischen Größen bot es sich an, diesen Sicherheitsabstand nur auf der Seite der Festigkeit der Baustoffe anzubringen. Der Begriff der „zulässigen Spannung" wurde entwickelt. Allerdings fehlte es schon damals nicht an Hinweisen, daß die Gesamtsicherheit eines Tragwerkes in bestimmten Fällen auf diese Weise nur unzureichend erfaßt werden kann. Damals mußte der Ingenieur in jedem Fall Überlegungen über die anzusetzenden Sicherheiten anstellen, denn Vorschriften oder Normen gab es noch nicht. Erst zu Anfang unseres Jahrhunderts kam es zu staatlichen Regelungen über die zulässige Beanspruchung von Werkstoffen und zur Festschreibung von Berechnungsgrundlagen in Regelwerken und in Normenwerken. In diesen Vorschriften war die Festlegung von Sicherheitsanforderungen eingehend geregelt. In den folgenden Jahren hat sich trotz der stürmischen Entwicklung der Technologie und der Methoden der Berechnung der Sicherheitsbegriff grundsätzlich wenig gewandelt. Die zulässige Spannung behielt nach wie vor ihre dominierende Rolle. Erst in neuerer Zeit wird der Sicherheitsbegriff diskutiert, und es setzt sich die Erkenntnis durch, daß mit dem Begriff der zulässigen Spannung allein nicht weitergearbeitet werden kann. Darauf soll später näher eingegangen werden.

4 Zulässige Spannungen und Sicherheitskonzept

Ein übliches Verfahren zur Ermittlung ausreichender Tragfähigkeit eines Bauwerkes oder Bauteils besteht darin, die Spannungen im Gebrauchszustand zu berechnen, sie mit den zulässigen Spannungen zu vergleichen und zu verlangen, daß diese nicht überschritten werden. Die zulässigen Spannungen stellen einen Bruchteil der Festigkeit des Werkstoffs dar. Dies läßt sich durch die Beziehung

$$\text{zul}\,\sigma = \frac{\beta}{\gamma} \tag{4.1}$$

ausdrücken. Darin bedeuten: $\text{zul}\,\sigma$ zulässige Spannung, β Festigkeit des Werkstoffs. Der Faktor

$$\gamma > 1 \tag{4.2}$$

wird als Sicherheitsbeiwert gedeutet. Er gibt die Ausnutzung des Werkstoffs an.

Die zahlenmäßige Größe des Sicherheitsbeiwertes wird ziemlich willkürlich gewählt. Seinem Charakter als statistische Größe wird nicht Rechnung getragen. Vielmehr erfolgt seine Festsetzung aufgrund von Wissen und Erfahrung der damit befaßten Ingenieure.

Die Anwendung des Verfahrens der zulässigen Spannungen hat u. a. zur Voraussetzung,

- daß alle Beziehungen zwischen Lasten, Spannungen und Verformungen linearen Gesetzen gehorchen,
- daß die Festigkeit β des Werkstoffs bekannt ist, was nur experimentell ermittelt werden kann.

Diese Voraussetzungen beinhalten zahlreiche Probleme, die Unsicherheiten zur Folge haben. Es sei in diesem Zusammenhang nur erwähnt, daß die Festigkeit eines Werkstoffs nicht durch eine einzige Angabe beschrieben werden kann. Es gibt Zugfestigkeit, Druckfestigkeit, Schubfestigkeit, Zeitfestigkeit, Gestaltsfestigkeit, Dauerstandsfestigkeit, Dauerfestigkeit und dergleichen mehr.

Zu Beginn des Jahrhunderts wurden für Stahl unter statischer Beanspruchung für γ Werte zwischen 2 bis 2,5 und für auf Druck beanspruchten Beton Werte zwischen 5 und 6 verwendet. Es setzte dann mit besserer Beherrschung der Technologie das Bestreben ein, diese Zahlen zu verringern. In neuerer Zeit haben sich etwa folgende Werte für statische Belastung eingebürgert:

- Für Stahl, bezogen auf die Streckgrenze $\gamma = 1,75$,
- für auf Druck beanspruchten Beton, bezogen auf die Würfelfestigkeit $\gamma = 3$.

Der große Unterschied in den Werten zwischen Stahl und Beton ist in der größeren Streuung der Betonfestigkeit begründet.

Bei besonderen Bauwerken (z. B. Kernkraftwerke) und außergewöhnlichen Einwirkungen (d. h. geringe Eintrittswahrscheinlichkeit, z. B. Erdbeben) wird $\gamma = 1$ gesetzt.

So unbefriedigend die Bemessung eines Tragwerks auf der Grundlage der zulässigen Spannungen auch sein mag, so darf nicht verkannt werden, daß zusammen mit der linearen Elastizitätstheorie ein einheitliches Gebäude von nahezu mathematischer Perfektion ermöglicht wird. Es beruht zwar auf einer Idealisierung der Wirklichkeit, besitzt aber den Vorzug strenger Logik und Klarheit. Das Verfahren hat zweifelsfrei ermöglicht, hinreichend sichere Bauwerke zu erstellen. Das ist zum Teil wohl darauf zurückzuführen, daß der Sicherheitsbeiwert vorsichtig gewählt worden ist, so daß noch Tragreserven vorhanden sind. Dies ist ein Beweis für die vorzüglichen Kenntnisse oder Intuition der Ingenieure, die den Sicherheitsbeiwert festgelegt haben. Das Verfahren erlaubt jedoch nicht, die Sicherheit eines Bauwerks wirklich zu beurteilen und mögliche unterschiedliche Sicherheiten bei verschiedenen Bauwerken miteinander zu vergleichen. Auch läßt sich nicht erkennen, in welcher Weise die einzelnen Unsicherheiten (Lasten, Werkstoff, Rechenmodell usw.) berücksichtigt worden sind. Schon zu Beginn der Entwicklung des Spannbetons in den 50er Jahren ist erkannt worden, daß dieses Verfahren für den Spannbeton nicht ausreicht, sondern einer Ergänzung im Hinblick auf die Ermittlung der Bruchsicherheit bedarf. In der ersten Spannbetonvorschrift (DIN 4227, 1953) ist dementsprechend bereits ein zusätzlicher Nachweis der Bruchsicherheit verlangt.

5 Traglastverfahren und Sicherheitskonzept

Die Bemessung eines Tragwerks unter Verwendung zulässiger Spannungen geht vom Gebrauchszustand aus. Alle mechanischen Größen und alle Ereignisse werden als streng determiniert vorausgesetzt. Die Frage nach dem Verhalten im Zustand des Versagens stellt sich nicht. Aus diesem Grunde läßt sich auf diese Weise auch keine Aussage über die wirklich vorhandene Sicherheit eines Tragwerks gewinnen, wie bereits ausgeführt worden ist. Um diesem unbefriedigenden Zustand abzuhelfen, hat sich in den letzten Jahren mehr und mehr die Bemessung eines Tragwerks nach einem definierten Grenzzustand entwickelt. Dieses darauf beruhende Verfahren heißt Traglastverfahren.

Die Definition des Grenzzustandes kann auf verschiedene Weise erfolgen. Es kann vom „Bruchzustand" oder einem definierten „kritischen Zustand" (z.B. Verformungszustand, Rißzustand usw.) ausgegangen werden.

Bei einer Steigerung der Last über den Gebrauchszustand hinaus können infolge eintretender Verformungen in gewissen Fällen (statisch unbestimmte Tragwerke) Umlagerungen der Spannungen eintreten. Auf diese Weise kann sich das Tragwerk der Belastung anpassen und damit seine Tragfähigkeit und Sicherheit erhöhen. Bei der Berechnung eines solchen Tragverhaltens muß die Elastizitätstheorie verlassen und die Plastizitätstheorie angewendet werden, die aber noch nicht hinreichend entwickelt ist, so daß sie in vollem Umfang bisher nur vereinzelt Eingang in die Praxis finden konnte. Hingegen wird das Traglastverfahren bei der Bemessung von Bauteilen in großem Umfang angewendet. Beispielsweise liegt es der Bemessung von Stahlbetonträgern und Spannbetonträgern nach den deutschen Bestimmungen (DIN 1045, DIN 4227) zugrunde.

Kommt das Traglastverfahren zur Anwendung, läßt sich ein Sicherheitskonzept entwickeln, das nachstehend für durch Lasten beanspruchte Tragwerke kurz erläutert werden soll.

Für jede Lastart werden Nennwerte P_{Ki} festgelegt. Zur Erfassung der Unsicherheiten werden sie mit Werten γ_{Li} (Einwirkungshöhe, Lasthöhe) multipliziert:

$$\gamma_{Li} \cdot P_{Ki} \cdot \tag{5.1}$$

Durch Anwendung einer Rechenvorschrift s werden die von $\gamma_{Li} \cdot P_{Ki}$ abhängigen Beanspruchungsgrößen ermittelt:

$$S_K = s(\gamma_{Li} \cdot P_{Ki}). \tag{5.2}$$

Um den Einfluß von Unsicherheiten infolge idealisierter Berechnungsannahmen und Abweichungen von der Sollgeometrie bei der Bauausführung Rechnung zu tragen, wird eine Erhöhung der Beanspruchungsgröße um den Wert γ_{Lk} vorgenommen:

$$S_K^* = \gamma_{Lk} \cdot S_K. \tag{5.3}$$

Diese Beanspruchungsgröße muß an jeder Stelle eines Tragwerks mit hinreichender Sicherheit aufgenommen werden. Bezeichnen R_{Ki} zugeordnete Festigkeitswerte der Werkstoffe und γ_{mi} die von den Werkstoffen zugeordneten Werte zur Erfassung von Unsicherheiten, so läßt sich mit Hilfe einer Rechenvorschrift r die von R_{Ki}/γ_{mi} abhängige Beanspruchbarkeit ermitteln:

$$R_K^* = r\left(\frac{R_{Ki}}{\gamma_{mi}}\right). \tag{5.4}$$

Es gilt nun die Forderung, daß bei einem Tragwerk überall die Beanspruchung S_K^* kleiner oder höchstens gleich der Beanspruchbarkeit R_K^* sein muß:

$$S_K^* \leqq R_K^*. \tag{5.5}$$

Mit (5.3) und (5.4) läßt sich dies bei Beachtung von (5.2) in der Form

$$\gamma_{Lk} \cdot s(\gamma_{Li} \cdot P_{Ki}) = r\left(\frac{R_{Ki}}{\gamma_{mi}}\right) \tag{5.6}$$

schreiben.

Die Werte γ_{Li}, γ_{Lk}, γ_{mi} beschreiben bestimmte, auf P_{Ki} bzw. R_{Ki} bezogene Häufigkeitsverteilungen, die an einer Vielzahl der sie abdeckenden Einzelfälle gewonnen werden müssen. Auf diese Weise lassen sie sich grundsätzlich an Versagenswahrscheinlichkeiten anknüpfen. Ein solches Vorgehen ist jedoch für heute übliche Tragwerke wegen fehlender Informationen nicht durchführbar. Es wird daher vorgeschlagen, die Werte γ_{Li}, γ_{Lk}, γ_{mi} als Teilsicherheitsbeiwerte mit Zahlen zu belegen, die als Fraktilenwerte der jeweiligen Häufigkeitsverteilung deutbar sind. (Fraktile ist ein Begriff der Statistik. Er gibt denjenigen Wert einer großen Anzahl von untersuchten Proben an, der nur von einem bestimmten Prozentsatz, der Fraktile, unterschritten oder überschritten wird). Diese Teilsicherheitsbeiwerte lassen sich sowohl aus probabilistischen Überlegungen und Berechnungen als auch empirischen und ingenieurmäßigen Erfahrungen gewinnen.

Die z. Zt. geltenden diesbezüglichen deutschen Bestimmungen schreiben demgegenüber nur einen einzigen Sicherheitsbeiwert vor, der alle denkbaren Unsicherheiten umfassen soll, und als Gesamtsicherheitsbeiwert (globaler Sicherheitsbeiwert) γ_{ges} bezeichnet wird.

Entsprechende Beziehungen, die schließlich nur noch γ_{ges} enthalten, lassen sich aus (5.2) bis (5.4) gewinnen, indem gesetzt wird:

$$S_K = \gamma_{L1} \cdot s(P_{Ki}). \tag{5.7}$$

$$S_K^* = \gamma_{L2} \cdot \gamma_{L1} \cdot s(P_{Ki}). \tag{5.8}$$

$$R_K^* = \frac{1}{\gamma_{m1}} \cdot \frac{1}{\gamma_{m2}} \cdot r\,(R_{Ki}). \tag{5.9}$$

Darin sind erfaßt

- Unsicherheiten der Lasten γ_{L1},
- Unsicherheiten infolge Rechenungenauigkeit γ_{L2},
- Unsicherheiten infolge von Festigkeitsstreuungen γ_{m1},
- Unsicherheiten infolge von Fehlstellen γ_{m2}.

Mit (5.7) bis (5.9) geht (5.6) über in

$$\gamma_{L1} \cdot \gamma_{L2} \cdot s\,(P_{Ki}) \leqq \frac{1}{\gamma_{m1}} \cdot \frac{1}{\gamma_{m2}} \cdot r\,(R_{Ki}), \tag{5.10}$$

oder

$$\gamma_{L1} \cdot \gamma_{L2} \cdot \gamma_{m1} \cdot \gamma_{m2} \cdot s\,(P_{Ki}) \leqq r\,(R_{Ki}). \tag{5.11}$$

Mit

$$\gamma_{ges} = \gamma_{L1} \cdot \gamma_{L2} \cdot \gamma_{m1} \cdot \gamma_{m2}$$

lautet dann die Forderung

$$\gamma_{ges} \cdot s\,(P_{Ki}) = r\,(R_{Ki}). \tag{5.12}$$

Als Definition für den Gesamtsicherheitsbeiwert läßt sich daraus ableiten

$$\gamma_{ges} = \frac{r\,(R_{Ki})}{s\,(P_{Ki})} \tag{5.13}$$

oder auch unter Verwendung von Ausdrücken gemäß (5.3) und (5.4)

$$\gamma_{ges} = \frac{R_K^*}{S_K^*}. \tag{5.14}$$

Die Werte R_{Ki} und S_{Ki} sind Häufigkeitskurven zu entnehmen. Um den Streubreiten der beiden Verteilungskurven Rechnung zu tragen, ist es zweckmäßig, die maßgebenden Werte der Verteilungskurven so zu wählen, daß R_{Ki} niedrigen und S_{Ki} hochliegenden Fraktilen zugeordnet werden. Beispielsweise wird dies heute dadurch verwirklicht, daß sich S_{Ki} aufgrund vorsichtig gewählter Lastannahmen bestimmt, und der Nennwert der Festigkeit einer 5%-Fraktile zugeordnet wird.

Für Tragwerke aus Stahl werden für statische Beanspruchung folgende Zahlen festgelegt:

Unsicherheit der Lasten $\gamma_{L1} = 1{,}16$,
Rechnungsgenauigkeit $\gamma_{L2} = 1{,}16$,
Festigkeitsstreuung $\gamma_{m1} = 1{,}30$,
Örtliche Fehlstelle $\gamma_{m2} = 1{,}00$.

Der für Stahl maßgebende Gesamtsicherheitsbeiwert ergibt sich damit zu

$$\gamma_{ges} = 1{,}16 \cdot 1{,}16 \cdot 1{,}30 \cdot 1{,}00 = 1{,}75. \tag{5.15}$$

Für den Werkstoff Beton gelten andere Unsicherheiten. Dementsprechend sind andere Werte maßgebend:

Festigkeitsstreuung $\qquad \gamma_{m1} = 1{,}30,$
Örtliche Fehlstelle $\qquad \gamma_{m2} = 1{,}20.$

Der Gesamtsicherheitsbeiwert für Tragwerke, die Betondruckspannungen ausgesetzt sind, ermittelt sich dann zu

$$\gamma_{ges} = 1{,}16 \cdot 1{,}16 \cdot 1{,}30 \cdot 1{,}20 = 2{,}10. \tag{5.16}$$

Das Traglastverfahren in Verbindung mit Sicherheitsbeiwerten ist dem Verfahren der zulässigen Spannungen im Hinblick auf die Anpassung der Sicherheitsanforderungen an die Gegebenheiten weit überlegen. Wünschenswert wäre allerdings, den Gesamtsicherheitsbeiwert, der heute in den Vorschriften verankert ist, zugunsten von Teilsicherheitsbeiwerten aufzugeben.

6 Zusammenfassung und Ausblick

Die Sicherheitspraxis in der Bautechnik beruht bei vielen Tragwerken auf einer vorsichtigen Wahl der Lastannahmen und der Einhaltung von zulässigen Spannungen, die einen deutlichen Abstand von den Festigkeiten der Werkstoffe aufweisen. In gewissen Fällen wird vom Traglastverfahren ausgegangen und die Sicherheit durch einen Gesamtsicherheitsbeiwert berücksichtigt. Die zulässigen Spannungen und die Sicherheitsbeiwerte sind durch Normen und Vorschriften geregelt. Im allgemeinen sind mit diesen Verfahren hinreichend sichere Tragwerke erstellt worden. Die Einführung von Teilsicherheitsbeiwerten bahnt sich an.

Statistische Erhebungen über Fälle, in denen die Sicherheit eines Bauwerkes nicht ausreichend gewesen ist, gibt es so gut wie nicht. Quantitative Analysen über Versagenswahrscheinlichkeiten stehen in geringem Umfang zur Verfügung.

Der jetzige Zustand befriedigt in vielerlei Hinsicht nicht.

In Europa wurde daher zu Anfang der 50er Jahre im Comité Européen du Beton (CEB) mit der Entwicklung eines einheitlichen Sicherheitskonzeptes für Betonbauwerke begonnen. Die Idee, einen Modell-Code für das gesamte Bauwesen auf einheitlicher Grundlage zu entwickeln, wurde geboren. Darin wird allgemein gefordert, daß Bauwerke so zu bemessen und auszuführen sind, daß

- sie mechanischen Einwirkungen während eines vorgesehenen Zeitraumes mit ausreichender Sicherheit in gebrauchsfähigem Zustand widerstehen;
- sie gegen chemische, biologische, klimatische und ähnliche Einwirkungen während der vorgesehenen Nutzungsdauer ausreichend beständig sind;
- sie im Falle außergewöhnlicher Einwirkungen einem Versagen des gesamten Systems widerstehen,
- sie im Falle eines lokalen Versagens eines Bauteils keinem Versagen des Gesamtsystems ausgesetzt sind.

Die sich darauf gründenden neuen Sicherheitsbetrachtungen gehen davon aus, daß der Einfluß grober Fehler durch ein funktionierendes Überwachungs- und Kontrollsystem ausgeschaltet wird. Dem Einfluß systematischer und zufälliger Fehler wird

Rechnung getragen. Die Sicherheitsbeurteilung erfolgt dann auf wahrscheinlichkeitstheoretischer Grundlage. Die Sicherheit wird dabei durch den Begriff der „Zuverlässigkeit" im Sinne einer Wahrscheinlichkeitsaussage definiert. Die Zuverlässigkeit P_s beträgt

$$P_s = 1 - P_f, \tag{6.1}$$

wenn mit P_f die Versagenswahrscheinlichkeit bezeichnet wird.

Die erforderliche Zuverlässigkeit von Bauwerken und Bauteilen wird durch ihre Nutzungsart, durch wirtschaftliche Gesichtspunkte und durch das Sicherheitsbedürfnis der Öffentlichkeit bestimmt. Sie hängt von den Folgen eines Schadens ab. Es wird eine Einteilung in Sicherheitsklassen vorgeschlagen (Tabelle 2).

Tabelle 2. Sicherheitsklassen nach CEB

Mögliche Folgen beim Erreichen des Grenzzustandes		Sicherheitsklasse
der Gebrauchsfähigkeit	der Tragfähigkeit	
Geringe wirtschaftliche Folgen, geringe Beeinträchtigung der Nutzung	Geringe Gefährdung von Menschenleben, geringe wirtschaftliche Folgen	1
Beachtliche wirtschaftliche Folgen, beachtliche Beeinträchtigung der Nutzung	Beachtliche Gefährdung von Menschenleben, beachtliche wirtschaftliche Folgen	2
Große wirtschaftliche Folgen, große Beeinträchtigung der Nutzung	Große Gefährdung von Menschenleben, große wirtschaftliche Folgen	3

Die Wahrscheinlichkeit für das Eintreten eines ungünstigen Ereignisses wird mit Hilfe eines definierten Grenzzustandes berechnet. Die Grenzzustände werden in zwei Kategorien eingeteilt:

– Grenzzustand der Tragfähigkeit,
– Grenzzustand der Gebrauchsfähigkeit.

Dieses neue Sicherheitskonzept verläßt den heute üblichen deterministischen Sicherheitsbegriff. Es ermöglicht, ihn weit besser zu quantifizieren und rational zu begründen. Damit lassen sich dann auch Vergleiche der Sicherheiten verschiedener Bauwerke und Bauarten anstellen. Vor allem wird es damit dann möglich sein, große Risiken, die mit geringer Eintrittswahrscheinlichkeit auftreten, einer besseren sicherheitstechnischen Behandlung zuzuführen als dies heute der Fall ist.

Literatur

1. Pugsley, A.: The Safety of Bridges. The Structural Engineer 46 (1968)
2. Jaeger, Th.A.: Das Risikoproblem in der Technik. Schweizer Archiv 36 (1970)
3. Lightenberg, F. K.: Bauwerkssicherheit und Schäden, Schlußbericht zum Symposium „Tragwerkssicherheit" der JVBH, London 1969
4. Franz, G.: Konstruktionslehre des Stahlbetons, Band II. Berlin, Heidelberg, New York: Springer 1968

5. Rüsch, H.: Stahlbeton – Spannbeton. Düsseldorf: Werner 1972
6. Internationale Richtlinien zur Berechnung und Ausführung von Betonbauwerken. ÇEB/FIP, 2. Aufl., London 1970
7. CEB/FIB – Mustervorschrift für Tragwerke aus Stahlbeton und Spannbeton
8. König, G.; Heunisch, M.: Zur statistischen Sicherheitstheorie im Stahlbetonbau. Mitteilungen aus dem Institut für Massivbau der Technischen Hochschule Darmstadt, 1972
9. Rüsch, H.: Kritische Gedanken zu Grundfragen der Sicherheitstheorie. Forschungsbeiträge für die Baupraxis. Berlin: Ernst & Sohn 1979

Zusammenfassung und Auswertung der Diskussion über den Themenkreis „Sicherheit im Bauwesen"

G. König

Verlauf und Inhalt der Diskussion

Schlagzeilen „Wehe, wenn der Spannstahl bricht" nach dem Teileinsturz der Berliner Kongreßhalle oder „Spannbeton: Jeder hat seine Leiche im Keller" nach Feststellung von Rissen an Spannbetonbrücken verdeutlichen, wie empfindlich die Bevölkerung reagiert, wenn das erwartete hohe Zuverlässigkeitsniveau im Bauwesen nicht eingehalten wird. Ein allmählich gewachsenes Regelwerk, ein Kontrollnetz mit bauaufsichtlicher Prüfung der Planungs- und Ausführungsunterlagen, mit Bauüberwachung und Qualitätsüberwachung der Baustoffe haben dafür gesorgt, daß Bauschäden mit Todesfolgen oder hohe Sanierungskosten äußerst selten vorkommen. Weniger als eine Person pro 1 Mio. Einwohner kommt jährlich zu Schaden. Die am Bau Beschäftigten leben rund 2 Zehnerpotenzen gefährlicher.

Häufiger treten Schäden mit wirtschaftlichen Folgen auf. Eine Untersuchung für die Schweiz ergab, daß allerdings die Sanierungskosten bei zwei Drittel aller beobachteten Fälle weniger als 40 000 Franken betragen haben.

Überwiegend menschliche Unzulänglichkeit und weniger das Zusammentreffen mehrerer ungünstiger Ereignisse bestimmen das Risiko im Bauwesen. Die Gegenmaßnahmen „Kontrolle" und „Dimensionierung" stehen in der Bundesrepublik bei bewährten Bauweisen offenbar in einem ausgewogenen Verhältnis zum Nutzen. Das Benutzen von Bauwerken wird als nicht riskant empfunden; ja man erwartet durch Erfahrung gestärkt nahezu uneingeschränkt absolute Sicherheit. Um so betroffener reagiert die Öffentlichkeit, ereignen sich solche schon fast dramatisch zu nennende Schadensfälle wie etwa der Bruch eines Spanngliedes im Tribünenträger beim Stadion in Köln-Müngersdorf oder das Versagen von Spanngliedern der Spannbetonbrücke Hochstraße Prinzenallee in Düsseldorf. Beide Fälle umreißen die Spannweite menschlicher Unzulänglichkeit: der Schaden im Kölner Stadion läßt sich auf Fehler bei der Bauausführung, nämlich das nicht einwandfreie Verpressen der Hüllrohre der Spannglieder mit Zementmörtel, also schlicht auf Schlamperei zurückführen, der Schaden in Düsseldorf jedoch darauf, daß sonst bei Massivbrücken vernachlässigbare Nebeneinflüsse (insbesondere der Temperatureinfluß) bei der speziellen Herstellungsmethode dieses Brückentyps, nämlich abschnittsweise auf einem Vorschubgerüst und an „Koppelfugen" aneinandergespannt, plötzlich an der eingebauten Schwachstelle „Koppelfuge" zu Haupteinflüssen werden. Viele Brücken, die in den 60er Jahren gebaut wurden, wiesen ähnliche Schwachstellen auf; sie sind erkannt und zum überwiegenden Teil bereits ertüchtigt werden. Gerade die Brückenschäden verdeutlichen das Dilemma des Ingenieurs. Er ist durch den „friedlichen" Wettbewerb quasi systembedingt gezwungen, Neuland zu erkunden. Jeder Schritt aus dem Erfahrungsbereich heraus bedeutet aber ein Wagnis höchst realer Verantwortung zivilrechtlicher und strafrechtlicher Art. Rückschläge sind unvermeidlich. Die Unvollständigkeit des menschlichen Denkens hindert ihn, außerhalb seines Erfahrungsbereichs geeignete Modellvorstellungen von der Wirklichkeit zu entwickeln. Daraus resultierende Schäden sind jedoch seit jeher ein Antrieb des Fortschritts im Bauwesen.

Das Denken in Risiken ist bei realen Entscheidungen im Bauwesen nicht sehr ausgeprägt. Es pendelt zwischen striktem Vermeiden eines auch noch so kleinen erkennbaren Risikos und bewußtem Inkaufnehmen von Risiken mit entsprechend abgestuften Gegenmaßnahmen. So wurde schließlich das Kölner Stadion nach Entdecken des Schadens für das nächste Fußballspiel von der Bauaufsichtsbehörde gesperrt, obwohl die Wahrscheinlichkeit für den Eintritt eines weiteren Schadens aufgrund der umfangreichen Kontrollen während der Bauausführung vom hinzugezogenen Gutachter als sehr gering eingestuft worden war.

In einer Reihe von Fällen konnten aber mit Hilfe von Zuverlässigkeitsvergleichen zwischen bewährten Konstruktionen und neuen Aufgaben baupraktische Entscheidungen getroffen werden; zumindest wurden solche Überlegungen für Entscheidungen mit herangezogen.

Der gesetzliche Auftrag, Bauwerke so zu bauen, daß insbesondere Leben und Gesundheit der Bevölkerung hinreichend geschützt sind, wird durch ein Bündel von Maßnahmen zur Abwendung von Gefährdung erfüllt: hierzu gehören neben den bereits erwähnten auch die Regelung der Verantwortlichkeiten, die Qualifikation der am Bau Beteiligten, die Regelung der Verwendung von Baustoffen und Bauteilen und der Entwurf von Tragwerken, die gegen erkannte Gefahren unempfindlich reagieren. Der Maßnahmenkatalog ist historisch gewachsen und zumindest intuitiv dem Grad der Gefährdung von Menschenleben angepaßt. In den zur Zeit diskutierten „Grundlagen zur Festlegung von Sicherheitsanforderungen für bauliche Anlagen" wird versucht, eine Brücke zwischen rechtsnormativen Entscheidungen einerseits und technischen Maßnahmen andererseits herzustellen. Die dort in Abhängigkeit der Gefährdung von Menschenleben empfohlenen Maße für die Zuverlässigkeit der Bauwerke sollen fortgeschrieben werden, um quasi im Regelkreis sicherzustellen, daß das gesteckte Ziel eines bestimmten Risikoniveaus – ausgedrückt durch die Zuverlässigkeit der Bauteile – erreicht wird. Eine unmittelbare Koppelung zwischen angestrebtem Risikoniveau und Zuverlässigkeit der Bauteile kann nur höchst unvollkommen gelingen, da Unfallfolgemodelle im Bauwesen bisher nicht entwickelt sind und wohl auch kaum wegen der Heterogenität ein für allemal entwickelt werden können. Auch ist bisher nicht in Sicht, wie menschliche Unzulänglichkeit in analytische Modelle gepreßt werden soll. Die nunmehr diskutierten Zuverlässigkeitsmaße repräsentieren die Erfahrung mit bewährten Bauweisen.

Im Bauwesen wird in der Regel so dimensioniert, daß jedes Teil bei voll kontrollierbarer Ausführung allein für die Zuverlässigkeit des Bauwerks sorgen kann. Das Teil wird so bemessen, daß Überleben unter Berücksichtigung extrem hoher Lasten und extrem niedriger Tragfähigkeit noch mit großer Wahrscheinlichkeit möglich ist. Ist die Ausführung nur bedingt kontrollierbar, müssen parallel geschaltete Teilsysteme verwendet werden, so daß die Zuverlässigkeit eines Bauwerks nicht allein von der Zuverlässigkeit seines schwächsten Teils bestimmt ist. Im allgemeinen verwendet man im Bauwesen überwiegend parallel geschaltete Systeme oder solche, die nur in wenigen Teilen hoch ausgenutzt sind. Dies ist der Grund, warum im Bauwesen eine hohe Zuverlässigkeit erreicht worden ist.

Es gibt Anzeichen, daß das entwickelte Kontrollnetz an einigen Stellen brüchig geworden ist. Wettbewerbserzwungene Arbeitsteilungen mit dadurch neu hervorgerufenen Schnittstellen, chronischer Facharbeitermangel sowie mißgeleitete Ingenieurausbildung verlangen ein neues Einpendeln der Maßnahmen. Es fehlt die Rückkoppelung schlechter Erfahrungen über den einzelnen Arbeitsbereich hinaus; erst dann lassen sich Mängel erfolgreich bekämpfen.

Folgerungen

Der Nutzen von Zuverlässigkeitsanalysen wird im Bauwesen anerkannt. Sie haben den Vorteil, daß die gesamte vorhandene Information, also auch die Information über die Streuung der einzelnen Einflußgrößen, im Modell von der Wirklichkeit berücksichtigt werden kann. Sie helfen damit, Schwachstellen besser aufzudecken und ein gleichmäßigeres Zuverlässigkeitsniveau zu erreichen. Daher sind die Methoden der Zuverlässigkeitsanalyse weit entwickelt und für andere Technologien jederzeit einsetzbar; insofern herrscht eitel Sonnenschein.

Um rechtsnormative Entscheidungen besser vorzubereiten, muß versucht werden, Risikobetrachtungen mit Zuverlässigkeitsanalysen zu verknüpfen. Dazu fehlen im Bauwesen Unfallfolgemodelle und Ansätze, wie die menschliche Unzulänglichkeit in analytische Modelle einbezogen werden kann. Im Bauwesen besteht jedoch wegen des breiten Erfahrungsschatzes die einzigartige Möglichkeit, durch statistische Erhebungen den Zusammenhang zwischen technischen Maßnahmen und Risiko empirisch zu erforschen. Damit können theoretische Modelle überprüft und die Ergebnisse anderer Technologien nutzbar gemacht werden.

Die Qualitätssicherung im Flugzeugbau und das Kontrollnetz im Flugverkehr bieten Ansätze, das Kontrollnetz im Bauwesen weiter zu entwickeln.

Vorschläge für künftige Forschungsarbeiten

Fallstudien an Bauwerken mit hohem Risiko (z.B. Talsperren) oder solchen, die leichter zu Grundgesamtheiten zusammengefaßt werden können (z.B. Brücken) mit dem Ziel, Schadensstatistiken aufzustellen, die Schadensursachen zu studieren sowie rechnerisch das Risiko zu bestimmen. Schwerpunkt: Überprüfung und Verbesserung der Strategie zur Fehlerbekämpfung, Herausarbeiten von Indikatoren für Gefahren.

Entwicklung von Unfallfolgemodellen in Abhängigkeit des Grades der Vorwarnung bei Versagen ausgewählter Bauteile.

Einbeziehen menschlicher Fehler in analytische Modelle. Ansätze dazu bietet die Theorie der Fuzzi-Sets.

Verbesserung der Datenbasis und der Methodik der Zuverlässigkeitsanalyse: Bestimmung von Systemzuverlässigkeiten, Verbesserung der Modelle für Einwirkungen, Behandlung und Bewertung von Modellungenauigkeiten.

Energietechnik

Die Risikoanalyse in der Kerntechnik, Aussagefähigkeit und Grenzen ihrer Anwendung

F. W. Heuser

1 Einführung

Zur Einführung des Referats sollen zwei allgemeine Bemerkungen gemacht werden:

(1) Kernkraftwerke enthalten erhebliche Mengen radioaktiver Stoffe. Selbst wenn nur ein geringer Teil des Aktivitätsinventars, das in einem Kernkraftwerk eingeschlossen ist, in die Umwelt entweichen würde, ergäben sich bereits gesundheits- und lebensbedrohende Gefahren von weitem Ausmaß. Ein Kernkraftwerk beinhaltet deshalb ein hohes Gefährdungspotential.

(2) Dieses Gefährdungspotential kann nicht aus gemachten Erfahrungen abgeleitet und abgeschätzt werden. Damit wird in der Kerntechnik weitgehender als in anderen Techniken eine Sicherheitsvorsorge erforderlich, die in wesentlichen Teilen auf theoretischen Erkenntnissen und Untersuchungen aufbaut. Es wird eine Vorsorge verlangt, die im voraus so angelegt und qualifiziert ist, daß Unfälle, die zu einer gefährlichen Aktivitätsfreisetzung führen können, nach aller menschlichen Voraussicht von vornherein ausgeschlossen werden.

Im ersten Teil des Referats werden zunächst die Grundzüge des deterministischen Sicherheitskonzepts, so wie es in der Kerntechnik entwickelt worden ist, sowie einige allgemeine Ansätze zu Risikoüberlegungen knapp skizziert. Im weiteren wird ein Überblick über die Methode und wichtigsten Teilaufgaben einer Risikoanalyse gegeben. Ausgehend von Ergebnissen der deutschen Risikostudie [1], wird schließlich versucht, Aussagefähigkeit und Grenzen einer Risikoanalyse in ausgewählten Punkten näher zu diskutieren.

2 Das deterministische Sicherheitskonzept[1] und Ansätze für Risikoüberlegungen

Am Anfang der Reaktorsicherheit stand der „maximum credible accident (MCA)", der maximal glaubhafte Unfall. Er wurde definiert als der plötzliche Bruch der größten Reaktorkühlmittel führenden Rohrleitung. Ein solcher Bruch, der vollkommene Sprödbruch, ist zwar aus physikalischen Gründen nicht ohne weiteres vorstellbar. Dennoch forderte man für die sicherheitstechnische Auslegung eines Kernkraftwerkes, daß die Folgen dieses maximal glaubhaften Unfalls sicher beherrscht werden.

---

1 Zur weiteren Ausführung siehe z.B. [2]

Nachzuweisen war, daß auch bei maximalem Kühlmittelverlust über den zweifachen Querschnitt der größten Kühlmittelleitung

– die Kühlung des Reaktorkerns gewährleistet ist,
– ein Schmelzen des Brennstoffs und damit eine Freisetzung radioaktiver Spaltprodukte aus dem Brennstoff verhindert wird.

Dieser Störfall wurde als Auslegungsstörfall festgeschrieben, d.h. der Störfall wurde zur Bemessung der sicherheitstechnischen Anforderungen an Auslegung und Betrieb des Kernkraftwerks zugrunde gelegt. Begründet wurde diese Festlegung damit, daß der Störfall zu den schwersten Belastungen und höchsten Bemessungsanforderungen führt, die glaubhaft sind. Belastungen und Anforderungen aus weniger schweren Störfällen, z.B. dem Kühlmittelverlust über ein kleines Leck, galten damit als abgedeckt.

In der Folgezeit wurden noch einige weitere Auslegungsstörfälle, z.B. zur Festlegung von Sicherheitsanforderungen gegen Einwirkungen von außen, eingeführt. Dieses Vorgehen hat sich in der Praxis der Sicherheitsbeurteilung insgesamt bewährt, es ist daher ein wichtiger Bestand des atomrechtlichen Genehmigungsverfahren.

Das deterministische Sicherheitskonzept kann prinzipiell jedoch in wenigstens zwei Punkten kritisiert werden.

(1) Das Konzept impliziert, daß Störfälle, die unterhalb der Auslegungsstörfälle liegen, geringere sicherheitstechnische Anforderungen stellen und beherrscht werden. ·
(2) Es sind, zumindest theoretisch, Störfälle oder auch Unfälle denkbar, die über die mit den Auslegungsstörfällen definierten Belastungsgrenzen hinausgehen und zu schweren Schadensfolgen auch außerhalb der Anlage führen können.

Schon frühzeitig hat es daher Überlegungen gegeben, in weitergehenden Risikountersuchungen diese Schwächen des deterministischen Konzepts zu überwinden. Neben den sicherheitstechnischen Anforderungen selbst sollten vor allem auch Wahrscheinlichkeitsüberlegungen zur Sicherheitsbeurteilung herangezogen werden. So wurde bereits in den sechziger Jahren von Farmer der Vorschlag gemacht, Sicherheitsanforderungen an einer vorgegebenen Risikogrenzkurve zu orientieren und zu quantifizieren [3].

Wenn die Sicherheitssysteme in einem Kernkraftwerk funktionieren, treten auch bei Störfällen keine Schäden in der Umgebung auf, da eine gefährliche Freisetzung radioaktiver Stoffe verhindert wird. Ein Beitrag zum Risiko ist deshalb hauptsächlich nur dann zu erwarten, wenn bei Störfällen Sicherheitssysteme so weit versagen, daß es zu einem Schmelzen des Brennstoffs und damit verbunden zu einer erheblichen Aktivitätsfreisetzung nach außen kommen kann. Solche Unfälle sind bisher nicht aufgetreten.

Risikoanalysen müssen daher weitgehend auf theoretischen Untersuchungen aufbauen. Diese Untersuchungen müssen so angelegt werden, daß Detailkenntnisse, die zu verschiedenen Teilaufgaben einer Risikoanalyse vorhanden sind, in einem geschlossenen theoretischen Konzept für eine Gesamtbeurteilung herangezogen werden können. Solche Detailkenntnisse sind z.B.

– Informationen aus vorliegenden Betriebserfahrungen, z.B. über aufgetretene Störungen,

– Ergebnisse anlagendynamischer Störfalluntersuchungen, oder auch
– Ergebnisse der weiterführenden Sicherheitsforschung, z. B. zur Beurteilung möglicher Kernschmelzvorgänge nach Ausfall der Kernkühlung.

3 Die Methoden der Risikoanalyse

Jedes Risiko ist gekennzeichnet durch die Wahrscheinlichkeit oder die Häufigkeit und das Ausmaß eines möglichen Schadens. In einer Risikoanalyse sind daher beide Komponenten „Häufigkeit" und „Ausmaß" eines Schadens zu betrachten. Bild 1 gibt einen Überblick über die wichtigsten Schritte einer Risikoanalyse.

3.1 Auslösende Ereignisse

Grundsätzlich müssen alle Aktivitätsquellen darauf hin überprüft werden, unter welchen Umständen eine Freisetzung von Spaltprodukten in die Umgebung eintreten kann. Die erste Aufgabe einer Risikostudie besteht somit darin, alle störfallauslösenden Ereignisse zu identifizieren, die unter Umständen zu einer Aktivitätsfreisetzung führen können.

Es ist allerdings weder möglich noch notwendig, alle denkbaren auslösenden Ereignisse im einzelnen aufzuführen und zu analysieren. Vielmehr reicht es aus, eine begrenzte Zahl von Klassen auslösender Ereignisse zu behandeln, die im Sinne von Einhüllenden andere auslösende Ereignisse abdecken.

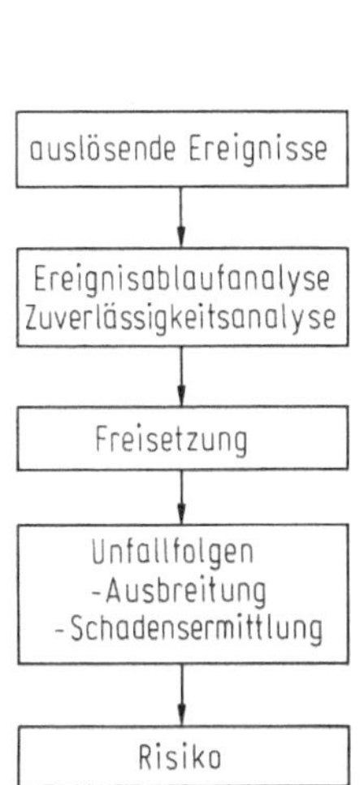

Bild 1. Schritte der Risikostudie

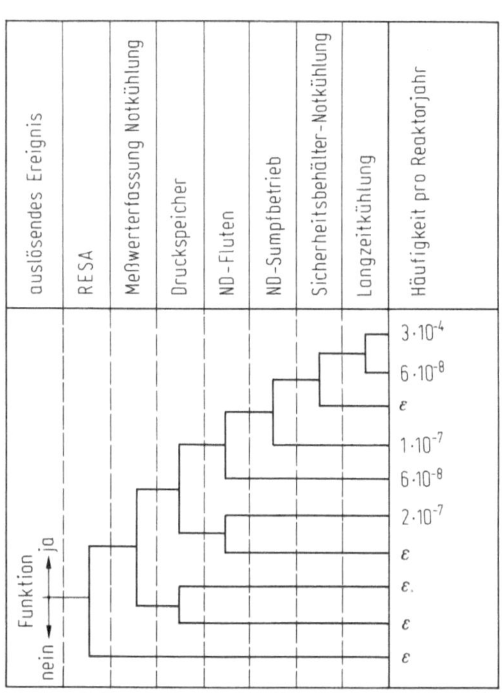

Bild 2. Ereignisablaufdiagramm „Großes Leck"

So wurden in der deutschen Risikostudie Kühlmittelverluststörfälle zu verschieden
großen Bruchquerschnitten in Rohrleitungen und einige ausgewählte Transientenstörungen, z. B. der Notstromfall, eingehend behandelt. (Transienten sind Störungen, die
ohne Einleitung über einen Kühlmittelverlust die Leistung im Reaktorkern erhöhen
oder die Kühlung des Kerns beeinträchtigen können).

3.2 Störfallanalyse

Diese Aufgabe umfaßt die anlagentechnische Störfallanalyse, sie besteht im wesentlichen aus zwei Teilen, der Ereignisablaufanalyse und der systemtechnischen Zuverlässigkeitsanalyse.

Tritt ein Störfall ein, so hängt der weitere Störfallverlauf davon ab, ob die vorhandenen Sicherheitssysteme wie gefordert eingreifen oder ob sie versagen. Je nach Erfolg
oder Versagen der Sicherheitssysteme ergeben sich unterschiedliche Ereignisabläufe.

Die Vielzahl dieser Abläufe ordnet man in einem Ereignisablaufdiagramm, der
Ereignisablaufanalyse. Bild 2 zeigt z. B. das Ereignisablaufdiagramm für das auslösende Ereignis „Bruch einer Hauptkühlmittelleitung".

Eine Aufgabe der Analyse besteht darin, die im Ereignisablaufdiagramm aufge-
führten Abläufe in ihrem anlagendynamischen Verhalten und in ihren Auswirkungen
zu beschreiben. Das sind im wesentlichen theoretische Untersuchungen zur Störfallsi-
mulation.

Desweiteren müssen die Häufigkeiten dieser Ereignisabläufe ermittelt werden. Neben den Eintrittshäufigkeiten der auslösenden Ereignisse sind dabei in den Verzweigungen des Ablaufdiagramms die Versagenswahrscheinlichkeiten der angeforderten
Sicherheitssysteme zu bestimmen. Das ist Aufgabe der systemtechnischen Zuverlässigkeitsanalyse.

3.3 Freisetzung

In diesem Schritt ist der Ablauf von Kernschmelzunfällen, zunächst innerhalb der
Anlage, zu verfolgen. Untersucht werden hier

– die Vorgänge beim Schmelzen des Reaktorkerns,
– das Verhalten des Sicherheitsbehälters und seine möglichen Versagensarten, sowie
– das Verhalten der aus der Schmelze freigesetzten Spaltprodukte und ihre Freisetzung aus der Anlage nach einem Versagen des Sicherheitsbehälters.

Als Ergebnis dieser Untersuchungen erhält man Angaben zu Art und Ausmaß,
sowie Häufigkeit der aus den Unfallabläufen resultierenden Aktivitätsfreisetzung aus
der Anlage.

3.4 Unfallfolgen

Ausgehend von den Freisetzungsdaten verfolgt man in der Ausbreitungsrechnung
zunächst die wetterabhängige Ausbreitung der Aktivitätsfahne und berechnet die
daraus resultierende Aktivitätskonzentration in der Umgebung der Anlage. Im weiteren ermittelt man hieraus Strahlenbelastungen über verschiedene Expositionspfade
und daraus resultierende Strahlungsdosen für verschiedene Körperorgane. Für diese
Rechnung werden Schutz- und Gegenmaßnahmen berücksichtigt, die sich weitgehend
an vorliegenden behördlichen Rahmenempfehlungen orientieren.

Im Schadensmodell ermittelt man das Ausmaß möglicher Strahlenschäden. Für diese Rechnungen werden die Bevölkerungsdaten verschiedener Standorte zugrundegelegt. Über Dosis-Wirkungsbeziehungen für verschiedene gesundheitliche Schäden berechnet man dabei die Anzahl der durch akute oder latente Strahlenschäden betroffene Personen.

3.5 Risiko

In der Verknüpfung von Schadensausmaß und Häufigkeit der verfolgten Unfallabläufe ermittelt man schließlich das aus Störfällen in Kernkraftwerken verursachte Risiko.

Risikoanalysen tragen dazu bei, unser Verständnis von Sicherheit zu vertiefen. Andererseits bestehen aber sicher auch Begrenzungen, die in der Anwendung von Risikoanalysen und in der Beurteilung ihrer Ergebnisse zu beachten sind. Ausgehend von Ergebnissen der deutschen Risikostudie sollen beide Aspekte, die Vertiefung des Sicherheitsverständnisses und Begrenzung der Ergebnisaussagen, im folgenden näher auseinandergesetzt werden.

4 Die Anwendung der Risikoanalyse

Am Beispiel des Ereignisablaufdiagramms für den großen Kühlmittelverluststörfall („Großes Leck"), Bild 2, sollen noch einmal die Abgrenzungen zwischen deterministischer und probabilistischer Analyse genauer erläutert werden. Das Ereignisablaufdiagramm zeigt alle Ereignisabläufe, die sich je nach Erfolg oder Versagen der angeforderten Sicherheitssysteme aus dem auslösenden Ereignis „Vollständiger Abriß einer Hauptkühlmittelleitung" ergeben können.

Die verschiedenen Sicherheitsfunktionen, die zur Beherrschung des Störfalls erforderlich sind, sind in dieses Diagramm in etwa in der zeitlichen Reihenfolge ihrer Anforderungen eingetragen. Jede Verzweigung entspricht einer ganz bestimmten Sicherheitsanforderung. Eine Verzweigung nach oben entspricht der erfolgreichen Anforderung, eine Verzweigung nach unten dem Versagen der geforderten Sicherheitsfunktion. Der stets nach oben verzweigte Ereignisablauf entspricht somit dem vollkommen beherrschten Störfall.

Im deterministischen Sicherheitsnachweis wird nur dieser Ereignisablauf, d.h. der Auslegungsstörfall selbst, betrachtet. Ein Versagen von Sicherheitseinrichtungen wird nicht betrachtet. Die Anlage ist so angelegt, daß sie den aus dem Störfall resultierenden Belastungen, z.B. den Belastungen auf die Kerneinbauten, in jedem Fall standhält. Es sind Sicherheitseinrichtungen vorhanden (Schnellabschaltung, Druckspeicher, Pumpen usw.), die in jedem Fall dafür sorgen, daß der Reaktorkern ausreichend gekühlt wird und keine kritischen Brennstofftemperaturen erreicht werden.

Die Aufgabe des erforderlichen Sicherheitsnachweises ist damit klar abgegrenzt. Es werden eindeutige Vorgaben gemacht, sowohl was den Ausgangspunkt der Untersuchungen als auch ihre weiteren Abgrenzungen zum Störfallverhalten selbst angeht. Die so abgegrenzten Zusammenhänge der Störfallanalyse werden dann voll, man kann auch sagen kausal, durchanalysiert. Die Ergebnisse dieser Untersuchungen werden in ingenieurtechnische Anforderungen der Sicherheitsvorsorge und Schadensverhütung umgesetzt.

Im Gegensatz hierzu werden in der probabilistischen Analyse keinerlei abgrenzende Einschränkungen gemacht. Das betrifft vor allem zwei Punkte:

(1) Es wird auch der Fall betrachtet, daß Sicherheitssysteme versagen. Im Bild der Ereignisablaufanalyse heißt das, es werden auch Abläufe verfolgt, die nach einem Ausfall von Sicherheitssystemen (Reaktorschnellabschaltung, Druckspeicher, ND-Pumpen etc.) zu Kernschmelzen führen. Es werden alle denkbaren Varianten von Ereignisabläufen verfolgt, die nach wissenschaftlichem Verständnis möglich sind.

(2) Die verschiedenen Ereignisabläufe werden wahrscheinlichkeitsmäßig bewertet. Das heißt, neben der Eintrittshäufigkeit des auslösenden Ereignisses selbst ermittelt man in den Verzweigungen des Diagrammes die Versagenswahrscheinlichkeiten der geforderten Sicherheitssysteme.

Da die Sicherheitssysteme auslegungsgemäß über einen hohen Qualitätsstandard verfügen, liegen direkte Erfahrungen über Systemausfälle nur sehr begrenzt vor. Die Versagenswahrscheinlichkeiten dieser Systeme können daher nur über theoretische Zuverlässigkeitsuntersuchungen ermittelt werden. Hierzu muß man, ausgehend vom Ausfallverhalten der einzelnen Bauteile des Systems, auf die Ausfallwahrscheinlichkeit des Systems als ganzes hochrechnen.

Die Ergebnisse der Analyse sind in der Zahlenspalte auf der rechten Seite des Diagramms in Bild 2 angegeben. Beträgt die Eintrittshäufigkeit für das auslösende Ereignis „Großer Bruch einer Hauptkühlmittelleitung" $3 \cdot 10^{-4}$ pro Jahr, so zeigt die Analyse, daß die Häufigkeit für einen Kernschmelzunfall, der sich aus dem Versagen von Sicherheitssystemen ergeben kann, kleiner ist als 10^{-6} pro Jahr. Die weitergehende probabilistische Analyse bestätigt damit die Gültigkeit der deterministisch getroffenen Abgrenzungen und der daraus abgeleiteten sicherheitstechnischen Auslegung.

Die Ergebnisse der Risikostudie zeigen jedoch, daß die Verhältnisse nicht immer so einfach liegen wie hier in der Ereignisablaufanalyse für den großen Kühlmittelverluststörfall.

In der deutschen Risikostudie wurden etwa 70 Ereignisabläufe untersucht, die nach einem Versagen von Sicherheitssystemen zu Kernschmelzen führen. Die Häufigkeit von Kernschmelzunfällen wurde dabei insgesamt mit etwa 1:10 000 pro Jahr und Anlage ermittelt.

Bild 3 zeigt anschaulich die relativen Anteile der verschiedenen in der Studie untersuchten Störfälle an der Eintrittshäufigkeit für Kernschmelzen. Das Bild zeigt, daß ein Risikobeitrag aus dem großen Kühlmittelverluststörfall, hier als Beitrag zur Häufigkeit von Kernschmelzen, beliebig vernachlässigt werden kann. Risikobestimmend ist vielmehr der Anteil, der aus einem nicht beherrschten kleinen Leck in einer Hauptkühlmittelleitung resultiert. Desweiteren ergibt sich ebenso ein nicht unerheblicher Beitrag aus nicht beherrschten Transientenstörungen.

Die Ergebnisse der Studie zeigen damit, daß die risikorelevanten Beiträge nicht durch die Auslegungsstörfälle bestimmt werden. Stärker als bisher vielleicht eingeschätzt, sind es eher betriebsnahe Störungen, die in der Risikobeurteilung eine entscheidende Rolle spielen.

Der dominierende Beitrag aus einem nicht beherrschten kleinen Leck erklärt sich im wesentlichen aus zwei Gründen.

(1) Im Vergleich zu großen und mittleren Brüchen ist für kleine Lecks eine erhebliche größere Eintrittshäufigkeit anzusetzen.

(2) In der Referenzanlage, die der Studie zugrundeliegt, sind zur Beherrschung des kleinen Lecks Handmaßnahmen erforderlich, um das Abfahren der Anlage über das Sekundärsystem (den Speisewasser-Dampf-Kreislauf) einzuleiten und durchzuführen. Aus der Zuverlässigkeitsbewertung dieser Handmaßnahmen ergibt sich eine relativ hohe Versagenswahrscheinlichkeit der hier geforderten Systeme.

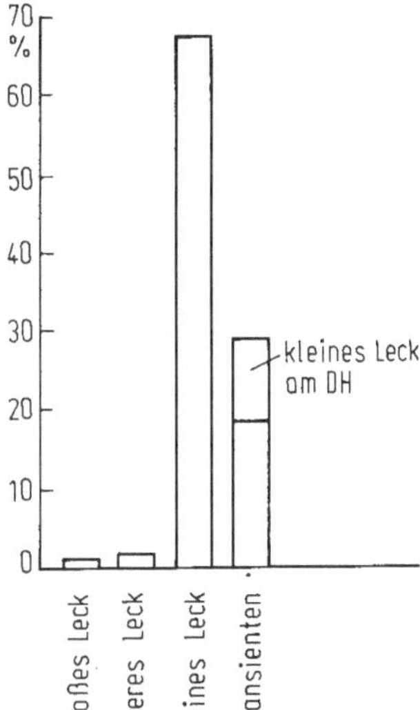

Bild 3. Relative Beiträge der verschiedenen auslösenden Ereignisse zur Kernschmelzhäufigkeit

Dieses Ergebnis der Studie ist zunächst auf die spezielle Auslegung der Referenzanlage zurückzuführen. Durch verhältnismäßig einfache Änderungen in der Anlage – einer weitgehenden Automatisierung des Abfahrvorganges – konnte dieser Beitrag inzwischen auch erheblich reduziert werden. Als Ergebnis der Studie bleibt aber festzuhalten, daß menschliches Fehlverhalten ganz erheblich zur Eintrittshäufigkeit von Kernschmelzen beitragen kann. Auch bei weitgehender Automatisierung, wie sie in deutschen Kernkraftwerken verwirklicht ist, kann das Verhalten des Betriebspersonals einen großen Einfluß auf das aus Störfällen verursachte Risiko haben.

Allgemeiner zeigen die Ergebnisse der Studie, daß solche Problempunkte oft in Schnittstellen zwischen verschiedenen Systemen und Fachdisziplinen auftreten, z.B. Schwachstellen in der Verknüpfung von Leittechnik und Verfahrenstechnik. Derartige Einflüsse können oft durch geringfügige Änderungen, z.B. in der Ansteuerung oder durch eine Erweiterung des Wartungsumfanges erheblich reduziert und weitgehend beseitigt werden.

Das diskutierte Beispiel zeigt die Nützlichkeit risikoanalytischer Methoden. Die sicherheitstechnische Bedeutung verschiedener Störfälle und daraus resultierender Schäden wird nicht mehr nach mehr oder weniger starren Kriterien bewertet. Deterministisch getroffene Festlegungen und Abgrenzungen werden vielmehr durch die Ergebnisse weitgehender quantitativer Untersuchungen ersetzt.

5 Begrenzungen von Risikoanalysen, zur Aussagesicherheit der Ergebnisse

Quantitative Aussagen von Risikountersuchungen sind das Ergebnis umfangreicher rechnerischer Unfallsimulationen, die mit Unsicherheiten verbunden sind. Aussageunsicherheiten ergeben sich einmal aus Grenzen der fachlichen Kenntnisse und der verfügbaren Methoden, zum anderen aber sind es auch Begrenzungen grundsätzlicher Art. Risikountersuchungen liefern daher keine exakte Risikoberechnung, sondern lediglich eine Risikoschätzung.

Die Voraussetzungen, unter denen in der Kerntechnik Risikoaussagen gemacht werden, sollen in zwei einfachen Überlegungen skizziert werden.

(1) Risikoabschätzungen für Reaktorunfälle können nicht aus Erfahrungen abgeleitet werden. Man hat zunächst lediglich die Information, daß weltweit gesehen mehr als 1000 Reaktorbetriebsjahre vorliegen, in denen kein Kernschmelzunfall eingetreten ist. Daraus schätzt man ab, mit 95%iger Aussagesicherheit ist die Eintrittshäufigkeit für einen Kernschmelzunfall geringer als 0,003 pro Jahr und Anlage.

Diese Abschätzung ist völlig unzureichend, sie gibt keinerlei Auskunft über die tatsächliche Höhe dieser Eintrittswahrscheinlichkeit. Ebenso enthält sie keine Information über Schadensfolgen, die mit einem Kernschmelzunfall verbunden wären.

(2) Es gibt keine einfache, bzw. allgemein akzeptierte Rechenvorschrift, in der die Risikozahlen „seltener Ereignisse", hier äußerst unwahrscheinlicher, aber mit hohen Schadensausmaßen verbundener Ereignisse, sinnvoll dargestellt werden können.

Beträgt z. B. die Eintrittshäufigkeit für einen Schaden vom Umfang $10\,000\ 10^{-6}$ pro Jahr, so ist die Angabe einer mittleren Schadenserwartung von 1 für die nächsten 100 Jahre wenig sinnvoll. Es interessiert lediglich die Frage, ob im Verlauf der nächsten 100 Jahre, wie allgemein mit einer Chance von 9999 zu 10 000 erwartet, kein Schaden eintritt, oder aber, ob mit einer Chance von 1 zu 10 000 wider Erwarten ein Schaden vom Umfang 10 000 eintreten wird.

In der deutschen Risikostudie wurde, soweit wie eine brauchbare Basis bestand, versucht, die mit den Ergebnissen der Analyse verbundenen Unsicherheiten abzuschätzen. So wurden z. B. für die aus Betriebserfahrungen ermittelten Zuverlässigkeitskenndaten zum Ausfallverhalten von Bauteilen die Unsicherheiten verschiedener Datenangaben quantifiziert und in der Analyse berücksichtigt. Daneben verbleiben aber weitere, unter Umständen erhebliche Unsicherheiten, die nicht ohne weiteres quantifiziert werden können. Um derartige Unsicherheiten abzudecken, ist vielfach ein pessimistisches Vorgehen erforderlich, d. h. es werden vereinfachende Annahmen gemacht, die allgemein von ungünstigeren Voraussetzungen ausgehen als tatsächlich zutreffend. Solche Annahmen wurden in der Studie sowohl für die Wahrscheinlichkeitsbewertung als auch zu möglichen Schadensausmaßen von Unfällen gemacht.

So wird z. B. vereinfachend unterstellt, daß Teilausfälle von Sicherheitssystemen, die zunächst zu einer unzureichenden Kernkühlung führen können, bereits vollständiges Schmelzen des Reaktorkerns zur Folge haben. Diese Annahme sollte insgesamt zu einer Überschätzung der Eintrittshäufigkeit für Kernschmelzen führen.

Zum zweiten Punkt der Überschätzung möglicher Schadensfolgen. In der Studie wird angenommen, daß bei einem Kernschmelzunfall eine Dampfexplosion auftreten kann. Eine Dampfexplosion wäre denkbar, wenn nach dem Schmelzen des Kerns geschmolzene Kernmassen in noch vorhandenes Wasser im unteren Teil des Reaktordruckbehälters abstürzen. Es wird weiter angenommen, daß diese Dampfexplosion äußerst heftig ist, den Reaktordruckbehälter und unmittelbar in Folge auch den Sicherheitsbehälter zerstört. Dieser Unfall führt zu einer sehr hohen und zugleich sehr frühzeitigen Aktivitätsfreisetzung, bereits etwa eine Stunde nach Störfalleintritt. Die

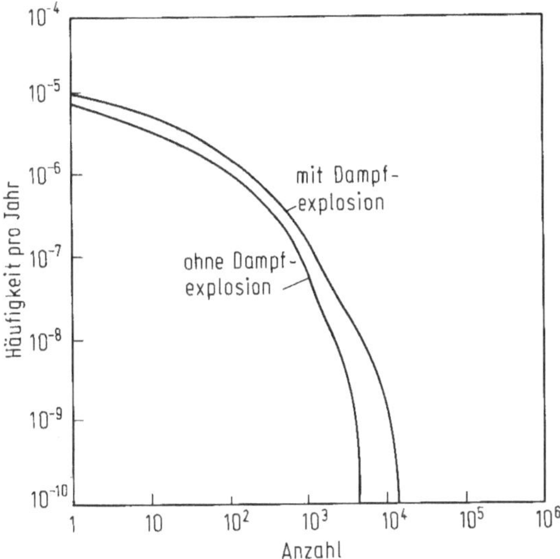

Bild 4. Komplementäre Häufigkeitsverteilungen der frühen Todesfälle pro Jahr für 25 Anlagen

Annahme einer Dampfexplosion bestimmt damit das in der Studie ermittelte maximale Schadensausmaß. Theoretische und experimentelle Untersuchungen weisen jedoch darauf hin, daß mit einem solchen Unfallablauf nicht zu rechnen ist. Es müßten mehrere, voneinander unabhängige, physikalische Bedingungen zusammentreffen, von denen jede für sich bereits äußerst unwahrscheinlich ist. Die Annahme einer Dampfexplosion ist daher als eine sehr pessimistische Annahme zur Risikoabschätzung, insbesondere zur Abschätzung möglicher Schadensausmaße, anzusehen.

Bild 4 zeigt den Einfluß dieser Annahme auf die Ergebnisse der Studie. Dargestellt sind hier bezogen auf 25 Anlagen die Risikokurven[2] für Frühschäden mit und ohne Berücksichtigung der Dampfexplosion.

Im Bereich geringer Schäden ergibt sich nur eine geringfügige Verminderung der Eintrittshäufigkeit, da solche Schäden auch aus anderen Unfallabläufen resultieren können. Andererseits wird im Bereich großer Schäden, insbesondere für den berechneten Maximalschaden, das Schadensausmaß deutlich reduziert, wenn die Dampfexplosion ausgeschlossen werden kann.

---

2 Aufgetragen ist hier (ebenso auch in Bild 5) in einem Diagramm Häufigkeit über Schadensausmaß die Häufigkeit, mit der ein bestimmtes Schadensausmaß erreicht oder überschritten wird

Die Untersuchungen zum Problemkreis Dampfexplosion sind noch nicht abgeschlossen. An diesem Beispiel sollte aber gezeigt werden, wieweit verbessserte Modelle und neuere Ergebnisse der Sicherheitsforschung pessimistische Annahmen abbauen und damit auch die Ergebnisse von Risikountersuchungen beeinflussen können.

Anderseits wurde in der Studie natürlich auch versucht, die Aussagesicherheit der Ergebnisse quantitativ abzuschätzen. Bild 5 zeigt hierzu noch einmal (wieder bezogen auf 25 Anlagen) die Risikokurve für Frühschäden, unter Einschluß der Dampfexplosion. In einigen Punkten der Kurve zusätzlich eingetragen sind 90-%-Vertrauensintervalle der Ergebnisse [3], so wie sie in der Studie ermittelt worden sind.

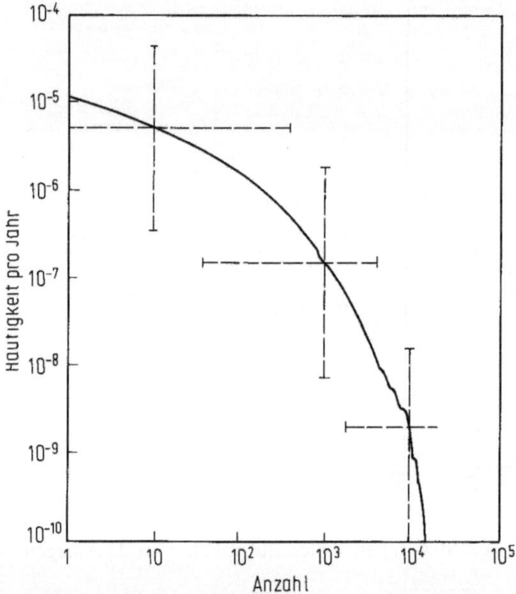

Bild 5. Komplementäre Häufigkeitsverteilung der frühen Todesfälle pro Jahr für 25 Anlagen. Gestrichelte Balken: 90-%-Vertrauensbereiche

Die Bedeutung dieser Vertrauensintervalle soll im folgenden näher erläutert werden.

Die quantitativen Aussagen der Studie sind das Ergebnis umfangreicher, rechnerischer Unfallsimulationen. So entspricht die in Bild 5 ausgezogene Risikokurve einer Zusammenfassung von ca. 600 000 rechnerisch simulierten Unfallabläufen. Jeder Unfallablauf besteht dabei aus

– dem anlagetechnischen Ereignisablauf, der vom auslösenden Ereignis zur Freisetzung führt, und
– dem anlagenexternen Unfallablauf, der ausgehend von der Freisetzung über die Ausbreitungs- und Dosisberechnung zur Schadensermittlung führt.

---

3 Die eingetragenen Balken besagen, daß der wahre Wert für die Häufigkeit bzw. für die Höhe eines Schadens jeweils mit 5% Wahrscheinlichkeit oberhalb oder unterhalb der Grenzen bzw. mit 90%iger Wahrscheinlichkeit innerhalb dieser Grenzen liegt

In die rechnerische Simulation dieser Unfallabläufe gehen an zahlreichen Stellen Schätzungen ein. Sowohl die zu erwartende Häufigkeit eines simulierten Unfallablaufs, als auch der zu erwartende Schadensumfang sind mit Schätzunsicherheiten für verschiedene Einflußfaktoren der Rechnungen behaftet. Deshalb stellt sich die Frage nach der Aussagesicherheit der Ergebnisse.

Schätzunsicherheiten ergeben sich z. B. aus der ungenauen Kenntnis an sich fester Größen, wie z. B. der Ablagerungsgeschwindigkeit von Spaltprodukten aus der Aktivitätsfahne, oder aus einer unzureichenden Beschreibung physikalischer Gesetzmässigkeiten in der Analyse der Unfallabläufe.

Nicht zu diesen Schätzunsicherheiten zählen hingegen zufallsbedingte Ungewißheiten für einen Unfallablauf, z. B. die bei einem Unfall zufällig vorherrschenden Wetterbedingungen. Diese Ungewißheiten sind bereits Bestandteil der repräsentativen Risikokurve. Sie gehen nicht in die Ermittlung der aus den Schätzunsicherheiten an sich fester Einflußgrößen resultierenden Ergebnisunsicherheit ein.

Die ausgezogene Risikokurve selbst ergibt sich aus einer Rechnung, in der die ungenau bekannten Einflußgrößen zunächst mit einem festen Referenzwert belegt werden. Unsicherheiten der Rechnungen ergeben sich dann entweder aus vorliegenden Verteilungsfunktionen für die Werte dieser Einflußgrößen, z. B. aus der Verteilungsfunktion der Freisetzungshäufigkeiten verschiedener Unfallabläufe, oder aber aus Schätzungen für einen Bestwert dieser Einflußgrößen, z. B. der Schätzung für einen Bestwert der Ablagerungsgeschwindigkeit von Spaltprodukten.

Zur Ermittlung der Aussagesicherheit der Ergebnisse wurden daher Rechnungen durchgeführt, in denen die Schätzunsicherheiten zu diesen Bestwerten erfaßt worden sind. Die angegebenen Vertrauensintervalle sind somit ein Maß für die zu den Ergebnissen der Studie quantifizierten Schätzunsicherheiten verschiedener Einflußfaktoren.

Für diese Rechnung wurden z. B. im einzelnen berücksichtigt

- die aus der Unsicherheit von Zuverlässigkeitskenndaten resultierenden Schätzunsicherheiten für die Freisetzungshäufigkeiten der verschiedenen Unfallabläufe,

im weiteren auch Schätzunsicherheiten, z. B.

- zur Ablagerungsgeschwindigkeit für trockene und nasse Ablagerung von Spaltprodukten aus der Aktivitätsfahne,
- sowie zu den im Schadensmodell angesetzten Dosis-Wirkungs-Beziehungen zur Ermittlung von Strahlenschäden.

Diese Rechnungen können vorerst nur Anhaltspunkte zur Unsicherheit verschiedener Einflußgrößen und zur Aussagesicherheit der Ergebnisse insgesamt liefern.

Sie liefern aber Hinweise auf maßgebliche Einflußgrößen und bestehende Kenntnislücken.

Risikountersuchungen sollen mit diesen Überlegungen nicht abgewertet werden, es sollte aber gezeigt werden, daß Ergebnisse von Risikoanalysen stets im Zusammenhang bestehender Aussageunsicherheiten zu bewerten sind.

6 Zusammenfassung

Risikoanalysen geben ein wertvolles Instrumentarium zur quantitativen Sicherheitsbeurteilung an die Hand. Sie führen zu einem vertieften Sicherheitsverständnis und erlauben eine vergleichende Beurteilung von Sicherheitseinrichtungen. Im weiteren ermöglichen Risikountersuchungen eine differenzierte Beurteilung verschiedener Unfallparameter und Einflußgrößen, die maßgeblich das aus Störfällen verursachte Risiko bestimmen.

Auf dem gegenwärtigen Stand der Kenntnisse sind Risikoanalysen noch mit erheblichen Unsicherheiten behaftet. Sie liefern daher keine exakte Risikoberechnung, sondern lediglich eine Risikoschätzung. Der Zwang, in Risikoanalysen unzureichende Kenntnisse soweit wie möglich zu quantifizieren, führt allerdings dazu, daß Wissenslücken – vielleicht schärfer als bisher – erkannt und präzisiert werden. Risikoanalysen können damit sinnvolle Ansatzpunkte und Maßstäbe bieten, an denen Aufgaben der Sicherheitsforschung in einem Gesamtzusammenhang aufgezeigt und bewertet werden.

Literatur

1. Deutsche Risikostudie Kernkraftwerke. Eine Untersuchung zu dem durch Störfälle in Kernkraftwerken verursachten Risiko. Eine Studie der Gesellschaft für Reaktorsicherheit. Verlag TÜV Rheinland 1979
2. Smidt, D.: Reaktor-Sicherheitstechnik Berlin, Heidelberg, New York: Springer 1979
3. Farmer, F. R.: Siting Criteria – A New Approach.
   IAEA-Proceedings, Series Containment and Siting of Nuclear Power Plants, Wien 1967

Sicherheitstechnik und Schadensforschung im Gasfach

P. Ludwikowski

1 Wie sicher ist die Energietechnik?

Ein Blick auf die Unfallstatistik der Bundesrepublik Deutschland führt zu der Frage, warum dieses Thema für die Gaswirtschaft überhaupt als aktuell angesehen wird [1]. 1978 betrug der Anteil der tödlichen Unfälle durch Gasexplosionen und Gasvergiftungen 0,06 % der gesamten tödlichen Unfälle. Auf je einen tödlichen Unfall infolge einer Gasexplosion ereigneten sich 1978 2353 tödliche Kraftfahrzeugunfälle und 1612 Unfälle durch Sturz. Die Wahrscheinlichkeit, durch Blitzschlag zu Tode zu kommen, ist etwa genau so groß wie die durch eine Gasexplosion.

Die Anzahl der bei Gasexplosionen und durch Gasvergiftung jährlich getöteten Personen ist in den vergangenen Jahren stark zurückgegangen (Bild 1). Sehr beeindruckend ist die Abnahme der Anzahl der jährlichen Toten, bezogen auf 1000 km Rohrnetzlänge und auf 1 Mrd. kWh Gasaufkommen (Bild 2).

Man muß sich nun die Frage stellen, in welchem Ausmaß ein grundsätzlich unvermeidbares Risiko durch zusätzliche sicherheitstechnische Maßnahmen noch weiter

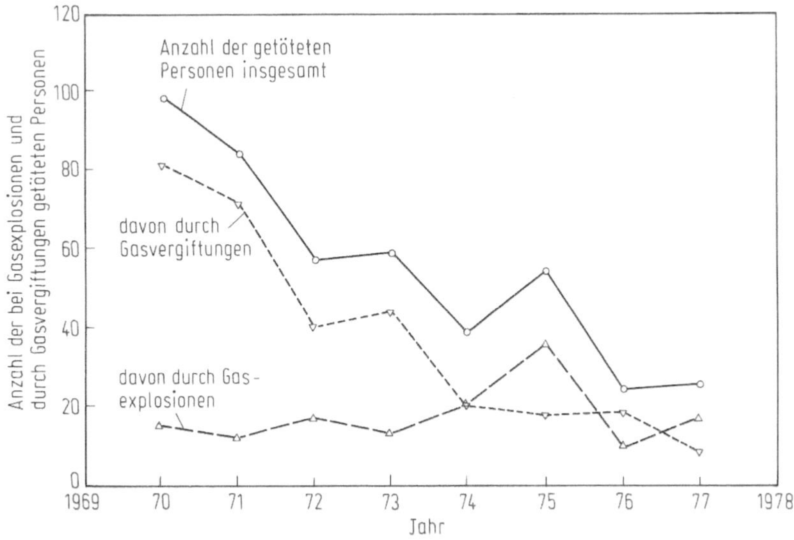

Bild 1. Tödliche Unfälle durch Gasvergiftungen und Gasexplosionen (nur Gas aus öffentlichen Rohrleitungen) in den Jahren 1970 bis 1977; nach Angaben des Statistischen Bundesamtes Wiesbaden (Dornier-Studie [3])

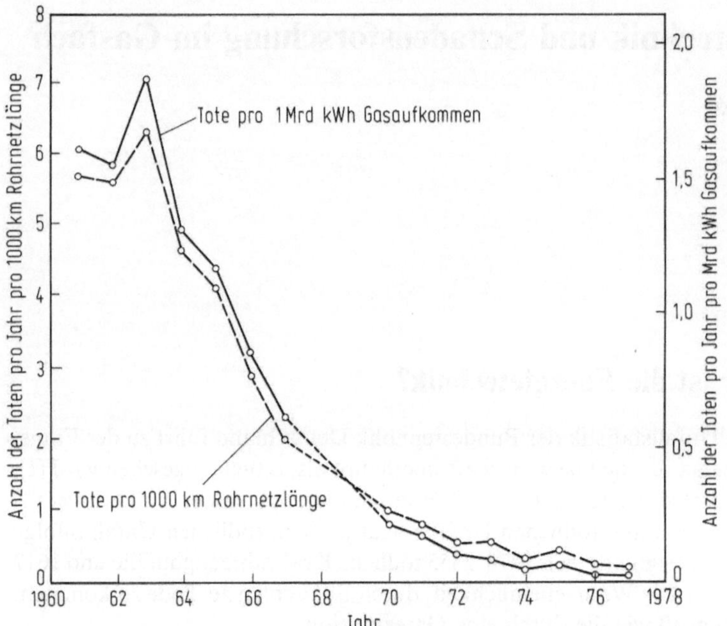

Bild 2. Anzahl der jährlich in der Bundesrepublik Deutschland durch Gas aus öffentlichen Versorgungssystemen ums Leben gekommenen Personen je 1 000 km Rohrnetzlänge und pro 1 Mrd. kWh Gasaufkommen, Werte für 1968 und 1969 geschätzt. (Dornier-Studie [3])

reduziert werden kann. Es gibt z. B. für die Raumfahrt Untersuchungen, die zeigen, daß die Anzahl der positiv wirksamen Sicherheitsmaßnahmen einen Grenzwert erreicht. Darüber hinausgehende Sicherheitseinrichtungen oder Sicherheitsmaßnahmen bringen keine Verbesserung mehr.

2 Heutige Sicherheitspraxis

Vom Deutschen Verein des Gas- und Wasserfaches (DVGW) und seinen Fachgremien wird die sicherheitstechnische Situation im Gasfach seit Jahrzehnten sehr aufmerksam verfolgt. In der Fachgruppe Gas des DVGW gibt es etwa 40 Haupt-, Fach- und Sonderausschüsse mit jeweils etwa 12 bis 20 Mitgliedern. Wenn in bestimmten Einzelbereichen auf Grund der allgemeinen Situationsbeobachtung Maßnahmen erforderlich sind, werden diese unverzüglich ergriffen. Hierzu sollen nur folgende Stichworte in Erinnerung gerufen werden:

- CO-Konvertierung bei Stadtgaserzeugung in den 50er und 60er Jahren;
- Einführung der Vollsicherung von Gasverbrauchseinrichtungen durch Zündsicherungen im Jahre 1963;
- Änderung der Anschlußbedingungen für Kleinwasserheizer und Abführung der Abgase von Durchlaufwasserheizern über eine Abgasanlage im Jahre 1975.
- „Hinweise für Maßnahmen zum Schutz von Versorgungsanlagen bei Bauarbeiten" im DVGW-Regelwerk (Technische Mitteilung GW 315).

Das DVGW-Regelwerk umfaßt z. Z. etwa 100 Arbeitsblätter und technische Mitteilungen sowie weitere 100 DIN-Normen, die im Einvernehmen mit dem DVGW aufgestellt und in das Regelwerk Gas einbezogen sind.

Die Sicherheitsstandards, die im DVGW-Regelwerk als Regeln der Technik fixiert werden, geben den Stand der Technik wieder, der von der Summe der Fachleute in den DVGW-Ausschüssen definiert wird. Dabei fließen auch Erfahrungen aus einzelnen Schadensfällen oder Unfällen mit ein. In der gesamten Phase der Umstellung der deutschen Gaswirtschaft auf Erdgas, die in großem Umfang in der zweiten Hälfte der 60er Jahre begann, hat sich bis heute kein Unfall katastrophalen Ausmaßes ereignet.

Mit der Umstellung auf Erdgas haben sich auch gewisse Veränderungen der Gefahrenpotentiale in Qualität und Quantität ergeben.

Für die öffentliche Gasversorgung sind im wesentlichen drei Bereiche zu unterscheiden:

- Gaserzeugung,
- Gastransport und -verteilung,
- Gasverwendung.

Die Eigengaserzeugung der öffentlichen Gasversorgungsunternehmen hat mit der Umstellung auf Erdgas drastisch abgenommen. Vom gesamten Gasaufkommen der Ortsgasversorgungsunternehmen hatte die Eigenerzeugung im Jahre 1978 nur einen Anteil von 2,6%.

Damit hat sich auch das mögliche Gefahrenpotential in Eigenerzeugungsanlagen entsprechend verringert und ist bei einer Großzahl von Gasversorgungsunternehmen ganz weggefallen, weil es keine Eigenerzeugung mehr gibt.

Im Bereich Gastransport und -verteilung gab es dagegen eine starke Aufwärtsentwicklung infolge des Vordringens der Gasversorgung in bisher nicht gasversorgte Gebiete und der gewaltigen Steigerung der Gasabgabemengen. Notwendige Voraussetzungen waren: Verlegung vieler tausend Kilometer neuer Gasrohrleitungen, Erhöhung der Betriebsdrücke und der Nenndurchmesser der Leitungen. Dies erforderte den Übergang zu neuen Werkstoffen und Schweißverfahren. Neu war auch der Übergang von bisher ausschließlich metallischen Werkstoffen zu Kunststoffrohren in der Gasverteilung.

Dem wurde Rechnung getragen durch eine inzwischen fast abgeschlossene Überarbeitung des DVGW-Regelwerkes Gas für den Bereich Gastransport und -verteilung. Neu kodifiziert wurden die Regeln der Technik für den Einsatz von Kunststoffrohren in der Gasverteilung.

Im Bereich Gasverwendung hat sich durch den Übergang von Stadtgas auf Erdgas das Gefahrenpotential verringert, weil Erdgas ungiftig ist – insbesondere kein CO enthält – und Erdgas auch weniger zündwillig ist im Verhältnis zu Stadtgas mit seinem relativ hohen Wasserstoffanteil. Daraus ergeben sich für Erdgas auch engere Zündgrenzen als für Stadtgas. Auf der anderen Seite sind mit der zunehmenden Gasabgabe dem Gas aber auch neue Anwendungsbereiche in Industrie und Gewerbe und auf dem Haushaltswärmemarkt erschlossen worden. Dafür wurden im einzelnen die erforderlichen Regeln der Technik erarbeitet und ins DVGW-Regelwerk aufgenommen. Neue Gefahrenpotentiale haben sich hier in letzter Zeit aus dem Zielkonflikt zwischen Energieeinsparung aus gesetzlich geforderten Wärmeschutzmaßnahmen und dem energiesparenden dezentralen Einsatz von Gas im häuslichen Bereich ergeben: In abgedichteten Wohnungen steht nicht mehr ausreichend Verbrennungsluft für Gasfeuerstätten zur Verfügung.

Die Legitimationsbasis für das DVGW-Regelwerk ergibt sich zum einen aus dem Selbstverständnis des DVGW als technisch-wissenschaftliche Organisation des deutschen Gas- und Wasserfaches, die seit über 120 Jahren tätig ist und satzungsgemäß die Aufgabe hat, das Gas- und Wasserfach in technischer und technisch-wissenschaftlicher Hinsicht unter besonderer Berücksichtigung der Sicherheit und Hygiene zu fördern. Darüber hinaus wird in Rechtsvorschriften auf das DVGW-Regelwerk Bezug genommen oder für den Bereich der öffentlichen Gasversorgung die Beachtung der allgemein anerkannten Regeln der Technik verlangt. Dazu gehören:

- das Energiewirtschaftsgesetz mit der 4. Durchführungsverordnung dazu,
- das Gerätesicherheitsgesetz vom 24.6.68/13.8.79,
- die Verordnung über Allgemeine Bedingungen für die Gasversorgung von Tarifkunden vom 21.6.1979 (AVB GasV), sowie
- baurechtliche Vorschriften.

Im Bereich des Gastransports sah sich die Bundesregierung veranlaßt, im Dezember 1974 die Verordnung über Gashochdruckleitungen zu erlassen wegen des Wandels, der sich in der Gasversorgungswirtschaft vollzogen hatte und der durch ein wachsendes Verbundnetz, Ferngasleitungen über große Strecken, immer höhere Betriebsdrücke und häufige Trassierung durch dicht besiedelte Gebiete gekennzeichnet ist. Damit wurde für Gashochdruckleitungen der öffentlichen Gasversorgung, die mit einem Überdruck von mehr als 16 bar betrieben werden, ein vorgängiges Anzeigeverfahren bei der zuständigen Behörde und vor der Inbetriebnahme eine Prüfung durch Sachverständige vorgeschrieben. Zu Gashochdruckleitungen im Sinne dieser Verordnung gehören auch alle dem Leitungsbetrieb dienenden Einrichtungen, insbesondere Verdichter-, Regel- und Meßanlagen.

Bei der Erarbeitung des DVGW-Regelwerkes werden die betroffenen Fachkreise beteiligt. Das sind neben den Vertretern der Versorgungswirtschaft die entsprechenden Hersteller oder Baufirmen, Vertreter der Berufsgenossenschaften, der Bauaufsicht, der Technischen Überwachungsvereine, der Physikalisch-Technischen Bundesanstalt in Braunschweig und andere mehr. Darüber hinaus ist ein enges Zusammenwirken zur Gewährleistung der Sicherheit zwischen dem Gasfach, den zuständigen Energieaufsichtsbehörden und auch der Gewerbeaufsicht erforderlich.

Die wesentlichen sicherheitsrelevanten Informationen des Gasfaches sind im DVGW-Regelwerk enthalten, und zwar beinhalten darin die DVGW-Arbeitsblätter die anerkannten Regeln der Technik, während in den Technischen Mitteilungen (DVGW-Merkblätter und DVGW-Hinweise) Veröffentlichungen des DVGW aufgenommen sind, die nicht als Technische Regeln anzusehen sind. Darüber hinaus werden wichtige technische Erkenntnisse den DVGW-Mitgliedern und anderen betroffenen Fachkreisen durch Rundschreiben mitgeteilt und in den Mitteilungen „Aus der Arbeit des DVGW" in dem Organ des DVGW – Das Gas- und Wasserfach (gwf) – bekanntgemacht. Ferner werden sicherheitsrelevante Informationen in regelmäßig stattfindenden Tagungen, die überregional und regional organisiert werden, in Seminaren und Werkleiterbesprechungen verbreitet. Trainingsveranstaltungen erfassen eigenes Personal der Gasversorgungsunternehmen und Dritter (z.B. Installateure). Bei 474 Ortsgasversorgungsunternehmen und 9 Ferngasgesellschaften, die es 1978 im

Bundesgebiet gab, wurde das DVGW-Regelwerk Gas von mehr als 850 Abonnenten bezogen.

Für die Beurteilung der Frage, ob eine Technologie „sicher" oder „nicht sicher" ist, werden im Gasfach der Stand der wissenschaftlichen Erkenntnis – soweit erforderlich abgesichert durch Versuche –, planmäßige Konformitätsprüfungen und -kontrollen auf Grund der Regeln der Technik sowie Erkenntnisse aus Schadensfällen und der Betriebspraxis zugrunde gelegt.

Sicherheitszuschläge für Grenzen des Wissens werden teils aufgrund wissenschaftlicher Untersuchungen, teils aufgrund der Erfahrungen der Praxis festgelegt (z.B. Berstprüfungen von Druckbehältern, Untersuchungen über das Brennverhalten von LNG für Abstandsfestlegungen sowie Festigkeits- und Dichtheitsprüfungen für Rohrleitungen).

Um menschliches Versagen soweit wie möglich auszuschließen, werden – wo es möglich und zweckmäßig ist – bedienungsunabhängige Sicherheitseinrichtungen vorgesehen (z.B. vollautomatisierte Gasverdichterstationen, automatische Meß- und Regelanlagen, Überfüllventile von Behältern, doppelte Sicherheit in Regelstrecken für Feuerungsanlagen von mehr als 120 kW Leistung, Zündsicherung bei Gasherden). Durch Abnahmeversuche (z.B. zerstörungsfreie Prüfungen von Schweißnähten) wird die Arbeitsqualität kontrolliert. Weitere Maßnahmen sind die in Rechtsvorschriften und dem Technischen Regelwerk geforderte Betriebsaufsicht für bestimmte Arbeiten, Kontrolle und Beratung der Beschäftigten durch Fachkräfte für Arbeitssicherheit. (Aufgrund des Arbeitssicherheitsgesetzes von 1973 hat der DVGW gemeinsam mit der Berufsgenossenschaft der Gas- und Wasserwerke einen überbetrieblichen sicherheitstechnischen Dienst für Versorgungsunternehmen e.V. gegründet, von den mehr als 200 Versorgungsunternehmen betreut werden.) Außer den Fortbildungsveranstaltungen des DVGW werden bei den Versorgungsunternehmen selbst innerbetriebliche Schulungen der Mitarbeiter durchgeführt.

Die wesentlichen Betriebsanlagen der Gasversorgungsunternehmen sind Rohrleitungen, die in dinglich gesicherten Schutzstreifen verlegt sind. Dadurch werden sie – abgesehen von innerstädtischen Bereichen – weder von anderen risikobehafteten Anlagen beeinflußt noch beeinflussen sie selbst andere Anlagen. Für die innerstädtischen Bereiche gibt es entsprechende technische Regeln, durch die gegenseitige Beeinflussung von Versorgungsleitungen ausgeschlossen werden sollen. Einzelheiten werden in Koordinierungsgesprächen auf örtlicher Ebene abgestimmt. In Bergbaugebieten werden in Abstimmung zwischen dem Versorgungsunternehmen und dem Bergbautreibenden, soweit erforderlich, Bergschadenssicherungen vorgesehen.

In städtischen Bereichen werden Gasleitungen dort kathodisch gegen Korrosion geschützt, wo mit Streustrombeeinflussungen von Straßenbahnen zu rechnen ist. Soweit noch oberirdische Gasbehälter in Betrieb sind, sind dafür die entsprechenden Sicherheitsabstände festgelegt.

Erdverlegte Leitungen sind durch natürliche Gefahren relativ wenig gefährdet. Gelegentlich wird bei hohem Grundwasserpegel eine Sicherung gegen Aufschwemmen erforderlich. Im Gebirge verlegte Leitungen sind erforderlichenfalls zu verankern. In Bergbaugebieten werden Kompensatoren eingebaut, um schädliche Auswirkungen auf Gasleitungen zu vermeiden. Behälter und Hausinstallationen werden gegen Blitzschlag geschützt.

Zum Schutz gegen die Einwirkung Dritter werden oberirdische Anlagen, soweit erforderlich, im Betriebsgelände eingezäunt; Betriebsgebäude werden soweit wie möglich in geschlossener Bauweise ausgeführt. Bei Querungen von Straßen, Bahnen und Flüssen werden Gasleitungen dort, wo es erforderlich und zweckmäßig ist, in Mantelrohren verlegt. Notfall- und Katastrophenschutzpläne werden bei den einzelnen Versorgungsunternehmen aufgestellt und sind abgestimmt bzw. integriert mit den zuständigen Gebietskörperschaften.

3 Quantitative Sicherheitsanalyse

Bei Beachtung des Standes der Technik ist im allgemeinen die Wahrscheinlichkeit des Eintritts eines Unfalles relativ gering. Ein betriebsüblicher Zustand dürfte deshalb in der Regel auch nicht als Unfallursache infrage kommen. Deshalb ist nach Professor Schön, der den Problemkreis „Sicherheit – zumutbares Risiko" untersucht hat [2], das Studium von Unfallanalysen eine wesentliche Voraussetzung für eine erfolgreiche Sachverständigentätigkeit. Er hält einen stärkeren Ausbau von breit angelegten Statistiken für wünschenswert, die z. B. durch Aufzeigen von zu bildenden Schwerpunkten zur Erhöhung der Sicherheit beitragen können.

Die Frage „Schadenserfassung und Schadensanalyse" ist für das Gasfach aufgrund der 1978 im Auftrage des BMFT erstellten Dornier-System-Studie „Sicherheit kommunaler Gasversorgungssysteme" in die Diskussion gekommen [3].

Darin sollten Vorstellungen und Konzeptionen für eine Verbesserung der Sicherheit öffentlicher Gasversorgungssysteme entwickelt werden. Die Studie beinhaltet im wesentlichen eine Bestandsaufnahme mit aus technischer Sicht durchaus zutreffenden Ergebnissen und Folgerungen. Wesentliche neue Erkenntnisse werden jedoch nicht vermittelt. In der Zusammenfassung kommen die Verfasser zu dem Ergebnis, daß es im Bereich der öffentlichen Gasversorgung ausführliche und umfangreiche Sicherheitsbestimmungen gibt, die sich auf Gesetze und Verordnungen stützen und sich vor allem in den Technischen Regelwerken niedergeschlagen haben. Die Sicherheitsmaßnahmen haben nach dem Urteil des Verfassers einen hohen technischen Stand erreicht.

Es wurde in dieser Studie versucht, mögliche Gefahren zu erfassen und diese quantifiziert als Risiken anzugeben. Das Risiko wird als eine Funktion von Schadenshäufigkeit und Schadenshöhe verstanden. Es wird auch hier hervorgehoben, daß der Gedanke einer absoluten Zuverlässigkeit illusorisch sei. Der Schwerpunkt der entwickelten Konzeptionen liegt beim Feststellen von Schadensursachen. Es wird gefordert, Schadensursachen bereits in einem frühen Stadium festzustellen, so daß die Entwicklung der eigentlichen Schadens- und Unfallereignisse verhindert werden kann.

Die Konzeptionen richten sich einmal auf technische, zum anderen auf organisatorische Maßnahmen. Technische Maßnahmen werden nur im Hinblick auf das frühzeitige Erkennen von Schadensursachen für sinnvoll gehalten. Gegenstand der Überlegungen sind Systeme der Leckortung und Quantifizierung, sowie Warnsysteme.

Auf der organisatorischen Seite wird kritisiert, daß es keine systematische Schadens- und Unfallstatistik gäbe, aus der Angaben über die Häufigkeit, die Ur-

Bild 3. Fehlerbaum für das System der öffentlichen Gasversorgung (Dornier-Studie [3])

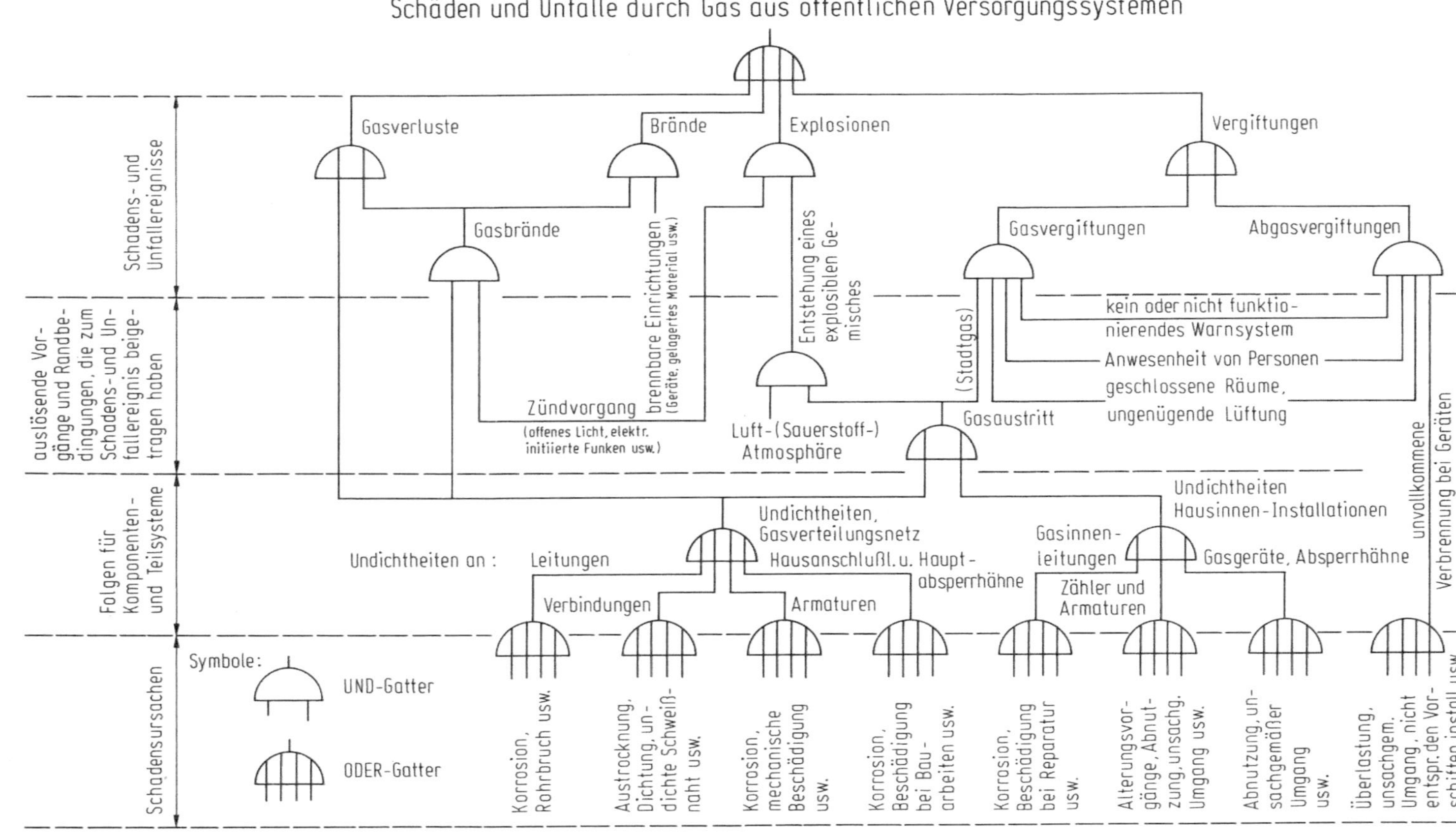
Schäden und Unfälle durch Gas aus öffentlichen Versorgungssystemen
Schadens- und Unfallereignisse
auslösende Vorgänge und Randbedingungen, die zum Schadens- und Unfallereignis beigetragen haben
Folgen für Komponenten- und Teilsysteme
Schadensursachen
Gasverluste
Brände
Explosionen
Vergiftungen
Gasbrände
brennbare Einrichtungen
(Geräte, gelagertes Material usw.)
Entstehung eines explosiblen Gemisches
Gasvergiftungen
Abgasvergiftungen
kein oder nicht funktionierendes Warnsystem
Anwesenheit von Personen
geschlossene Räume, ungenügende Lüftung
Zündvorgang
(offenes Licht, elektr. initiierte Funken usw.)
Luft-(Sauerstoff-) Atmosphäre
(Stadtgas)
Gasaustritt
unvollkommene Verbrennung bei Geräten
Undichtheiten Hausinnen-Installationen
Undichtheiten, Gasverteilungsnetz Hausanschluß u. Hauptabsperrhähne
Undichtheiten an:
Leitungen
Verbindungen
Armaturen
Gasinnenleitungen
Zähler und Armaturen
Gasgeräte, Absperrhähne
Symbole:
UND-Gatter
ODER-Gatter
Korrosion, Rohrbruch usw.
Austrocknung, Dichtung, undichte Schweißnaht usw.
Korrosion, mechanische Beschädigung usw.
Korrosion, Beschädigung bei Bauarbeiten usw.
Korrosion, Beschädigung bei Reparatur usw.
Alterungsvorgänge, Abnutzung, unsachg. Umgang usw.
Abnutzung, unsachgemäßer Umgang usw.
Überlastung, unsachgem. Umgang, nicht entspr. den Vorschiften install. usw.

sachen und die Folgen von Gasunfällen oder -schäden entnommen werden könnten und die überhaupt erst eine Beurteilung des Risikos erlaube.

Ziel einer Unfall- und Schadensanalyse müsse es nach den Vorstellungen von Dornier sein, derzeit existente oder sich infolge abzeichnender Entwicklungen in Zukunft nicht auszuschließende Problembereiche im System der öffentlichen Gasversorgung auszuweisen und festzustellen, inwieweit diese Problembereiche auch als wirkliche Schwachstellen des Systems anzusehen sind. Als Gradmesser für eine solche Beurteilung können auf der einen Seite die Schadens- bzw. Unfallhäufigkeit an Systemkomponenten sowie die Schadenshöhe herangezogen werden, auf der anderen Seite der Stand bei den sicherheitstechnischen Maßnahmen, d. h. letzten Endes der Beitrag zur Risikoänderung.

Bild 3 zeigt einen von Dornier erstellten Fehlerbaum für das System der öffentlichen Gasversorgung. Hier werden Ereignisse und Ursachen durch „Und"-„Oder"-Gatter verknüpft. Wären die Häufigkeiten bzw. Eintrittswahrscheinlichkeiten für die einzelnen Schadensursachen bekannt, dann ließen sich mit den Häufigkeiten für die auslösenden Vorgänge sowie den Randbedingungen auch die Häufigkeiten für die Unfall- und Schadensereignisse errechnen. Bezieht man in diese Aspekte noch die Schadenshöhe mit ein, so wäre das bestehende Risiko für ein bestimmtes Schadens- und Unfallereignis eindeutig festgelegt. Der weitere Schritt bestünde darin, das akzeptierbare Risiko zu definieren und das bestehende am akzeptierbaren zu messen. Ist das erstere größer als ein akzeptierbares Risiko, dann müssen mit Hilfe von Maßnahmen die Eintrittswahrscheinlichkeiten für ein oder mehrere Ereignisse herabgesetzt werden.

Bei der Präsentation der Dornier-Studie vor dem Sachverständigenkreis „Sicherheit und Brandbekämpfung" des BMFT im August 1979 in Bonn wurde vom Sachverständigenkreis gefordert, seitens des Gasfaches eine Schadens- und Unfallstatistik zu schaffen.

In der Vergangenheit wurden unfallstatistische Zahlen für das Gasfach nur beim Statistischen Bundesamt ermittelt (s. oben). Wegen der geringen Zahl von Gasunfällen hat das Statistische Bundesamt ab 1979 den gesonderten Ausweis der Gasunfälle eingestellt. Der DVGW hatte seit 1966 Erhebungen für eine DVGW-Statistik über Schäden am Gasrohrnetz durchgeführt; die Aussagekraft dieser Statistik hatte sich als sehr begrenzt erwiesen.

Auch aus dem Kreis der DVGW-Mitglieder wurde bereits angeregt, eine Schadens- und Unfallstatistik aufzubauen. Ein ad hoc-Arbeitskreis hat inzwischen die Grundlagen für die Erstellung einer solchen Statistik erarbeitet, die ab 1. Januar 1981 für die öffentliche Gasversorgung eingeführt wird.

Sie soll sämtliche Schäden im Zusammenhang mit der Gasversorgung erfassen und mittels Datenverarbeitung zusammenführen. Bei den zu erfassenden Schadenskategorien handelt es sich um Rohrnetzschäden, Unfälle an eigenen Anlagen der Gasversorgungsunternehmen und um Unfälle an Kundenanlagen. Die Anzahl der zu erfassenden Einzeldaten wurde so knapp wie möglich gehalten, um eine einfache und übersichtliche Handhabung zu gewährleisten. Im Juli 1980 sind vom DVGW allen Mitgliedsunternehmen Muster der Datenerfassungsbögen zugegangen.

Ob sich aus der Auswertung der eingehenden statistischen Unterlagen die Möglichkeit einer Risikoanalyse ergeben wird, wird sich zeigen müssen.

Literatur

1. Brecht, Ch.: Sicherheit in der Gasindustrie. Unveröffentlichter Bericht für den Rat der Internationalen Gasunion, 11.10.1978
2. Schön, G.: Was ist Risiko? Bundesarbeitsblatt 2/1979, S. 33–36
3. Trepte, L.: Sicherheit bei kommunalen Gasversorgungssystemen für Haushalt und Gewerbe – Forschungsbericht (KT 7705), Kommunale Technologie. Dornier-System-GmbH, Friedrichshafen/Bodensee, Entwurf August 1978

Sicherheitspraxis in der Kraftwerkstechnik

V. P. Watzel und D. Vetterkind

1 Zusammenhänge zwischen Gefährdungspotential, Sicherheitsvorkehrungen und Verfügbarkeit

Die Elektrizitätsversorgungsunternehmen (EVU) haben nach dem Energiewirtschaftsgesetz nicht nur die Aufgabe, sondern die Pflicht, den Bedarf an elektrischer Energie jederzeit ausreichend und so sicher und billig wie möglich zu decken.

Bereits hier rangiert die Sicherheit bei der Versorgung vor der Preiswürdigkeit. Dabei ist „sicher" allerdings zunächst im Sinne der „Versorgungssicherheit" zu verstehen, d.h. es stehen aus Gründen der Erfüllung der gesetzlichen Verpflichtung und der Betriebswirtschaft die Zuverlässigkeit und Verfügbarkeit der Erzeugungsanlagen im Vordergrund. Weitere Hauptziele, die zu den genannten Anforderungen grundsätzlich nicht im Widerspruch stehen, sind die Sicherheit für die Umwelt und für die im Kraftwerk arbeitenden Menschen, wie in Bild 1 in einem Übersichtsdiagramm dargestellt. Der Begriff der Versorgungssicherheit ist umfassender als z.B. der Begriff der Sicherheit im Rahmen des Atomgesetzes, der Atomanlagen- und Strahlenschutzverordnung.

Denn einerseits muß ein Kraftwerk, das eine sichere Versorgung erlauben soll, zumindest eine hohe Sicherheit gegen Störfälle von innen und außen aufweisen. Andererseits können viele betriebliche Ausfälle von Systemen oder Komponenten zwar die Zuverlässigkeit und Verfügbarkeit der Anlage beeinflussen, haben aber keine sicherheitstechnische Relevanz.

Damit besteht von Haus aus ein besonderes eigenes Interesse der EVU an der Sicherheit ihrer Kraftwerke, insbesondere bei den Kernkraftwerken, da an diese als Grundlastanlagen besonders hohe Anforderungen bezüglich ihrer Zuverlässigkeit und Verfügbarkeit gestellt werden müssen.

Im Hinblick auf eine betriebssichere Anlage führen die Summe aller Bemühungen des EVU gleichzeitig dazu, daß die Sicherheit nach innen, d.h. z.B. der gefahrlose Betrieb der Anlage, als auch die Sicherheit nach außen, d.h. z.B. Verhinderung von gefährlichen Emissionen erreicht werden.

Entsprechende Maßnahmen, Vorrichtungen und Betriebsvorschriften werden eingesetzt, um diese Ziele zu erreichen. Sie wurden größtenteils nicht erst mit den Kernkraftwerken entwickelt, sondern waren schon Bestandteil der Auslegung konventioneller Anlagen.

Allerdings unterscheiden sich Kernkraftwerke von konventionellen Kraftwerken durch ihr Gefährdungspotential, das aus Radionukliden besteht. Wird das radioaktive Inventar durch Unfälle freigesetzt, können große Bevölkerungsteile schwer ge-

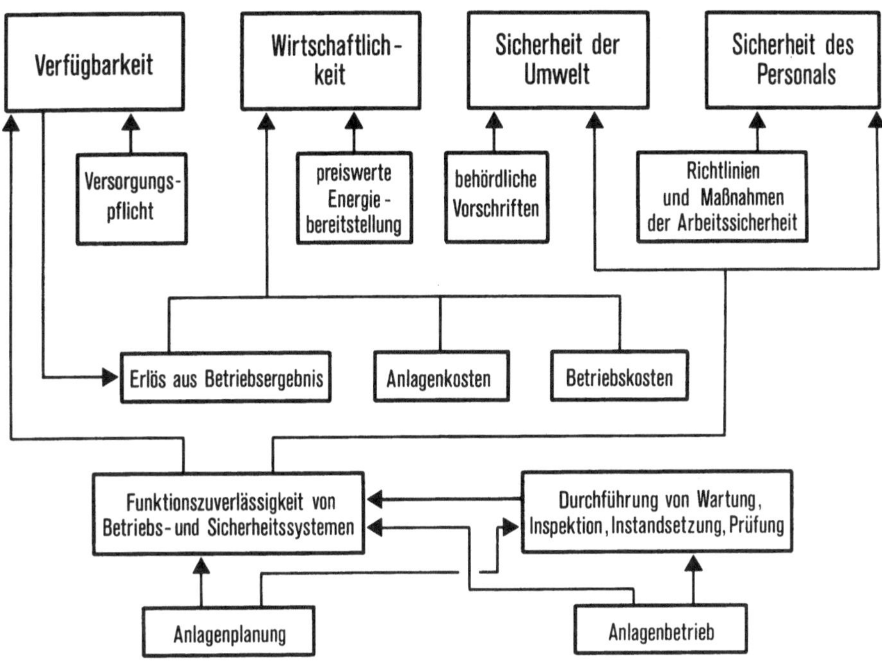

Bild 1. Zielsetzungen der Kraftwerksanlage (RWE)

schädigt werden. Bei konventionellen Kraftwerken gibt es eine solche katastrophale Einwirkungsmöglichkeit auf die Umwelt kaum. Deshalb wird bei Kernkraftwerken das angestrebte Schutzziel in anderer Weise als in den meisten Gebieten der Technik üblich, erreicht.

Es wurden nicht erst Schäden aus eingetretenen Unfällen abgewartet, aus denen man Konsequenzen für ihre künftige Vermeidung oder Begrenzung gezogen hätte, sondern es wurden im vornherein in umfassenden Analysen die möglichen Versagensursachen und Störfallabläufe in kerntechnischen Anlagen systematisch vorausgedacht und präventiv die nötigen Sicherheitseinrichtungen entwickelt und in der Anlage vorgesehen.

Man geht also in der Kerntechnik deduktiv von gedachten Störfällen aus und sieht die Gegenmaßnahmen vor, bevor sich diese Störfälle ereignet haben, im Gegensatz zu der sonst in der Technik bekannten induktiven Methode, wonach aus eingetretenen Störfällen Konsequenzen zu ihrer künftigen Vermeidung gezogen werden.

Nachfolgend soll die bei Kernkraftwerken intensiv angewandte Methode der gestaffelten Verteidigung (gegen Störfälle) erläutert werden, in der aber auch viele Prinzipien enthalten sind, die auch zur Erzielung besserer Zuverlässigkeit und Verfügbarkeit führen.

Die nötigen Maßnahmen und Einrichtungen können in drei Sicherheitsebenen unterteilt werden, wie in Bild 2 dargestellt. Dieses Vorgehen ist Grundlage der vom BMI erlassenen Sicherheitskriterien für Kernkraftwerke, wie sich aus dem Kriterium 1.1 erkennen läßt. Die darin genannten beiden Grundsätze der Sicherheitsvorsorge

Geplantes Sicherheitskriterium		Eintritts-wahrschein-lichkeit	max. zul. radiolog. Belastung d. Umgebung

Ebene I	Zielsetzung: Störfallfreier bestimmungsgemäßer Betrieb
	
	Maßnahmen:
	– sichere Auslegung der Gesamtanlage nach jeweiligem Stand von Wissenschaft und Technik
	– strenge Qualitätssicherung
	– leichte Bedienung, Prüfung, Reparatur
	– störfallvermeidende Sicherheitseinrichtungen mit zusätzlich zu berücksichtigender
	  • Mehrfachauslegung (Redundanz, Diversität)
	  • Entmaschung, räumlicher Trennung
	  • weitgehender fail-safe-Auslegung
		Regelfall	(< 5 mrem Praxis bei Normalbetrieb) bis 30 mrem

Ebene II	Zielsetzung: Schutz der Umgebung (Bevölkerung) vor den Folgen unterstellter Störfälle sowie vor den Folgen von Einwirkungen von außen Maßnahmen: zusätzliche Sicherheitseinrichtungen zur Beherrschung der Störfallfolgen, die gemäß den unter I genannten Maßnahmen auszulegen sind	$10^{-2}/a$ bis $10^{-6}/a$	bis 5 rem
Ebene III	Zielsetzung: Eindämmung der Auswirkungen unterstellter hypothetischer Störfälle Maßnahmen: – Störfallablaufanalysen – Überwachungs- und Alarmeinrichtungen – Katastrophenschutzpläne	$< 10^{-6}/a$	> 5 rem

Bild 2. Sicherheitsebenen für Kernkraftwerke (RWE, nach [1])

sind den nachfolgend beschriebenen Ebenen I und II zuzuordnen, die vom Kriterium darüber hinaus verlangten Vorsorgemaßnahmen werden in der Ebene III betrachtet.

Danach unterscheidet man in der ersten Ebene alle Maßnahmen, die den bestimmungsgemäßen Betrieb der technischen Anlage so erlauben, daß Störfälle höchst unwahrscheinlich bzw. vermieden werden. Diese Gesichtpunkte gelten auch für konventionelle Anlagen.

Die zum Erreichen dieses Zieles nötigen Maßnahmen bestehen in der sicheren Auslegung der Gesamtanlage, einer rigorosen Qualitätssicherung von der Planung über Fertigung, Inbetriebnahme bis zu den Wiederholungsprüfungen in der Betriebszeit, der Gewährleistung einer leichten und übersichtlichen Bedienbarkeit und Zugänglichkeit, Prüfung, Wartung und Reparatur, ferner im Vorsehen störfallvermeidender Sicherheitseinrichtungen.

Bei der Auslegung sind die Prinzipien der Redundanz und Diversität, der Entmaschung und räumlichen Trennung sowie des Failsafe-Verhaltens anzuwenden.

In Ebene I sind im Rahmen des bestimmungsgemäßen Betriebs auch Ausfälle von einzelnen Systemen und Komponenten einzuordnen, bei deren Eintritt der Fortführung des Betriebes sicherheitstechnische Gründe nicht entgegenstehen (z.B. Vorsehen von $3 \times 50\text{-}\%$ oder $2 \times 100\text{-}\%$-Einheiten bei konventionellen Speisepumpen).

Hierzu gehören auch Betriebsabschaltungen, die von den störfallvermeidenden Sicherheitseinrichtungen erzwungen wurden, sofern nach Beseitigung der Ursache, z.B. durch Reparatur, einer Wiederaufnahme des Betriebes sicherheitstechnisch nichts entgegensteht.

In der Ebene I sind alle Betriebszustände zusammengefaßt, die man als Regelfall bezeichnen kann. Für diesen Fall wird laut Neufassung der Strahlenschutzverordnung (StrlSchv) maximal eine Belastung der Bevölkerung von 30 mrem/a (Ganzkörper) zugelassen [2]. Im Vergleich dazu beträgt die natürliche Strahlenbelastung der Bevölkerung der Bundesrepublik Deutschland im Mittel 110 mrem. Dabei ist die Technik so auszuführen, daß die Strahlenbelastung so gering wie möglich auch unterhalb der zulässigen Werte bleibt. Die Erfahrung des Normalbetriebes zeigt, daß hierbei eine radiologische Belastung der Umgebung rechnerisch deutlich unter 5 mrem/a liegt, teils noch wesentlich niedriger und als Immission nicht meßbar ist.

In der zweiten Ebene werden Maßnahmen gegen alle zu betrachtenden Störfälle derart verlangt, daß die Auswirkungen dieser Störfälle auf die Umgebung (d.h. Schutz der Bevölkerung) im Rahmen des Zulässigen bleiben, obwohl die in der ersten Ebene geforderten Maßnahmen ja das Eintreten eben dieser Störfälle unwahrscheinlich machen.

Die hierfür notwendigen Vorkehrungen bestehen in der Einrichtung von zusätzlichen Sicherheitssystemen, die bei Eintritt von solchen Störfällen die Auswirkungen auf die Anlage selbst begrenzen und die Umgebung vor solchen Auswirkungen schützen. Typisch hierfür ist das mehrfache Barrierenprinzip, zu dem auch das Containmentsystem gehört. Auch für die Auslegung dieser Sicherheitssysteme gelten die gleichen Anforderungen, wie sie unter Ebene I verlangt sind.

Für die in Ebene II eingeordneten Störfälle, deren Folgen beherrscht werden, liegt die Eintrittswahrscheinlichkeit zwischen $10^{-2}/\text{a}$ und $10^{-6}/\text{a}$. Hier ist laut StrlSchv eine maximale Ganzkörper-Strahlenbelastung bis 5 rem erlaubt (d.h. der gleiche Wert, der als Maximalwert für im Kontrollbereich Tätige jährlich auch für Normalbetrieb zugelassen ist).

Schließlich wird in der dritten Sicherheitsebene verlangt, daß trotz der Maßnahmen der Ebene I und II ein völliges Versagen der auf diese Weise geforderten Sicherheitseinrichtungen im Anforderungsfall unterstellt werden soll. Für diesen Fall wird eine Analyse des Ablaufes von derart hypothetischen Störfällen gefordert mit dem Ziel, daß selbst hierfür noch technische Einrichtungen und insbesondere administrative Maßnahmen vorgesehen werden, die eine Schadeneindämmung für einen solchen Fall ermöglichen (z.B. konkrete Katastrophenschutzpläne).

Die in der Ebene III zusammengefaßten Ereignisse müssen in ihrer Eintrittswahrscheinlichkeit deutlich unter $10^{-6}/\text{a}$ liegen, d.h. sie sind im Mittel seltener als einmal in 1 Mio. Jahre je Anlage zu erwarten. Ihre radiologischen Auswirkungen können den Wert 5 rem je nach dem betrachteten Ereignis erheblich überschreiten.

Auch bei konventionellen Kraftwerken lassen sich mehrere Ebenen der Sicherheitsvorkehrungen unterscheiden. Der Schutz für die Umwelt konzentriert sich hier, wie schon angedeutet, auf die Begrenzung der Abgabe von Schadstoffen (z. B. Schwefeldioxid, Staub, radioaktive Beimengungen, Stickoxide, usw.), die während des Betriebes entstehen. Im Gegensatz zu Kernkraftwerk existiert bei einem konventionellen Kraftwerk kaum eine Unfallart, die für die nähere oder weitere Umgebung des Kraftwerkes zu einer katastrophalen Belastung (Immission) führen könnte. Daher sind die sicherheitstechnischen Maßnahmen und Ausrüstungen des fossil-gefeuerten Kraftwerkes nicht auf einen Störfall sondern auf Betriebsabläufe ausgerichtet wie z. B. die Reinigung des ausgestoßenen Rauchgases, die Rückhaltung von Feuchtigkeit oder Tröpfchen aus Kühltürmen und die Reinigung abgegebenen Kühl- und Brauchwassers. Solche Sicherheitseinrichtungen sind z. B. der Elektrofilter, die Entschwefelungsanlage, die Abwasserreinigung, der hohe Kamin, die Deponie von Abfallstoffen (Asche) einschließlich ihrer Rekultivierung.

Die Ebene III der beschriebenen Sicherheitsebenen wird unter anderem charakterisiert durch das Stichwort Katastrophenschutzpläne. Bei Kernkraftwerken sind gemäß den Vorschriften detaillierte Vorkehrungen sowohl auf Seiten der Betreiber als auch auf Seiten der Behörden zu treffen. Die Betreibermaßnahmen konzentrieren sich auf alle im Kraftwerk selbst zu treffenden notwendigen Handlungen und die hierfür erforderlichen Techniken. Hierzu gehören klare Alarmkriterien, Alarmpläne zur schnellen Mobilisierung aller nötigen Stellen und die Sicherstellung der Informations- und Kommunikationswege.

Eine enge Verzahnung und Abstimmung der betrieblichen und der behördlichen Aktionen ist notwendig. Übungen zur Prüfung eines effektiven Ablaufs sind erforderlich und wurden bereits mehrfach durchgeführt.

Auch bei konventionellen Kraftwerksstandorten gibt es zwischen Betreiber und Behörde festgelegte Notfallpläne, was besonders bei Standorten älterer Anlagen in unmittelbarer Nähe von Wohngebieten einleuchtend ist. Aber auch zwischen benachbart liegenden industriellen Anlagen müssen entsprechende Regelungen getroffen werden.

In der Regel sind jedoch bei konventionellen Kraftwerken die Auswirkungen auch schwerer Störfälle auf die Anlage selbst beschränkt, erst recht bei den heute einzuhaltenden Mindestabständen zu Wohngebieten. Dies haben die bisher aufgetretenen Schadensfälle durch Brand, Explosion, Turbinenzerknall u. a. gezeigt.

Sind in Ausnahmefällen Einwirkungen auf die Umgebung nicht auszuschließen, muß der Betreiber für die rechtzeitige Warnung sorgen. Als Beispiel hierfür kann die Glatteiswarnanlage beim Kraftwerk Weisweiler angeführt werden, an dessen bereits vorhandenen Kühltürmen unmittelbar die Autobahn Köln-Aachen vorbeigeführt wurde.

In gewissem Sinne können an dieser Stelle auch die Sicherungsmaßnahmen bei Kernkraftwerken gegen Einwirkungen Dritter genannt werden. Wegen ihres Gefährdungspotentials muß auch die gewaltsame Zerstörung z. B. durch terroristische Anschläge verhindert werden. Auch hierfür gibt es umfangreiche Vorkehrungen technischer und administrativer Art. Die sensitiven Anlagenteile werden durch mehrere massive auch schweren Gewaltangriffen standhaltende bauliche Barrieren geschützt, deren Integrität durch Detektionssysteme überwacht wird. Ein detailliertes Zugangssystem mit weitgehend fälschungs- und mißbrauchsicherem Ausweiswesen schließt den heimlichen Zugang Unbefugter aus.

Eine strenge Besucherkontrolle, das Vorhandensein eines ausreichend starken, gut ausgerüsteten, hochqualifizierten Werkschutzes, die behördliche Überprüfung des in der Anlage tätigen Personals und der schnelle polizeiliche Einsatz im Alarmfall runden die Maßnahmen gegen Einwirkungen Dritter ab.

Demgegenüber sind Maßnahmen in konventionellen Kraftwerken in dieser Hinsicht, wieder wegen des fehlenden Gefährdungspotentials, nur in geringem Maß erforderlich. Sie beschränken sich im wesentlichen auf eine Besucherordnung, betriebliches Ausweiswesen und Torkontrolle.

2 Entwicklung der Sicherheitstechnik, des Störfall- und Unfallgeschehens und der Verfügbarkeit

Eingangs wurde festgestellt, daß ein enger Zusammenhang zwischen Verfügbarkeit und Sicherheit einer Anlage besteht. Zu diesem Zweck sei beispielhaft die Entwicklung der Verfügbarkeit der Braunkohlekraftwerke des RWE, der deutschen Kernkraftwerke sowie der Trend der Arbeitsunfälle in Kraftwerken in der letzten Zeit gegenübergestellt. Man erkennt, daß trotz steigender Leistungsgröße und wachsender Kompliziertheit der Kraftwerksanlage die Arbeitsverfügbarkeit von braunkohlengefeuerten Kraftwerksblöcken stetig verbessert wurde, trotz Verdoppelung der Blockgröße von 150 MW auf 300 MW. Darüber hinaus sieht man (Bild 3), daß zu Beginn der Betriebszeiten der Blöcke die Nichtverfügbarkeit höher lag, aber mit zunehmender Erfahrung das Ergebnis infolge der ständig innerhalb und außerhalb der Revisionen durchgeführten Instandhaltungsarbeiten besser wird (Bild 4). Hand in Hand mit diesen Verbesserungen ist das Sicherheitsniveau des Kraftwerks gegenüber seiner Umwelt trotz wachsender Leistungsgröße und Kompliziertheit ständig gestiegen, ebenso wie auch die Sicherheit des arbeitenden Menschen sich noch im Laufe der letzten Jahre merklich verbessert hat.

In den letzten 15 Jahren läßt sich ein steter Rückgang der jährlichen Unfallzahlen beobachten (Bilder 5 und 6). Im Vergleich zu Bild 5 zeigt Bild 6, daß die beobachtete Häufigkeitsabnahme hauptsächlich auf die Abnahme der mechanischen Unfallursachen zurückzuführen ist. Dies ist eine Folge der im RWE-Bereich laufend erstellten praxisnahen Sicherheitsrichtlinien, der sicherheitstechnischen Personalschulung und der Erstellung und Auswertung spezieller Unfallanalysen. Im Rahmen der integrierten Instandhaltung werden u. a. Arbeitsablaufschemata erstellt, die auch speziell den Unfallschutz und die Freigabeverfahren sowie die Belange des Strahlenschutzes berücksichtigen.

Gemeinsam ist jedoch allen diesen Kurven die Tendenz, daß die Verbesserungsrate trotz steigenden Aufwandes immer kleiner wird, d. h. daß ein asymptotischer Charakter vorliegt.

Die gezeigte laufende Verbesserung der Kraftwerksanlagen konnte und kann auch weiterhin nur erreicht werden, wenn ein ständiger Rückfluß aus den Beriebserfahrungen und Störungsauswertungen der Betriebe zur Anwendung auf diese selbst und weiterhin in die Planung neuer Anlagen gewährleistet wird. Hierauf wird zunächst innerhalb der Organisation eines Betreibers besondere Rücksicht genommen.

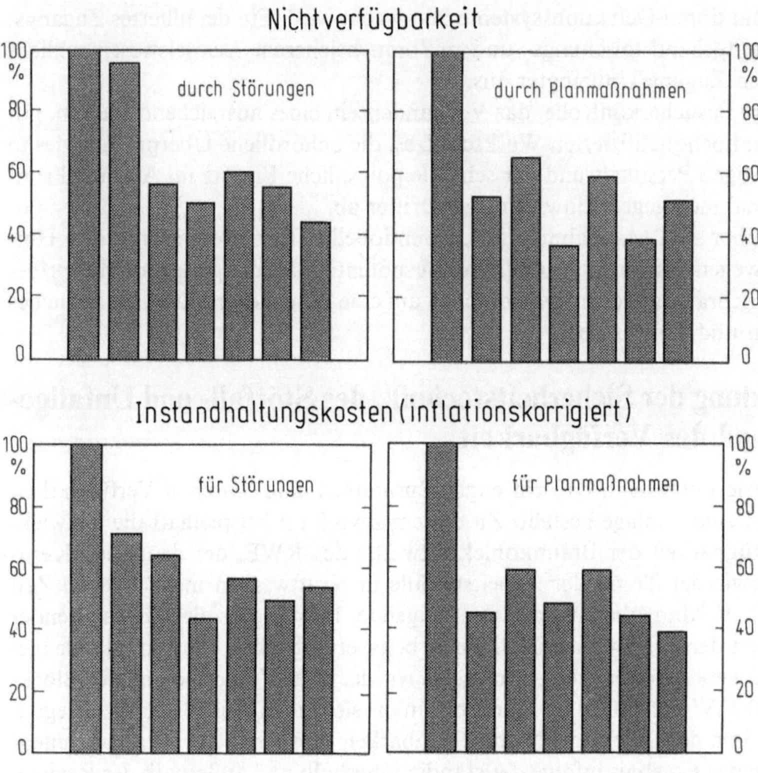

Bild 3. Erfolge eines integrierten Instandhaltungssystems für Kraftwerke am Beispiel von 150-MW-Blöcken (RWE, nach [5])

Schon im Personalbestand jedes Kraftwerksbetriebes gibt es eine Ingenieurabteilung, die aus den laufenden geringfügigen Vorkommnissen wie auch aus größeren Schäden die entsprechenden Konsequenzen für Verbesserungen sowohl in der Technik als auch in der Organisation des Betriebsablaufes zieht. Daneben werden die entsprechenden Maßnahmen für die kommende Revision ausgearbeitet.

Die Betriebe untereinander haben ferner einen organisierten Erfahrungsaustausch (Bild 7), der zusätzlich durch die zentrale Abteilung für Kraftwerksbetrieb in der Hauptverwaltung koordiniert wird. Von da wird auch der Rückfluß zur Planungsabteilung für neue Kraftwerke vorgenommen. Es besteht jedoch jederzeit die Möglichkeit zum direkten Kurzschließen z.B. zwischen Betrieb und Planungsabteilung in Form von Konsultationen oder Aufträgen.

Die deutschen Betreiber untereinander haben weitere regelmäßig zusammentretende Gremien für den Erfahrungsaustausch zwischen den einzelnen Unternehmen, so z.B. der ABE-Ausschuß (Fachausschuß „Austausch von Betriebserfahrungen" im VGB) des deutschen Atomforums, dem die Leiter der deutschen Kernkraftwerksbetriebe angehören, sowie eine Reihe von Fachausschüssen bei VGB (Verein der Groß-

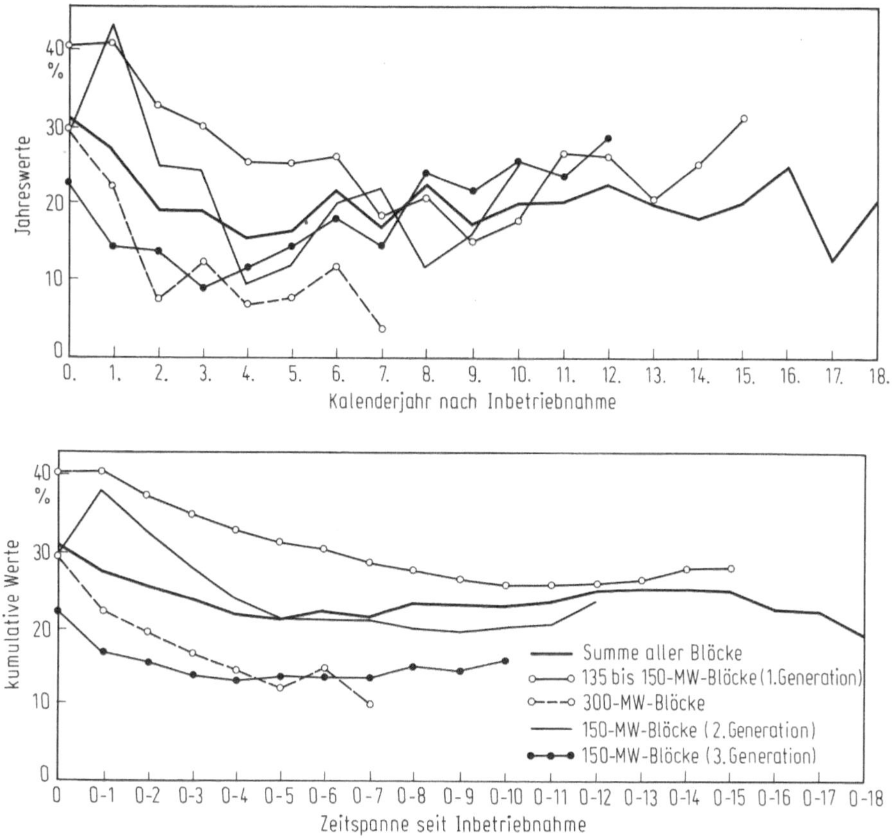

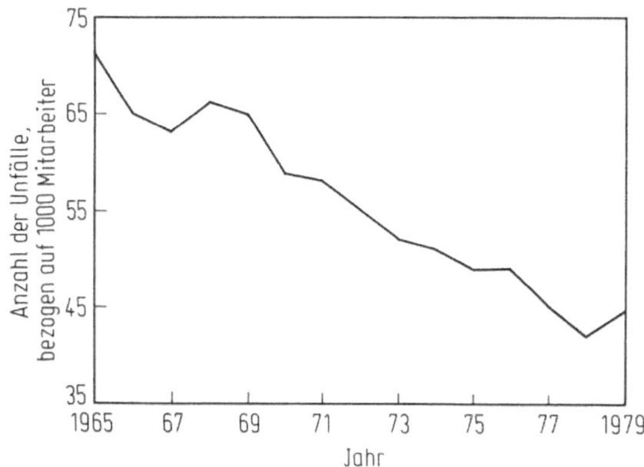

Bild 4. Arbeits-Nichtverfügbarkeit der Braunkohlen-Blöcke in Abhängigkeit von der Betriebs-
dauer (RWE, nach [5]). Das obere Teilbild zeigt die Jahreswerte der Nichtverfügbarkeit, im
unteren Teilbild sind die kumulativen Werte der Nichtverfügbarkeit geteilt durch die Zahl der
Betriebsjahre dargestellt

Bild 5. Abnahme der relativen Unfallhäufigkeit im RWE-Bereich (RWE)

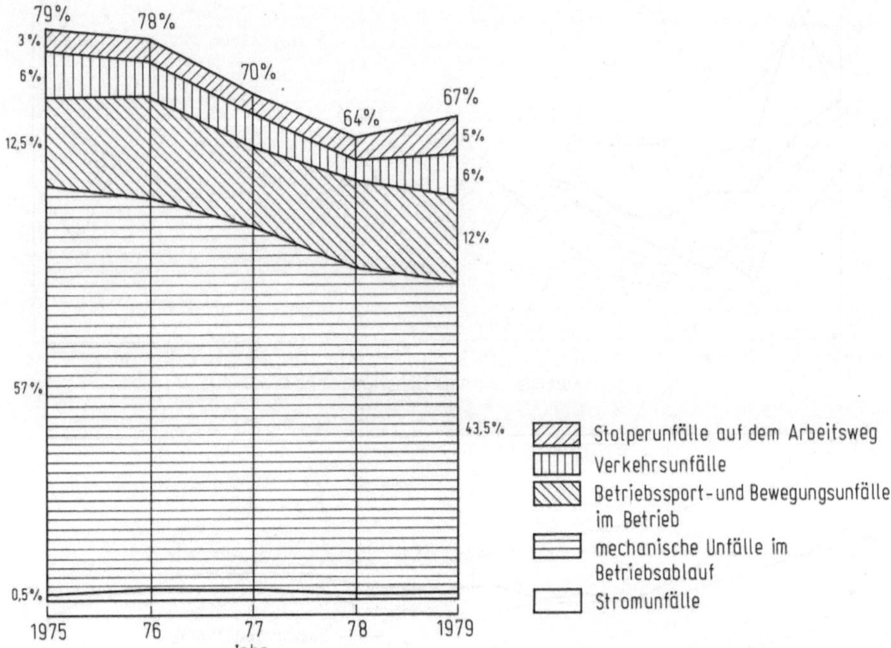

Bild 6. Anteil der verschiedenen Ursachen an der relativen Unfallhäufigkeit in Wärmekraftwerken (RWE)

kraftwerksbetreiber), VDEW (Vereinigung deutscher Elektrizitätswerke) und anderen Organisationen.

Schließlich tauschen auch auf internationaler Ebene die Betreiber Erfahrungen aus, z.B. im Rahmen von UNIPEDE- (Union Internationale des Producteurs et Distributeurs d'Energie Electrique) Arbeitsausschüssen. Aber auch der gezielte zweiseitige Erfahrungsaustausch über Grenzen hinweg ist zu beobachten, so z.B. zwischen dem RWE (Rheinisch-Westfälische Elektrizitätskraftwerke) und der EdF (Electricite de France), wofür als Beispiel die Kontakte zwischen diesen Unternehmen bei der Beurteilung des aus dem Kohlekraftwerk Pocheville berichteten Generatorschadens zu nennen sind. Ein anderes Beispiel für internationale Zusammenarbeit war die Prüfung der technischen Möglichkeiten, ob dem schwedischen EVU Sydkraft der bereits vorhandene für Kalkar bestimmte 300-MW-Generator als Ersatz für den im Kraftwerk Barsebäck zu Schaden gekommenen Generator zur Aushilfe angeboten werden kann.

Selbstverständlich sind auch die Hersteller von Kraftwerken intensiv in den Rückfluß der Betriebs- und Störungserfahrungen eingebunden, um auf direktem Wege die Verbesserungen künfiger Produkte zu ermöglichen. Dabei hat der Hersteller hieran ein direktes Interesse aus mehreren Gründen. Einmal ist er im Rahmen der Garantiezeit zu entsprechenden Nachbesserungen bei auftretenden Störungen verpflichtet, wird bei Nichterreichen der Auslegungswerte mit Strafen belegt und ist selbstverständlich an der Referenzwirkung guter Erzeugnisse für künftige Aufträge interessiert. Der Erfahrungsrückfluß geschieht auf mehreren Ebenen. Einmal ist der Hersteller im Rahmen der Inbetriebnahme und Garantiezeit direkt und im Detail mit dem

Betriebsergebnis und ggf. mit Nachbesserungen an der gelieferten Anlage befaßt. ferner betreut er vielfach auch danach die Anlage im Rahmen von vertraglichen Serviceleistungen und schließlich wird er meist wegen seiner detaillierten Anlagenkenntnis auch bei größeren Störungen im Laufe der Betriebszeit mit der Reparatur beauftragt oder beratend hinzugezogen. Aus allen diesen Tätigkeiten fließen dem Hersteller direkte Erfahrungen zu.

Weiterer Partner auf dem Gebiet der Störungsauswertung und des Erfahrungsaustausches sind Überwachungsorganisationen (Technischer Überwachungsverein, Berufsgenossenschaften) und die Versicherer, die zum Teil über eigene Schadenforschungsinstitute verfügen und die gewonnenen Erkenntnisse publizieren.

In der Bundesrepublik Deutschland treiben die Betreiber von Kraftwerken im allgemeinen keine grundlegende Forschungs- und Entwicklungsarbeit, sondern sie stellen auf Basis ihrer Erfahrungen in den Kraftwerksbetrieben Empfehlungen hierfür auf oder geben Randbedingungen für künftige Anlagen den Herstellern vor. Die wesentliche Entwicklungsarbeit wird in der Bundesrepublik Deutschland von den Herstellern und den Forschungsinstituten getragen. Anders ist z. B. diese Situation bei der EdF in Frankreich, die über einen stark ausgebauten Forschungszweig mit Großversuchsanlagen verfügt.

Was die Anwendung der Sicherheitsvorschriften betrifft, so ist der Betreiber schon aufgrund der eingangs erläuterten Zusammenhänge an der Aufrechterhaltung, ja an

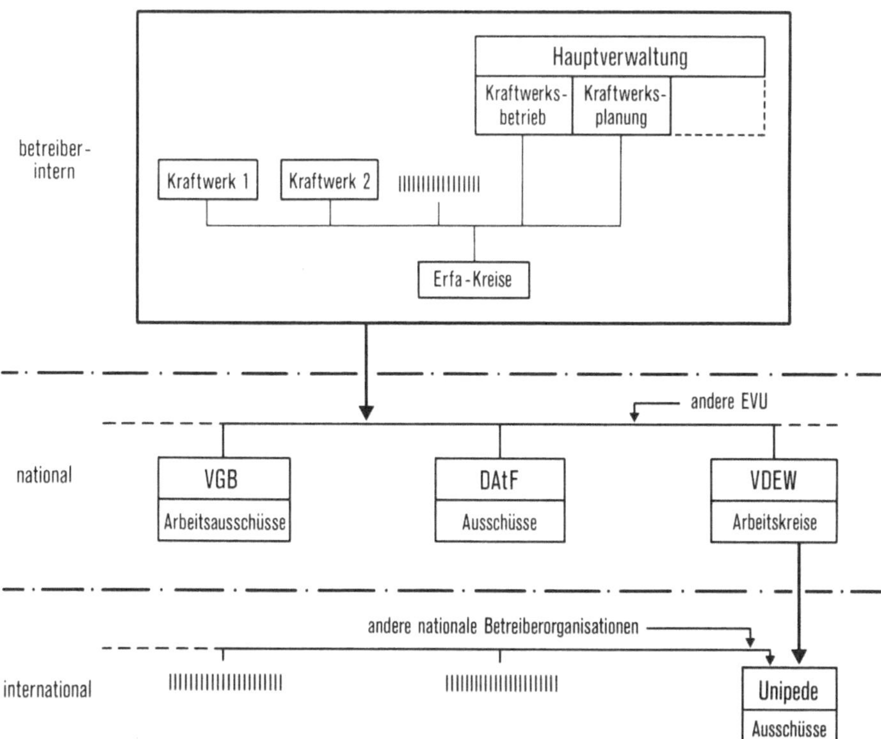

Bild 7. Prinzipielle Organisation des Erfahrungsrückflusses der Betreiber (RWE)

der weiteren Verbesserung des Sicherheitsstandes in seinen Anlagen bemüht und wird auch die Genehmigungswerte für Umweltbelastungen zu unterschreiten versuchen, wenn dies technisch möglich ist und der Wirtschaftlichkeit seines Betriebes nicht untragbar entgegenläuft. Andererseits muß jedoch der Betreiber davon ausgehen können, daß mit der Einhaltung der einschlägigen Gesetze, Vorschriften mit technischen Regeln auch eine hinreichende Sicherheit durch seine Anlage gegeben ist, zumal die sich hieraus ergebenden Anforderungen, wie noch gezeigt wird, auch von seiten des Gesetzgebers ständig gemäß dem fortschreitenden Stand von Wissenschaft und Technik verschärft werden (Bild 8) und schon von daher ein entsprechendes Weiterschreiten in der Sicherheitsentwicklung gegeben ist.

Schließlich muß man auch die Tätigkeit von Behörden und Gutachtern im Sinne des Erfahrungsaustausches und der Verbesserung der Sicherheit nennen. Denn aus diesem Gesamtprozeß entwickeln sich immer weitergehende und immer mehr ins Detail gehende Vorschriften, Auflagen und Regeln, die Neuentwicklung bei Material und Konstruktion berücksichtigen und zulässige Grenzwerte für Belastungen mit dem Fortschritt von Stand von Wissenschaft und Technik weiter reduzieren. Beispiele für das wachsende Vorschriften- und Regelwerk können auf dem Gebiet des Immissionsschutzes oder der Reaktorsicherheit gezeigt werden (Bild 9).

Um wieviel beispielsweise Kernkraftwerke durch diese Prozesse sicherer geworden sind, läßt sich am historischen Verlauf großer Schadensereignisse oder an Unfallstatistiken des Personals quantitativ nicht zeigen, da die Sicherheitsvorkehrungen von vornherein vorbeugend vorgesehen und ständig weiterentwickelt wurden. Der Verlauf

Maßnahmen zum Umweltschutz bei fossil gefeuerten Kraftwerken		
Ziel	Art der Maßnahme	Bemerkungen
Luftreinhaltung		TA Luft
1. verringerte Emissionen	Elektrofilter mit besserem Abscheidegrad (99,7%)	ständige Verbesserung von früher 95% Abscheidegrad
	Trockenadditiv-Entschwefelung (bei Braunkohle-Verfeuerung)	Versuchsanlage in Betrieb; Genehmigungsantrag für Demonstrationsanlage
	nasse Rauchgasentschwefelung (bei Verfeuerung von Steinkohle oder Öl)	Rauchgasentschwefelungserlaß in NRW seit 1977 für Neuanlagen anzuwenden
	Verbesserung des Wirkungsgrades bedeutet weniger Brennstoffverbrauch	stetige Entwicklung, jetzt Sättigung erreicht
	Tropfenfänger im Kühlturm	Verringerter Tropfenauswurf
2. verringerte Immission	höhere Kamine	Höhe ist von den Immissions-Gutachten abhängig
	Auswirkungen aus verringerten Emissionen	
Gewässerschutz	sparsame Wasserwirtschaft im Kraftwerksbetrieb	verbesserte Wasseraufbereitungstechnik, Mehrfachnutzung (recycling)
	Reinigung des Abwassers	Wasserhaushaltsgesetz; Richtlinien der Länderarbeitsgemeinschaft Wasser
Lärmminderung	leisere Maschinen, soweit technisch möglich	
	Kapselung, verstärkte Gebäudeaußenhaut, Schalldämmkulissen (Kühltürme, freistehende Transformatoren)	TA Lärm; Lärmschutz-Richtlinien (Arbeitsschutz)

Bild 8. In den letzten Jahren präzisierte Umweltschutzmaßnahmen bei konventionellen Kraftwerken (Auswahl) (RWE)

	1973	1974	1974	1978	1980	1980
Notstrom-versorgung	DIN-Entwurf 25417, Blatt 4: Anforderungen an Netzan-schluß und Eigenbedarfs-anlage	DIN-Entwurf 25417, Blatt 5: Anforderungen an Erzeugungs-anlagen mit Diesel-aggregaten	BMI-Kriterien, Abschnitt 7: Forderung Not-stromaggrega-te; Einzelfehler und Reparaturfall	KTA 3701, Teil 1: Forderung nach 2netzseitigen und 1blockseitiger Versorgungs-möglichkeit (neben der Notstroman-lage); Fristen bis zur Wieder-herstellung ausgefallener netzseitiger Versorgungs-möglichkeiten	KTA 3702, Teil 1: Auslegung, Betrieb und Instandhaltung von Notstrom-erzeugungs-anlagen mit Diesel-aggregaten	KTA 3702, Teil 2: (Vorentwurf) Prüfung von Notstrom-erzeugungs-anlagen mit Diesel-aggregaten; Qualitäts-sicherung, Vor-, Bau- und Abnahme-prüfung

Bild 9. Entwicklung der Anforderungen an Kernkraftwerke, hier am Beispiel der Notstromver-sorgung (RWE)

der Verfügbarkeit ist in diesem Falle kein geeignetes Indiz, da die zeitliche Dauer eines Ausfalles infolge einer Störung nur zum kleinen Teil durch die technische Reparatur-maßnahme zur Beseitigung des Störungsumfanges bestimmt wird. Ein relativ großer Anteil entfällt auf umfangreiche Prüfungen, zeitaufwendige Strahlenschutzmaßnah-men und bis ins Detail gehende Begutachtung und Genehmigung der Wartung – und Reparaturmaßnahmen. Als Indiz läßt sich hier eher die Zahl der Ausfälle in einem gegebenen Zeitraum heranziehen.

Eine quantitative Untersuchung über die Verminderung des Restrisikos im Laufe der Entwicklung der Kernenergie existiert nicht. Es gibt jedoch für unterschiedliche Zeitpunkte Momentaufnahmen, nämlich die amerikanische Rasmussen-Studie, ba-sierend auf dem technischen Stand von 1972 sowie die Deutsche Risikostudie, bezo-gen auf 1976. Die Werte sind nicht direkt vergleichbar, da in beiden Ländern auf unterschiedliche Technik und Vorschriftenpraxis, sowie unterschiedliche Standort-verhältnisse bezogen ist, dennoch seien die Werte als Indiz für einen generell vermute-ten Trend der Risikoverminderung unterstellt (Bild 10), der auch für deutsche Anla-gen zu erwarten ist. In Bild 10 sind die Werte als Schnittebene aus den Darstellungen in den bekannten Risikountersuchungen entnommen, in denen die Eintrittshäufigkeit über der Schadenshöhe angegeben wird. Als Schnittebene wurde die hier genannte Schadenshöhe von 1000 oder mehr Personenschäden gewählt. Beide Risikountersu-chungen sind auf 25-KKW-Anlagen normiert worden. Die angegebene weitere Ver-besserung deutscher Anlagen beruht auf Ertüchtigungsmaßnahmen, die aufgrund der Erkenntnisse aus der DRS durchgeführt wurden.

Vergleicht man hierzu die Entwicklung des Dokumentationsaufwandes als Indiz für den Umfang von Begutachtung und Genehmigungsverfahren (Bild 11), so wird die Behauptung, daß eine immer geringere Verbesserung mit immer größerem Auf-wand erkauft werden muß, eindrucksvoll illustriert. Es ist zu beachten, daß hier nur

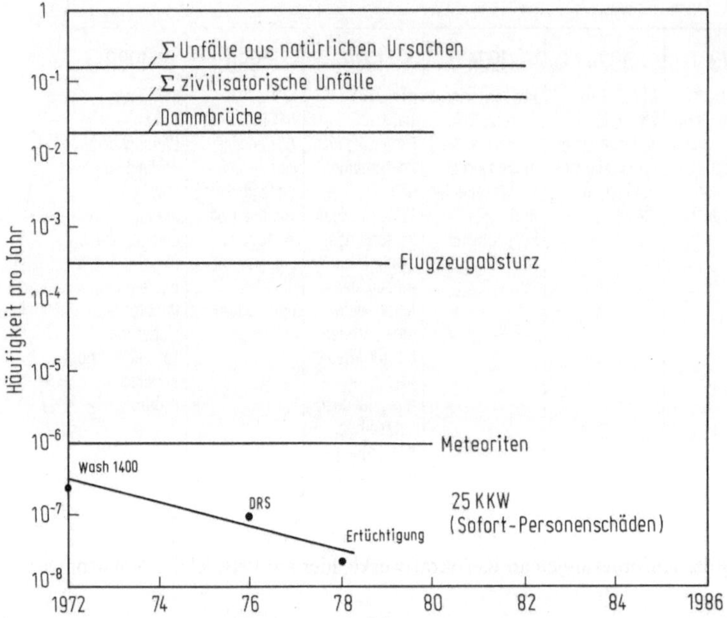

Bild 10. Erfolge in der Risikoverminderung bei Kernkraftwerken am Beispiel für den Erwartungswert, daß 1000 oder mehr Personen durch die angeführten Ereignisse umkommen (RWE)

der Aufwand für den Primärkreis gezeigt ist, die Unterlagen für Sekundärkreis und Hilfsanlagen haben nochmals den gleichen Umfang und eine unreflektierte Extrapolation der Kurve auf einen Baubeginn 1980 würde zu abenteuerlichen Zahlen führen.

In dieser Entwicklung steckt unseres Erachtens jedoch noch ein weiteres Problem. Denn hinter dem gestiegenen Dokumentationsaufwand steht natürlich eine in gleicher Weise gestiegene Zahl von Bearbeitern sowohl auf Behörden- und Gutachterseite als auch bei Herstellern und Betreibern. Diese Bearbeiterstäbe sind zum Teil sicherlich auch im Hinblick auf eine wachsende Zahl von zu errichtenden Kernkraftwerken aufgebaut worden. Betrachtet man jedoch die heute zugrunde gelegten Zuwachskurven für die Entwicklung des Strombedarfs, so muß man davon ausgehen, daß wesentlich weniger Kraftwerke, also auch Kernkraftwerke gebaut werden als noch vor einigen Jahren angenommen wurde. Bedeutete z. B. bezogen auf 1975 ein exponentieller Zuwachs von jährlich 7% eine Verdoppelung des Kraftwerkparkes in 10 Jahren und eine Vervierfachung in 20 Jahren, so ergibt sich aus der heutigen Zugrundelegung eines linearen Zuwachses von 5% jährlich eine Verdoppelung erst in 20 Jahren und eine Vervierfachung in 40 Jahren (Bild 12), abgesehen davon daß sich über diese langen Zeiträume die Zuwachsrate möglicherweise weiter vermindert. Der heute vorhandene Bearbeiterstab wird sich also in Zukunft mit wesentlich weniger Anlagen beschäftigen, was sicherlich die Gefahr einer Tendenz birgt, sich möglichst lange und möglichst intensiv und detailliert mit dem Einzelprojekt zu befassen, unabhängig vom sicherheitstechnischen Erfordernis. Darüber hinaus besteht die Gefahr, durch eine laufende Addition von Sicherheitsmaßnahmen, die schon für sich betrachtet kaum noch eine Risikominderung erreichen, sich in ihrer Summierung gegenseitig behin-

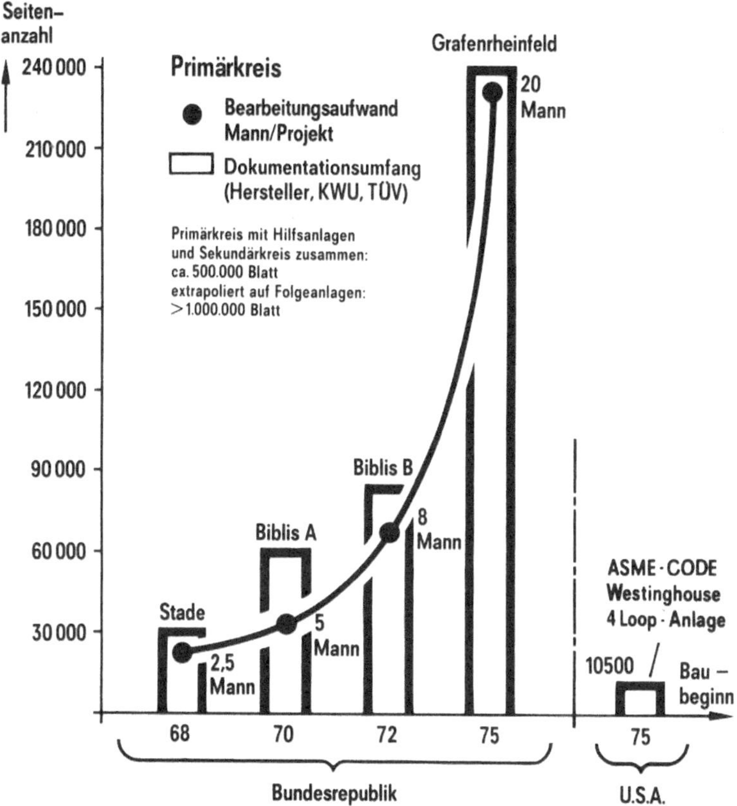

Bild 11. Dokumentationsumfang im atomrechtlichen Genehmigungsverfahren (Teilbeispiel) (KWU; [2])

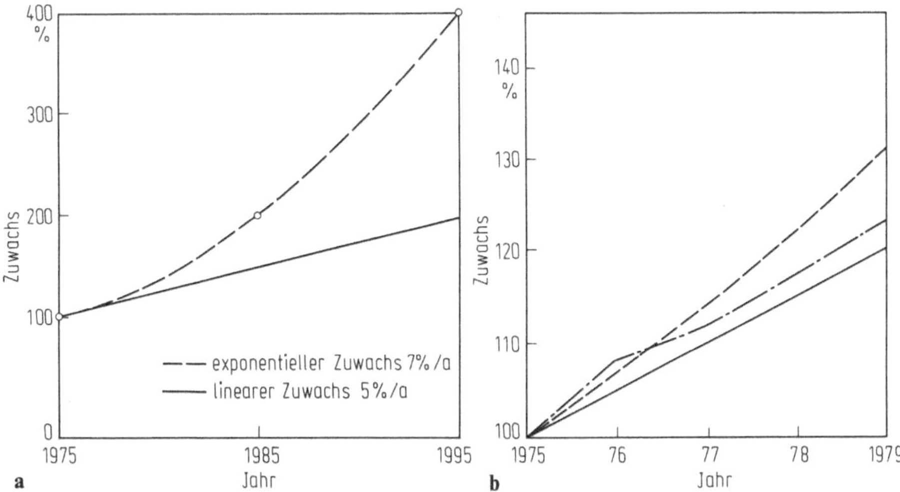

Bild 12. a Verlauf verschiedener Bedarfsprognosen für elektrische Energie, **b** bisheriger Zuwachs im Verbrauch elektrischer Energie

dern und auch noch den sicheren Betrieb beeinträchtigen können, wovon dann neue Gefährdungen ausgehen.

Als Beispiel für diesen Sachverhalt sind die zahlreich und in massiver Stahlkonstruktion vorzusehenden Rohrausschlagsicherungen zur Beherrschung von Folgeschäden aus postulierten spontanen Rohrbrüchen (insbes. Längsbrüchen) zu nennen, obwohl solche Brüche durch entsprechende Werkstoffwahl, Konstruktion und betriebliche Wiederholungsprüfungen ausgeschlossen werden sollen. Gerade diese Prüfungen werden einerseits durch Hinzufügen von Systemen vermehrt, andererseits die Zugänglichkeit zu den Rohren und damit deren Prüfung erschwert. Der vermehrte und aufwendigere Prüfumfang führt außerdem noch zu einer erhöhten Strahlenbelastung für das Prüfpersonal.

Die hier aufgezeigte Notwendigkeit für eine „Harmonisierung" bei der Einführung neuer Sicherheitsvorkehrungen kann möglicherweise Gegenstand von Forschungsvorhaben sein, die unseres Wissens bisher fehlen.

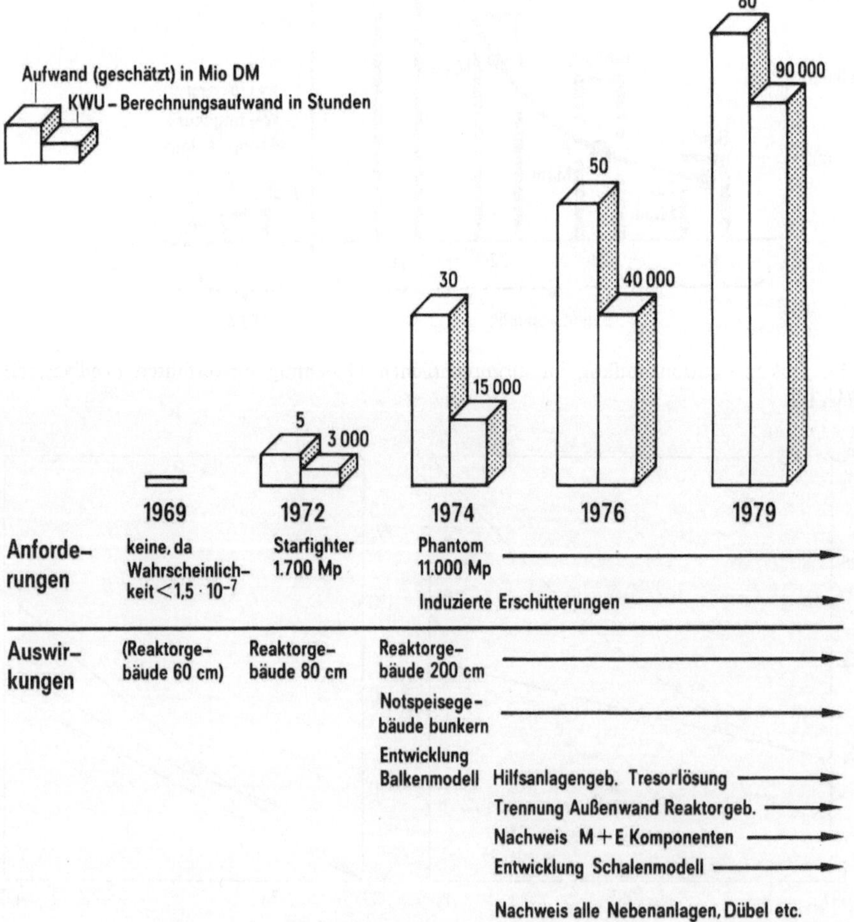

Bild 13. Entwicklung der Anforderungen zur Abdeckung des Flugzeugsabsturzes bei Kernkraftwerken (KWU; [2])

Die eingetretene Eskalation im Bearbeitungsaufwand und die Verselbständigung eines isolierten Sicherheitszieles wird besonders deutlich am Beispiel der gestiegenen Anforderungen und deren Auswirkung für den Lastfall „Flugzeugabsturz" (Bild 13). Aus dem einfachen Penetrationsschutz des Reaktorgebäudes gegen einen Starfighter wurde ein Ingenieurproblem ersten Ranges. Nicht nur, daß bald nach Einführung dieses Störfallkriteriums die Belastungsanforderung stieg und sich der Starfighter von 1700 Mg zur Phantom 11 000 Mg entwickelte (Mg = Megagramm), auch der Nachweisumfang eskalierte in unvorhersehbarer Weise auf das etwa Dreißigfache. Das Bestreben, den Belastungsvorgang auf das komplizierte System von Bauwerk und darin untergebrachten Anlagenteilen auch noch hinsichtlich der Auswirkungen höherer Ordnung bis in die Einzelheiten zu erfassen, zwingt zur Anwendung von komplexen theoretischen Rechenmodellen hoher Konservativität, deren Ausmaß mangels experimenteller Untersuchungsmöglichkeiten nicht verifizierbar ist und deren realistische Wiedergabe der Wirklichkeit daher in Zweifel gezogen werden muß.

Bedenklich dabei ist, daß all dies gefordert wird, um einen auch international als vernachlässigbar eingestuften Risikobeitrag der Kernenergie weiter zu reduzieren. Im Ausland gibt es in diesem Punkt daher auch keine der unsrigen vergleichbare Auslegungspraxis.

Bei der Planung künftiger Kraftwerke und der Auswahl entsprechender Standorte muß gemäß dem schon erwähnten gesetzlichen Auftrag, elektrische Energie jederzeit so sicher und preiswert wie möglich bereitzustellen, vorgegangen werden. Das heißt, es sind alle die Erzeugungskosten beeinflussenden Parameter zu berücksichtigen, ebenso wie die Versorgungssicherheit des vorgesehenen Brennstoffes und die Überschaubarkeit des Inbetriebnahmezeitpunktes. Das bedeutet aber auch, daß eine Kraftwerksart zugunsten einer anderen aufgegeben werden muß, wenn sie sich z. B. durch extreme Sicherheitsforderungen untragbar verteuert, insbesondere dann, wenn solchen Forderungen kein merkbarer Sicherheitsgewinn mehr gegenüber steht. Ein anderer Grund für eine solche Entscheidung kann auch darin liegen, wenn durch ein unüberschaubares Genehmigungsverfahren ein bestimmter Inbetriebnahmezeitpunkt nicht mehr vorhersehbar wird. Diese Umstände können bei der Entscheidungsfindung auch nicht durch Überlegungen aufgewogen werden, daß z. B. aus Gründen der Substitution von Erdöl in Zukunft zunehmende Kohlemengen der Verflüssigung und Vergasung zugeführt werden und nicht bei der Energieerzeugung in Kraftwerken zum Einsatz kommen sollten.

Auch bei der Erdbebenauslegung sind Anzeichen zu konservativem Vorgehen zu beobachten. So wurde nach dem Erdbeben, das sich im Herbst 1978 bei Albstadt ereignet und die Stärke 7,5 bis 8 nach der MKS-Skala erreicht hatte (MKS = Medveder-Sponheuer-Karnik-Skala), in einer 3 km vom Epizentrum entfernt gelegenen Strickwarenfabrik ein Speisewasserbehälter der Dampferzeugungsanlage untersucht. Dieser war samt anschließender Rohrleitungen trotz üblicher, rein konventioneller Auslegung völlig unversehrt geblieben, obwohl Horizontalbeschleunigungen bis zu 350 cm/s^2 ermittelt wurden.

Nach den Berechnungsmethoden der Erdbebenauslegung für Kernkraftwerke hätten für diesen Behälter – abgesehen von seiner wesentlich konservativen Auslegung – schwere Unterstützungs- und Haltekonstruktionen vorgesehen werden müssen. Umgekehrt hätte dieser Speisewasserbehälter bei den der beobachteten Erdbebenstärke entsprechend eingesetzten Modellannahmen nicht nur versagen, sondern durch sein

Zerbersten auch noch zu erheblichen Folgeschäden führen müssen. Diese Einzelbeobachtung ist vielleicht nicht zu verallgemeinern, jedoch gibt sie zu der Feststellung Anlaß, ob hier nicht ein überkonservatives Verfahren vorliegt, das wegen einer Überschätzung der Auswirkung von Erdbebenkräften zu ungerechtfertigtem Aufwand führt. Dieser Aufwand könnte anderweitige Sicherheits- und Betriebserfordernisse beeinträchtigen.

3 Praktische Durchführung von Maßnahmen zur Erzielung eines hohen Sicherheitsstandes

Wie schon gezeigt, spielt eine systematische Erfahrungsrückführung eine wesentliche Rolle. Wichtige Instrumente sind Schadensstatistiken und ihre systematische Auswertung. Beispiele hierfür sind die Modellfälle Neurath und Biblis zur Gewinnung von Zuverlässigkeitsdaten von Komponenten und Systemen. Diese Daten sind auch in die deutschen Risikostudie eingeflossen.

Mit Hilfe der RWE-Schadensstatistik kann das gesamte Verfügbarkeits- und Instandhaltungsgeschehen übersichtlich dokumentiert werden. Auf diese Weise werden Schwachstellen leichter erkannt. In speziellen Fällen, wo es um die Erarbeitung von Entscheidungshilfen für die Instandhaltung, sei es für die Beurteilung von Umbauten oder für die laufende Instandhaltungsstrategie, ging, hat die Verwendung der RWE-Schadensstatistik sehr gute Dienste geleistet. Auch in die Neuplanung sind entsprechende Ergebnisse eingeflossen.

Bei Kernkraftwerken wird für die maschinentechnischen Komponenten und Rohrleitungen des Primärkreises neuerdings das Konzept der Basissicherheit eingesetzt. Bei diesem ist

– die Verhinderung des Versagenseintritts einer Komponente oder eines Systems vorgesehen (primäre Sicherheitsmaßnahme),
– durch gestaffelte absichernde Maßnahmen auf verschiedenen Ebenen durch qualitätserzeugende Maßnahmen eine weitere Absicherung erreicht.

Bei Einhaltung der Anforderung der Basissicherheit soll erreicht werden, daß ein katastrophales, z.B. durch herstellungs- bzw. auslegungsbedingte Mängel eintretendes Versagen eines Anlagenteiles, z.B. eines Druckbehälters, ausgeschlossen werden kann [3], [4]. Leckagen kleinerer Art sind hiervon nicht berührt. In Bild 14 ist dieses Konzept der Basissicherheit dargestellt.

Bei bestimmten mechanischen Bauteilen ist davon auszugehen, daß schon von der Herstellung her nicht zu vermindernde Mikrorisse vorhanden sind. Außer zerstörungsfreien oder zerstörenden Prüfungen einer Werkstoffprobe bzw. des Bauteiles werden Methoden der Bruchmechanik eingesetzt. Mit dieser ist der Rißverlauf über einen gewissen Zeitraum voraussehbar; später dann in der Betriebsphase kann durch die Wiederholungsprüfungen rechtzeitig festgestellt werden, ob das Rißwachstum sich vergrößert hat oder ob es unterhalb eines unkritischen Wertes zum Stillstand gekommen ist.

Ein Beispiel für umfassende sicherheitstechnische Untersuchung bestimmter mechanischer Komponenten kann beim Schnellen Brüter genannt werden. Im Rahmen der verschiedenen Schritte der Genehmigung und Begutachtung sind vollständige

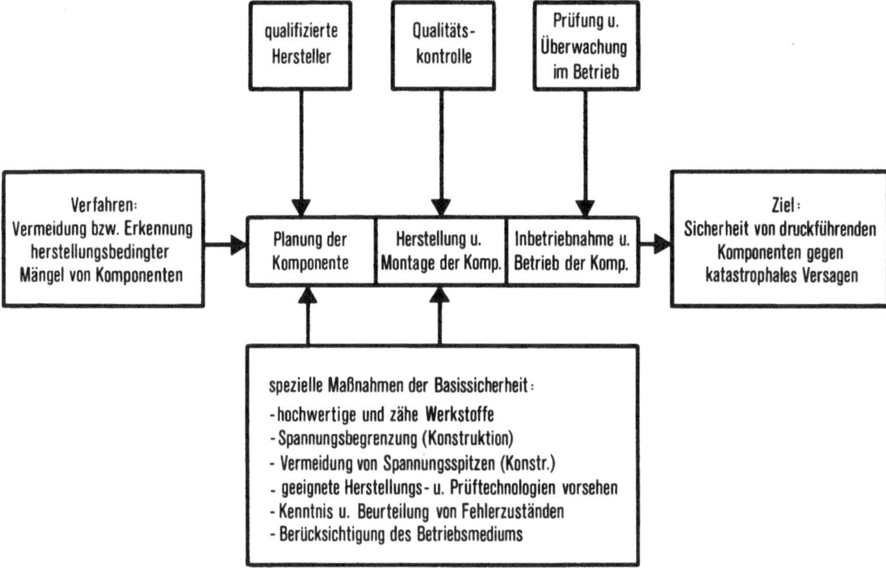

Bild 14. Prinzipielle Struktur der Maßnahmen zur Erzielung einer Basissicherheit von Komponenten bei Kernkraftwerken (RWE)

Störfallanalysen, thermohydraulische Analysen der Störfallfolgen und Festigkeitsanalysen in erheblichem Umfang vorzulegen.

Einen sehr bedeutenden Platz in der Sicherheit des Kernkraftwerkes nimmt neben den mechanischen Komponenten auch der Faktor Mensch ein. Im RWE-Bereich wurde bereits früh etliches zum Faktor Mensch im Kraftwerk getan, so sind in der Wartentechnik die ergonometrischen Belange voll berücksichtigt. Im RWE werden das Fahrpersonal und sonstiges Kraftwerkspersonal im Hinblick auf alle betrieblichen Erfordernisse und unter Berücksichtigung der behördlichen Vorschriften gründlich geschult und trainiert. Für Kernkraftwerke geschieht dies insbesondere am Simulator der Kraftwerksschule der VGB. Im Betriebshandbuch sind alle wichtigen Betriebssituationen ausführlich erläutert, bei denen menschliche Eingriffsmöglichkeiten für den Fall besonderer Störungen erforderlich sind, da diese durch Automatiken nicht eindeutig abgedeckt werden können.

In diesen Fällen kann nur durch den Eingriff des Menschen aufgrund seiner Fähigkeit der Beobachtung, Kombination und Beurteilung des technisch nicht eindeutig vorherbestimmbaren Ereignisablaufes die richtige Reaktion erreicht werden. Allerdings muß dem eingreifenden Menschen dann eine hinreichende und überschaubare Information und ein vorher vermitteltes ausreichendes Wissen zur Verfügung stehen.

4 Schlußbemerkungen

Mit dieser Übersicht und Erläuterung einiger Beispiele sollte die diesem Seminar zugrunde liegende Fragestellung des BMFT aus Sicht der öffentlichen Stromversorgung, genauer aus Sicht der Kraftwerkstechnik, beleuchtet werden, ohne daß jedoch der weit gespannte Rahmen hinsichtlich der Maßnahmen zur Erzielung, Erhaltung und Fortentwicklung der Sicherheit von Kraftwerksanlagen erschöpfend behandelt werden konnte. Jedoch sollten mit dieser Darstellung Ansätze für eine künftige vertiefte Behandlung der einen oder anderen Fragestellung gegeben sein.

Literatur

1. Eitz, A. W.; Watzel, G. V. P.: Die Beherrschung der Sicherheitsprobleme von Kernkraftwerken aus der Sicht der Elektrizitätsversorgungsunternehmen. Atom u. Strom 23 (1977) 141–148
2. Keller, W.: Neue Wege bei Planung und Begutachtung von Kernkraftwerken. VGB-Kraftwerkstechnik 60 (1980) 417–422
3. Staebler, K.: Einführung in die Basissicherheit. VGB-Kraftwerkstechnik 60 (1980) 428–437
4. Dieterich, L.: Maßnahmen zur Störfallverhinderung. VGB-Kraftwerkstechnik 60 (1980) 423–427
5. Bökenbrink, D.; Hlubek, W.; Scheffler, G.: Qualität und Qualitätssicherung im Hinblick auf den zuverlässigen und wirtschaftlichen Betrieb von Kraftwerken. Qualität u. Zuverlässigkeit 25 (1980) 45–49
6. Vetterkind, D.: Gewinnung und Anwendung von Zuverlässigkeitsinformationen zur Planung und Instandhaltung von Kraftwerksanlagen. Qualität u. Zuverlässigkeit 25 (1980) 50–55

Zusammenfassung und Auswertung der Diskussion über den Themenkreis „Energietechnik"

S. Hartwig

Verlauf und Inhalt der Diskussion

Durch den Vortrag von Herrn Heuser über „Die Risikoanalyse in der Kerntechnik" bedingt, konzentrierte sich die Diskussion sehr schnell auf die Frage, ob und inwieweit solche Risikoanalysen oder auch die in der Kerntechnik entwickelten Unfallfolgemodelle auf andere Bereiche der Technik übertragbar sind. Von den anderen Technologien wird das meist abgelehnt, da der Kenntnisstand nicht ausreichend sei und außerdem die Sachverhalte wesentlich komplizierter.

Diesem Argument wurde entgegengehalten, daß auch in der Kerntechnik vieles durch Modellvorstellungen und angenommene Szenarien (fast immer konservative) abgedeckt werden müsse. Gerade in Bezug auf die beiden Vorträge über „Kerntechnik" und „Gasverteilung" wurde darauf hingewiesen, daß es in der Kerntechnik bis jetzt keine (nuklearspezifischen) Unfalltote gäbe und dort das Risiko über hypothetische Unfallszenarien ermittelt würde, dagegen bei der Gasverteilung gibt es diese, auch schweren Unfälle, Maximalauswirkung des Gefahrenpotentials würden aber kaum untersucht. Deswegen seien solche Untersuchungen sinnvoll, um zumindest eine gewisse Vergleichbarkeit herzustellen. Von Herrn Heuser wurde dargelegt, daß er den Nutzen der Risikoanalyse weniger in der numerischen Risikoquantifizierung sieht, sonder mehr in dem dabei stattfindenden Lernprozess und eingeleiteten Fortschritt der Technik. Ein Beispiel hierzu ist der Canvey-Island-Report bei dem im Laufe der systematischen Untersuchung eine ganze Reihe von technischen Fehlern entdeckt und vernünftige Verbesserungsvorschläge gemacht wurden.

Generell wurde bei Risikoanalysen vermerkt, daß die Darstellung des Vorgehens und der Ergebnisse mehr verschleiernd als erhellend seien. Insbesondere wurde die Art der Bezugszahlen für Eintrittswahrscheinlichkeit kritisiert, die wenig erklärend und als Entscheidungshilfe nutzbar seien. Betont wurde, daß das Werkzeug der Risikoanalyse hilfreich zur Ermittlung von Schwachstellen und von Maximalschäden sei. Letzterer Aspekt ist besonders für die Versicherungswirtschaft von Bedeutung.

Übereinstimmung bestand aber weitgehend darüber, daß Risikoanalysen die Akzeptanz einer Technologie im Augenblick wenig beeinflußt. Unklar blieb, ob das an den heutigen speziellen Umständen liegt oder ob das generell den Risikoanalysen zugeschrieben wird.

Kontrovers wurde in der Diskussion das Gefahrenpotential von LNG diskutiert, insbesondere auch der großen LNG-Tanker. Während die Gaswirtschaft das Gefahrenpotential sehr gering einstufte, nahmen andere Diskussionsteilnehmer eine skeptische Haltung ein. Das gilt auch für die Ausbreitung, Lebensdauer und Deflagration von kalten Gaswolken.

Am Schluß wurde der Wunsch nach der Entwicklung anderer und neuer Werkzeuge zur Risikoermittlung geäußert.

Stellungnahme und Folgerung

Die Diskussion behandelte kaum energiespezifische Probleme, sieht man von den kurzen Bemerkungen über das Verhalten und Gefahrenpotential von LNG ab. Die Ursache für diesen Sachverhalt liegt vermutlich am emotionalen Stellenwert den heute die Kernenergie einnimmt. Die beiden anderen zur Diskussion stehenden Energieträger wollten deutlich in ihrer Risikowertigkeit von der Kernenergie abgehoben werden mit dem Argument, daß die Erfahrung zeige, daß die Gasverteilung sicher sei. Eine Feststellung die übrigens von keinem der Diskussionsteilnehmer bestritten wurde.

Was in der Diskussion anklang, aber leider nicht ausdiskutiert wurde, war, (gleiche Methoden vorausgesetzt) daß das Risiko verschiedener Energieträger vergleichbar wird.

Der Querschnittscharakter der Methodik der Risikoermittlung der gerade in der Energietechnik (hier ist eine ideale gemeinsame Vergleichsbasis gegeben) hätte hilfreich sein können, wurde nicht genutzt. Ein Grund für diesen Sachverhalt scheint mir darin zu liegen, daß die Vortragenden und Diskussionsteilnehmer annehmen, daß der Energieträger zur Diskussion steht und nicht die Sicherheitsmethodik.

Hieraus wäre die Folgerung zu ziehen, daß nicht Vertreter eines Energieträgers ein Einführungsreferat halten sollte, sondern Außenstehende, die sich in die Materie einarbeiten.

Eine weitere Folgerung wäre, daß Analysen nicht als Finalisierungsprozess (Festschreibung einer Technik, Fixierung des Risikos) sondern als Lernvorgang im Laufe einer Technikentwicklung verstanden werden sollte.

In naher Zukunft sollte der Schwerpunkt bei der Schwachstellenermittlung und Feststellung des Gefahrenpotentials liegen, nicht aber in der Risikoquantifizierung.

Forschungsempfehlung

Es bestand Konsens, daß Sicherheits- und Risikoanalysen als Werkzeug nützlich sind, nur über das wo, wie und die Schwerpunkte gab es Dissens. Unter dieser Meinungsvielfalt ist auch zukünftige Forschung zu sehen. Eine subjektive Gesamtwertung der drei Vorträge, der Diskussion und privater Gespräche während des Seminars, läßt folgende Forschungsrichtungen wünschenswert erscheinen:

- Risikoanalysen und deren Aussagen sollten vergleichbarer werden, deshalb sollten nicht nur Letalschäden als Schadenskriterium benutzt werden; also Suche nach anderen Schadenskriterien und anderen Darstellungen (z. B. CO_2-Problemen gegen nukleares Waste-Problem, beides sind Abfallprobleme der Energieerzeugung);
- mehr Daten- und Datenbanken über Versagenswahrscheinlichkeiten;
- Suche nach anschaulicherer Darstellung der Ergebnisse;
- für ein disziplinübergreifendes Ministerium wie das BMFT scheint mir besonders wichtig die Problematik der Synergismen und Schnittstellen aufzugreifen, da diese Risiko- und Gefahrenpotentiale von den Fachdisziplinen oft übersehen und mangels Kompetenz nicht aufgegriffen werden;
- Fördern der Zusammenarbeit zwischen Versicherungen (Daten über Maximalschaden) und Risikofachleuten;
- Förderung der Forschung über Unsicherheiten und deren Wertung;
- mehr und bessere Dosis-Wirkungs-Beziehung;
- große Schadenspotentiale bei der konventionellen Energieerzeugung (LNG-Tanker usw.).

Die Reihenfolge der Themen soll keine Wertung bedeuten.

Aspekte der Sicherheit in der chemischen Industrie

Grundsätzliches zur Sicherheit aus der Praxis der chemischen Technik

E. Weise

(Kurzfassung des Referates)

In der Praxis des Alltages müssen die Fragen der Bevölkerung, die in der Nachbarschaft eines chemischen Werkes wohnen und die diese im Zusammenhang mit der Industrieansiedlung hat, schnell, einfach und möglichst erschöpfend beantwortet werden. Viele dieser Fragen betreffen auch die Sicherheit. Aus der Erfahrung solcher Gespräche ergeben sich Schwerpunkte, die näher erläutert werden und auf die vorbereitet zu sein für den Praktiker empfehlenswert ist.

(1) Häufig verwendete Begriffe, wie z. B. „Restrisiko" müssen möglichst klar, eindeutig und für alle verständlich definiert werden. Die Experten dürfen sich in der Öffentlichkeit nicht widersprechen. Das ist für Naturwissenschaftler aber an sich nichts Neues. Erschwerend kommt für das hier zur Diskussion stehende Sachgebiet hinzu, daß man nicht ohne weiteres auf Worte zurückgreifen kann, die dem allgemeinen Sprachgebrauch entsprechen würden, weil sie entweder in der Umgangssprache teilweise anders gebraucht werden oder von bestimmten Branchen bereits einschränkend definiert worden sind.

(2) Über die Möglichkeiten einer Gefährdung durch die Chemische Industrie muß offen gesprochen werden. Dabei sollte prinzipiell unterschieden werden zwischen Problemen

- der Gesellschaftspolitik – wird das Produkt gebraucht?
- der chemischen Reaktion – welcher chemische Herstellungsprozeß wird ausgewählt?
- der Verfahrenstechnik – wie ist das ausgewählte Verfahren zu sichern?

(3) Speziell für die chemische Technik gibt es eine Reihe von Faktoren, welche die Sicherheit ganz wesentlich mitbestimmen, die aber nicht der reinen Verfahrenstechnik zuzuordnen sind, wie etwa das Verhalten der Mitarbeiter. Als Beispiel kann die Gewöhnung an eine Gefahr dienen. Diese ist nur schwer erfaßbar und damit auch nicht quantifizierbar.

(4) Der Dialog mit breiten Kreisen der Bevölkerung muß „Hier und Heute" geführt werden. Umfassende quantitative Sicherheitsanalysen sind aber für Chemieanlagen als ganzes nicht möglich, weil die Voraussetzungen für eine wahrscheinlichkeitstheoretische Betrachtung fehlen. Es ist daher zweckmäßig, für die Diskussion mit der Bevölkerung, ein qualitatives Modell zu verwenden, das in verständlicher Form die Grundlagen einer Systematik zur Ermittlung und Beseitigung von Gefahrenquellen zeigt. Dieses Modell darf aber die Frage nach der Akzeptanz, die man auch als von allen Beteiligten akzeptierte „Vertretbarkeit" bezeichnen kann, keinesfalls ausklammern.

(5) Aus der geschichtlichen Entwicklung der Industrieansiedlungen sollte für zukünftige Planungen gelernt werden, Fehler zu vermeiden. Organisationsstruktur der Unternehmen und Motivation der einzelnen Mitarbeiter sind für die Sicherheit der chemischen Produktion genauso wichtig, wie eine einwandfreie Verfahrenstechnik.

Literatur

Weise, E.: Risikobereitschaft und Verfahrensentwicklung. Wasser, Luft, Betrieb 21 (1977) 273–274
Weise, E.: Die Sicherheit chemischer Produkte. VCI-Schriftenreihe „Chemie + Fortschritt" 1/1979,
    Mensch-Chemie-Risiko. VCI-Schriftenreihe „Chemie + Fortschritt" (im Druck)

Erfahrung bei der Durchführung von Risikoanalysen für einige Anlagen der petrochemischen Industrie in Rijnmond

E. F. Blokker

1 Einleitung

Rijnmond bezeichnet das Gebiet entlang der Rheinmündung bei Rotterdam. Es ist ungefähr 40 km lang, 15 km breit. Dort wohnen ca. eine Million Menschen. Hier, beim größten Hafen der Welt, gibt es eine große Konzentration von Anlagen der petrochemischen Industrie in geringem Abstand zu den Wohnzentren. Obwohl es bisher keinen Unfall gegeben hat, welcher zu einem Todesfall bei der Bevölkerung führte, besteht dennoch bei der Bevölkerung Furcht vor derartigen Unfällen, wie entsprechende Untersuchungen ergeben haben.

Rijnmond hat teilweise Selbstverwaltung auf Provinz-Ebene (es ist Teil „der Provinz Süd-Holland"). Die niederländische Regierung plant die Überführung von Rijnmond in eine selbständige Provinz. Der Rijnmond-Rat (75 Mitglieder jeweils für vier Jahre gewählt) gibt wegen der tatsächlich festgestellten Besorgnisse in der Bevölkerung der Entwicklung einer Politik der industriellen Sicherheit Priorität. Daher war zunächst festzustellen, wie gut die Risiken einer Chemieanlage berechnet werden können. Die Mitwirkung der Industrie war dabei eine absolut notwendige Voraussetzung. Die Behörde und die Industrie (vertreten von der Stiftung Europoort-Botlek-Belange, EBB) bildeten die Kommission COVO (niederländische Abkürzung für Kontaktgruppe für die Sicherheit der benachbarten Bevölkerung). Die COVO organisierte als Pilot-Projekt eine Risikoanalyse für sechs Anlagen in Rijnmond.

Es betraf die folgenden Anlagen: ein Acrylonitril-Lagertank, ein Ammoniak-Kugeldruckbehälter, ein zylindrischer Druckbehälter für Chlor, ein Propylän-Kugeldruckbehälter, ein LNG-Lagertank und die Diethanolamine-(DEA)-Regenerationssektion einer Entschwefelungsanlage für Gasöl. Die jeweils anschließenden Rohrleitungssysteme gehörten ebenfalls zum Untersuchungsobjekt.

Cremer and Warner Ltd., London, wurde mit der Ausführung des Projektes beauftragt. Zusätzlich wurde das Battelle-Institut e.V. in Frankfurt am Main beauftragt, die Arbeit zu überprüfen, insbesondere die verwendeten physikalischen Modelle.

Eine aus Experten der Industrie und der Behörden zusammengesetzte Kommission (COVO-Steering Committee, im weiteren als COVO-Steering-Kommission bezeichnet) verfolgte kontinuierlich den Arbeitsverlauf dieses Projektes, wobei mehrmals Einfluß auf die Untersuchungsmethoden genommen wurde. Dieser Kommission gehöre ich als Vorsitzender an, meine dabei gesammelten Erfahrungen möchte ich im folgenden vortragen.

2 Die Zusammenarbeit zwischen den Beteiligten

Die Betreiber der sechs erwähnten Anlagen hatten ihre uneingeschränkte Mitwirkung zugesagt und waren sämtlich Mitglieder der COVO-Steering-Kommission. Cremer and Warner (im folgenden CW), als die mit der Durchführung der Analyse beauftragte Ingenieurfirma, bekam alle notwendigen Informationen wie Prozeßdaten, Zeichnungen, Instrumentierungsdaten, Betriebs- und Inspektionsvorschriften. CW besuchte die Anlagen und führte auch Gespräche mit dem Betriebspersonal.

Da die Betriebe auch vertrauliche Informationen zur Verfügung stellten, war eine Absicherung gegen Mißbrauch erforderlich. CW unterzeichnete daher mit einigen der Betriebe spezielle Geheimhaltungsverträge.

Für jede Anlage stellte CW aus den gelieferten Informationen ein Datenpaket als Basis für die Analyse zusammen. Jeder Betrieb kontrollierte dieses Paket auf Daten, die vertraulich bleiben sollten, bevor es in die Kommission eingebracht wurde. Diese Zensierung galt nur Betriebsgeheimnissen. Die Behörden jedoch hatten Einsicht in alle Daten. Diese Prozedur erzeugte im Prinzip keine Schwierigkeiten, kostete aber viel Zeit, da das Datenpaket einige Male zwischen CW und dem jeweiligen Betrieb hin und her geschickt werden mußte.

Die Ausführung des Projektes verlief dann wie folgt. CW schlug der COVO-Steering-Kommission vor, mit welchen Methoden und Modellen die verschiedenen Stufen der Analyse durchgeführt werden sollte. Nach Diskussion dieser Vorschläge sowie der Meinungen von Battelle und der eigenen Fachleute entschied die Kommission, welches Modell verwendet wurde. Die meisten Beschlüsse wurden ohne Gegenstimmen gefaßt. Dieses Verfahren war sehr fruchtbar, vertiefte das Verständnis und den Einblick in die Problematik und stellte sicher, daß die nach der Meinung der Kommission besten der verfügbaren Modelle und Methoden verwendet wurden. Jedoch kostete es auch sehr viel Zeit. Tagelange Konferenzen waren erforderlich, um die Methoden und Modelle eingehend zu erörtern. Darüber hinaus fanden zusätzliche Expertengespräche über Detailfragen statt.

Trotz ausführlicher Dokumentation der von CW und Battelle vorgeschlagenen Modelle forderte die Kommission öfter mehr Detaillierung und die Ausarbeitung von Beispielen. Dem konnte jedoch aus terminlichen und finanziellen Gründen nicht im gewünschten Umfang entsprochen werden. Eine weitere Begründung könnte vielleicht auch darin gesehen werden, daß CW und Battelle ihr know how nicht uneingeschränkt einander offenlegen wollten.

Bei dieser Phase des Projektes wurde bereits ein so hoher Aufwand getrieben, daß im weiteren Verlauf eine zügigere Bearbeitung notwendig wurde. Alle Partner waren jedoch so engagiert, daß jeder auf eigene Kosten das ihm verfügbare Budget überschritt.

Diese Form einer Zusammenarbeit von Experten verschiedener Firmen ist zu empfehlen. Die Gruppe darf jedoch nicht zu groß sein, vielleicht zwölf Personen.

3 Die Identifizierung des Studienobjektes

Es ist keine triviale Aufgabe festzustellen, was nun alles eigentlich studiert werden soll bei einer Risikoanalyse, etwa für die Einrichtung eines Lagertanks. Meistens ist der

Tank durch Rohrleitungen mit Verzweigungen an andere Einrichtungen gekoppelt, so daß Störungen sich vom oder zum Tank fortpflanzen könnten. Auch könnten benachbarte Anlagen, die nicht direkt aneinander gekoppelt sind, bei Störfällen einander beeinflussen. Gehört weiter beim Beladen eines Tankschiffes aus dem Tank auch das Tankschiff zum Studienobjekt? Während der Analyse (einer Periode von zwei Jahren) änderten sich einige Anlagen etwas, z. B. durch Umbau von Rohrleitungen, Änderung von Ventilen usw. Welche Änderungen sollten berücksichtigt werden? Welche Unfälle sollten berücksichtigt werden? Wenn ein Arbeiter z. B. ein Ventil wartet, könnte ihn bereits eine kleine Leckage giftigen Gases töten, oder er könnte von einem abbrechenden Rohrstück getroffen werden.

Die Entscheidungen über diese Probleme bestimmen stark den Umfang der Risikoanalyse und sollten daher in einem frühen Stadium getroffen werden.

Wir entschieden zum Beispiel wie folgt: Alle Rohrleitungen und Komponenten, die zum Be- und Entladen des Tanks dienen, gehören zum Studienobjekt. Weitere angekoppelte Rohrleitungen zu anderen Anlagen werden bei der Analyse miterfaßt bis zum zweiten Absperrventil (eine genauere Beschreibung des Lösungsweges ist für jeden Einzelfall notwendig). Von angekoppelten Transporttanks wurde angenommen, daß sie und ihre Sicherheitseinrichtungen ordnungsgemäß funktionieren. Einwirkungen von benachbarten Anlagen und Sabotage wurden nicht berücksichtigt. Berücksichtigt wurden dagegen Einwirkungen von außen, wie Überschwemmungen, Aufprall von Fahrzeugen, Erdbeben usw. Für die Analyse wurde der Anlagezustand an einem bestimmten Datum zugrunde gelegt, eventuelle spätere Veränderungen wurden nicht mehr berücksichtigt, die mindestens zwei Tote beim Personal oder bei der Bevölkerung hätten verursachen können. Einzelunfälle und Unfälle, die nicht typisch sind für gefährliche Stoffe in der Anlage (hoher Druck, Brennbarkeit, Giftigkeit) wurden nicht berücksichtigt.

4 Die verschiedenen Stufen der Risikoanalyse

Nachdem die Studienobjekte und der Umfang der Analyse festgelegt worden waren, wurden die verschiedenen Stufen der Risikoanalyse durchlaufen.

Die erste und auch wichtigste Phase ist die Identifizierung der in einer Anlage möglichen Störfälle. Alle Störfälle, die hier nicht entdeckt werden, kommen auch später in der Analyse nicht mehr zum Vorschein. Zu dieser Identifizierung wurden zwei Methoden vorgeschlagen. CW bevorzugte die Checklistenmethode. Die Checkliste ist eine Liste von möglichen Fehlerszenarios, hauptsächlich aufgebaut auf den Erfahrungen der Industrie mit tatsächlich aufgetretenen Störfällen. Beispiele aus der Liste sind zum Beispiel Rohrbruch, fehlende Dichtungspackung, Kurzschluß usw. Jede Komponente der Anlage wird mit der Checkliste verglichen, und mögliche Einleitungsstörfälle werden erfaßt.

Die COVO-Steering-Kommission forderte, daß außerdem sogenannte Operability-Studien [1] gemacht wurden. Dabei studiert man jeden Teil der Anlage an Hand einer Stichwortliste wie „zuviel", „zuwenig", „in die falsche Richtung" usw. und untersucht die möglichen Auswirkungen von zum Beispiel „zuviel Druck", „zuviel Strömung". Folgewirkungen analysiert man wenn notwendig mit Hilfe von Ereignisbäumen. In diesem Stadium der Analyse werden die Störungen nicht im einzelnen begründet, sie werden postuliert. Diese Analyse wird in einer Gruppe von drei bis fünf Experten verschiedener Fachgebiete durchgeführt, damit die Phantasie angeregt wird und genügend Fachkenntnis vorhanden ist. Das macht diese Analysenmethode sehr aufwendig. CW fand 95% aller identifizierten Störfälle schon mit der Checklistenmethode, darunter bereits alle wichtigen großen Störfälle. Aber CW empfand, daß das Verständnis für das Funktionieren und das Zusammenwirken der einzelnen Anlagenteile durch die Operability-Studien zunahm, was die Qualität der Arbeit förderte.

Die möglichen Ursachen der identifizierten Fehlerszenarios wurden wo nötig mit Hilfe der Fehlerbaummethode festgestellt.

Für die weitere Analyse waren außer den Daten der Anlage weitere Angaben notwendig, wie die Häufigkeit der verschiedenen Windrichtungen und Wetterstabilitätsklassen, die Geographie der Umgebung und Bevölkerungsdaten. Diese wurden aus verschiedenen Quellen beschafft. Die Daten von zwei Wetterstationen in der Nachbarschaft und die Bevölkerungszahlen für jedes Quadrat mit 500 m Seitenlänge in Rijnmond wurden verwendet. Weiter wurde ermittelt, wieviel Menschen am Tag und bei Nacht in benachbarten Industriebetrieben arbeiten.

Um sowohl das Ausströmen und die Verbreitung der gefährlichen Materialien unter verschiedenen Verhältnissen als auch die Wirkungen von Feuer und Explosionen berechnen zu können, braucht man geeignete physikalische Modelle. Die Überprüfung und schließlich die Feststellung der zu verwendenden Modelle erforderte einen großen Einsatz aller Experten und nahm viel Zeit in Anspruch. Die von TNO gesammelten Modelle [2] bildeten das Ausgangsmaterial.

Andere Modelle wurden nur akzeptiert, wenn gezeigt werden konnte, daß sie die physikalischen Phänomene besser beschreiben. In einigen Fällen konnte kein Konsens aller Expertenmeinungen erreicht werden (Zweiphasenausströmung, Gaswolkenexplosionen).

Zur Berechnung der Konsequenzen eines Unfalls braucht man noch weitere Modelle. Wieviel Prozent der Betroffenen werden getötet bei einer gewissen giftigen Dosis, einer Wärmestrahlungsmenge oder einem Explosionsüberdruck? Viele Experten wurden gehört und Referenzen wurden untersucht. Für die Toxizität wurden „probit functions" verwendet, wie im U.S. Coast Guard Vulnerability Model [3]. Leider wurde erst in einem sehr späten Stadium der Analyse festgestellt, daß die für Chlor verwendete Probit-Funktion wahrscheinlich zur Überschätzung der Zahl der Toten führt.

Zur Berechnung der Eintrittswahrscheinlichkeiten der verschiedenen Fehlerszenarios müssen die Fehlerbäume und Fehlerraten für die einzelnen Basispunkte des Fehlerbaums bereitgestellt werden. Hier wurden bekannte Referenzen verwendet wie die Rasmussen-Studie [4]. Die verschiedenen Angaben wurden beurteilt auf ihre Brauchbarkeit für die einzelnen Komponenten. Auch für menschliches Fehlverhalten mußten Fehlerraten angesetzt werden. Die Betriebe selbst hatten nur wenig eigene Daten für Fehlerraten von Komponenten. Die Basisfehlerraten bleiben eine Schwachstelle in der Analyse. Die Unsicherheit in den Fehlerraten beträgt manchmal zwei Größenordnungen. Der Einfluß der verschiedenen Unsicherheiten bei den Fehlerraten wurde mit statistischen Methoden (Monte Carlo) untersucht.

Zur Berechnung der Wahrscheinlichkeiten verschiedener Konsequenzen spielen dann auch noch andere Häufigkeiten, wie die der Windrichtung usw. eine Rolle.

Abschließend ist noch die Zuverlässigkeit der berechneten Endergebnisse zu ermitteln. Die Endergebnisse folgen aus einer Reihe hintereinander geschalteter Modelle, die alle nur eine beschränkte Genauigkeit haben. Bei jeder Stufe der Analyse wurde versucht, durch entsprechende Wahl der Annahmen und des Modells möglichst realistische Ergebnisse zu erreichen und nicht etwa konservative Ergebnisse. Damit gehen wahrscheinlich nicht alle Fehler in die gleiche Richtung und werden sich einander teilweise kompensieren.

Es wurde geschätzt, daß sowohl die physikalischen Modelle, die Konsequenzmodelle und die Wahrscheinlichkeitsberechnungen als auch die Endergebnisse einen Fehler bis zu einer Größenordnung haben können. Das bedeutet, daß die „wirklichen" Ergebnisse zehn Mal so groß oder so klein sein könnten wie die berechneten Ergebnisse. Die Zuverlässigkeit der physikalischen Modelle könnte in der Zukunft nach Weiterentwicklung und experimenteller Verifizierung noch stark verbessert werden. Für die auf Fehlerraten basierenden Wahrscheinlichkeitsberechnungen glaube ich, daß auch in der Zukunft keine kleinere Ungenauigkeit als eine Größenordnung erreicht werden wird.

5 Die Darstellung der Ergebnisse

Die Gesamtzahl der möglichen Unfallszenarios für die sechs Studienobjekte beträgt etwa 14 000. Eine einfache Auflistung von Zahlenpaaren, welche die mögliche Zahl der Toten mit der Eintrittswahrscheinlichkeit für jedes Unfallszenario darstellen soll, würde eine nicht sehr anschauliche Darstellung der Endergebnisse bilden. Jeder Leser würde für sich selbst eine Auswahl machen, um die Ergebnisse zu interpretieren. Wahrscheinlich würde er die Fälle mit der größten Zahl der Toten oder diejenigen mit der größten Eintrittswahrscheinlichkeit auswählen. Dabei würde er eine große Menge von Informationen vernachlässigen und darum auch nicht bewerten können.

Für eine ausgewogene Bewertung ist also eine Reduzierung oder Komprimierung der Menge der Teilergebnisse notwendig, obwohl dabei Detailinformation verloren geht.

Wenn man jedes Zahlenpaar (W_i = Wahrscheinlichkeit pro Jahr, K_i = Konsequenz als Anzahl an Toten) durch Multiplikation komprimiert in eine Zahl $R_i = W_i \cdot K_i$, die dann das Teilrisiko in Toten pro Jahr für das i-te Unfallszenario darstellen soll, vernachlässigt man schon direkt den wichtigen Unterschied zwischen Unfällen mit kleiner Eintrittswahrscheinlichkeit und großen Konsequenzen und Unfällen mit größerer Eintrittswahrscheinlichkeit und viel kleineren Konsequenzen. Diese möglichen Unfälle könnten nach dieser Definition das gleiche Teilrisiko haben, obwohl andere Untersuchungen festgestellt haben, daß die Bevölkerung diese Unfallszenarios gar nicht gleich bewertet.

Man könnte weiter alle Teilrisiken R_i einer Anlage addieren, wobei dann die Zahl $R = {}_iR_i = {}_iW_i \cdot K_i$ das gemittelte Risiko der Anlage in Toten pro Jahr darstellen soll. So könnte man die 14 000 Zahlen auf sechs Zahlen für die sechs Anlagen reduzieren. Zum Schluß könnte man auch diese sechs Zahlen noch addieren, und die Summe würde dann das Gesamtrisiko der sechs Anlagen darstellen.

Ein solches Verfahren läßt natürlich fast jede nützliche Information verloren gehen. Das kann aber gerade die Absicht sein, wenn man befürchtet, daß detailliertere

Tabelle 1. Beispiel einer einfachen Darstellung der Fehlerszenarios für eine Anlage mit wichtigsten Eingangsgrößen und den Konsequenzen

Code	Beschreibung der Fehlerszenarios	Frequenz (Ereignisse pro Jahr)	Freisetzung des Stoffes		Gemittelte Zahl der Toten pro Jahr		Gemittelte individuelle Chance getötet zu werden pro Jahr	Typischer Gefahrenabstand in m ab der Quelle				
			Ausström-rate oder Masse	Ausström-zeit oder instantan				Explosion	Feuer	Toxische Belastung		
					Angestellte	Bevöl-kerung	Angestellte	1 2 3 (s. unten)	Tötl. Eff.	LTL^a 50	LTL^b 05	TL^c 50
U.O	katastrophales Versagen des Kugelbehälters, voll	$2,3 \cdot 10^{-7}$	682 000 kg	inst.	$13 \cdot 10^{-6}$	$54 \cdot 10^{-6}$	$1,3 \cdot 10^{-8}$			2308	2775	3423
U.1	katastrophales Versagen des Kugelbehälters, halbvoll	$1,8 \cdot 10^{-6}$	250 000 kg	inst.	$81 \cdot 10^{-6}$	$67 \cdot 10^{-6}$	$7,9 \cdot 10^{-8}$			1497	1819	2240
U.2	vollständiger Bruch einer Rohrleitung	$5,6 \cdot 10^{-7}$	166 kg/s	1200 s	$25 \cdot 10^{-6}$	$27 \cdot 10^{-6}$	$2,4 \cdot 10^{-8}$			671	893	1185
U.3	vollständiger Bruch einer Rohrleitung	$2,1 \cdot 10^{-7}$	83 kg/s	3000 s	$11 \cdot 10^{-6}$	$11 \cdot 10^{-6}$	$1,1 \cdot 10^{-8}$			575	755	1000
U.4	vollständiger Bruch einer Rohrleitung	$4,2 \cdot 10^{-6}$	36 kg/s	6950 s	$118 \cdot 10^{-6}$	$38 \cdot 10^{-6}$	$1,1 \cdot 10^{-7}$			374	501	670

Gesamtzahl der Toden pro Jahr
Totale individuelle Chance getötet zu werden pro Jahr

1 Ernsthafte Strukturschäden, tödlich für Menschen innerhalb des Gebäudes ($\Delta p = 0,3$ bar)
2 Brechen der Fensterscheiben, mit möglichen tödlichen Folgen ($\Delta p = 0,1$ bar)
3 Reparierbare Schäden, Druckbehälter bleiben unbeschädigt, leichte Strukturen versagen ($\Delta p = 0,03$ bar)

[a] LTL 50 = lethal toxic load (50-%-Wert)
[b] LTL 05 = lethal toxic load (5-%-Wert)
[c] TL 50 = serious injury load (50-%-Wert)

Darstellungen nützliche Informationen für Sabotagezwecke enthalten oder daß sie einen negativen Eindruck von der Sicherheit des jeweiligen Betriebs vermitteln.
Die im folgenden beschriebene Darstellungsweise ist ein guter Kompromiß zwischen einer Darstellung mit zuviel Detailinformation und schlechter Überschaubarkeit und einer mit zuwenig Detailinformation. Zu jedem Fehlerszenario (zum Beispiel Bruch eines bestimmten Rohrleitungsstückes) gehören viele Unfallszenarios, abhängig von der Windrichtung, Wetterlage, Tageszeit usw. Die Summe der Wahrscheinlichkeiten dieser Unfallszenarios ist gleich der Wahrscheinlichkeit des Fehlerszenarios: $W_j = {}_i W_{ij}$. Das gemittelte Risiko eines Fehlerszenarios kann man dann darstellen als

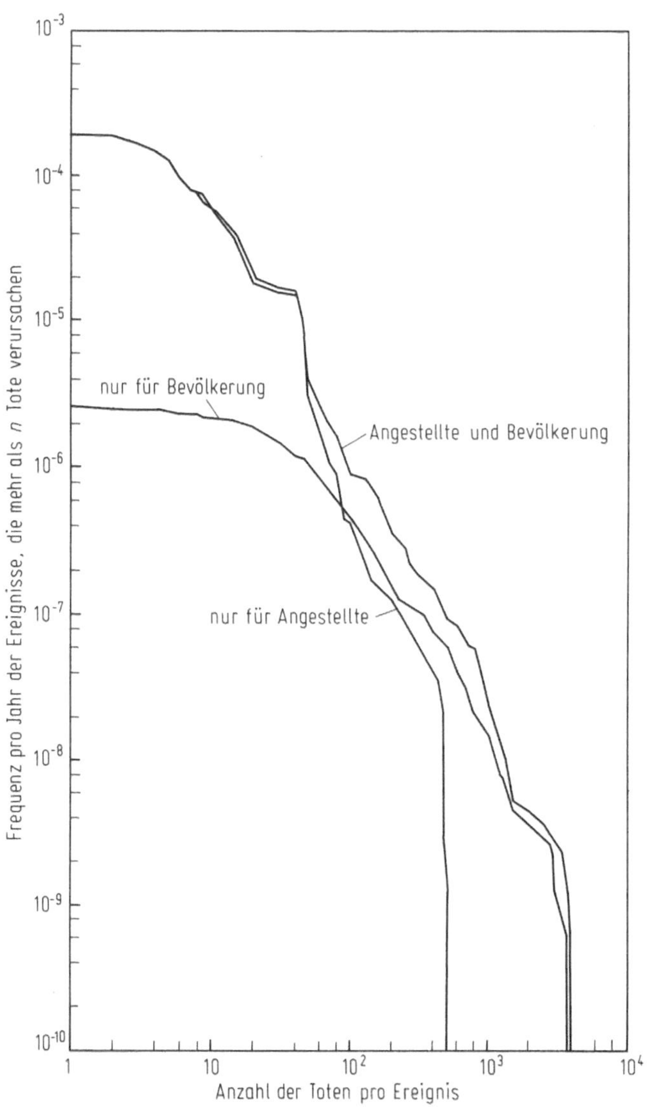

Bild 1. Kumulative Frequenzkurven

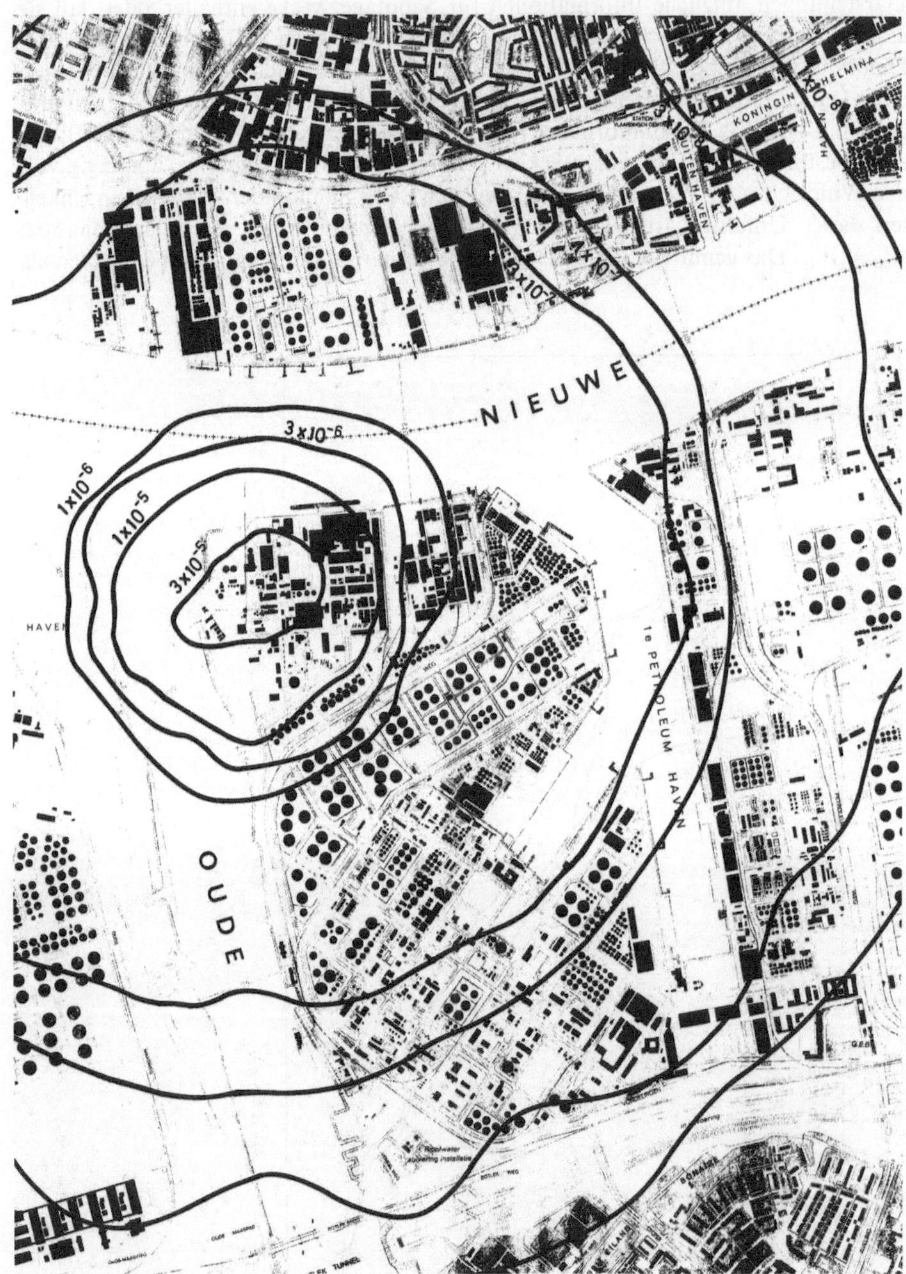

Bild 2. Isorisikolinien für Teile des Rijnmondgebietes

die Summe der Teilrisiken der zugehörigen Unfallszenarios: $R_j = {}_iR_{ij} = {}_iW_{ij} \cdot K_{ij}$. Die gemittelte Zahl der Toten eines Fehlerszenarios R_j/W_j weicht von extremen Werten K_{ij} in der Praxis nicht mehr als um einen Faktor 3 bis 4 ab. Eine Darstellung nur der Werte R_j, W_j für die Fehlerszenarios (Tabelle 1) läßt darum nicht zuviel wichtige Detailinformationen verlorengehen und ist gut überschaubar, da es nur etwa 200 Fehlerszenarios für die sechs Anlagen gibt. Diese Darstellungsweise wurde in der COVO-Steering-Kommission von den Betrieben vorgeschlagen und von den Behörden akzeptiert. Später wollten die Betriebe diese Tabellen dann doch nicht publiziert haben; die Sache liegt noch auf dem Verhandlungstisch.

Es wurde nach anderen Darstellungsformen gesucht, und CW bekam dazu sogar einen zusätzlichen Auftrag, da ein Teil der Computerberechnungen wiederholt werden mußte, weil nicht alle jetzt benötigten Details gespeichert worden waren.

Eine solche Darstellung ist die kumulative Frequenzkurve, eine Kurve in einem doppeltlogarithmischen Diagramm, wobei waagrecht die Zahl der Toten und senkrecht die Wahrscheinlichkeiten aufgetragen sind (Bild 1). Ein Punkt auf der Kurve gibt die Wahrscheinlichkeit dafür an, daß die zugehörige Zahl der Toten überschritten wird.

Diese Darstellung hat den Nachteil, daß der Laie oft nur den Extremwert (die maximale Zahl der Toten bei sehr kleiner Wahrscheinlichkeit) abliest. Gerade die sehr kleinen Wahrscheinlichkeiten sind unzuverlässig und werden in dieser Darstellungsform zu stark betont. Von einem gewissen Wert der Wahrscheinlichkeit ab, zum Beispiel unter 10^{-7}/Jahr könnte man vielleicht die Kurven abbrechen und den Rest als bedeutungslos vernachlässigen.

Eine dritte Darstellungsform bilden die Isorisikolinien (Bild 2) auf einer Karte der Umgebung der Anlage. Die Linien verbinden Punkte mit demselben individuellen Risiko. Das individuelle Risiko in einem bestimmten Punkt ist die Wahrscheinlichkeit pro Jahr, daß ein Individuum, das ganzjährig auf dieser Stelle verbleibt, durch einen Unfall in der Anlage ums Leben kommt.

In dieser Darstellungsform lassen sich leicht verschiedene Beiträge zum totalen individuellen Risiko addieren, zum Beispiel die von anderen Anlagen, von einem benachbarten Verkehrsweg, von Unfällen zu Hause usw. Die Berechnung der Beiträge der verschiedenen Unfallszenarios einer Anlage für jeden Umgebungspunkt ist jedoch sehr aufwendig und kostspielig.

Das wichtigste Ergebnis dieses Projektes ist natürlich die gesamte Dokumentation der Analyse von etwa tausend Seiten, welche die Methoden und Modelle beschreibt, während die numerischen Ergebnisse nur die Illustration dazu bilden.

6 Schlußfolgerungen

Die Ausführung des Projektes dauerte zwei Jahre. Die totalen Kosten für die Behörden, die Industrie und für CW und Battelle betrugen etwa 2 Mio. DM.

Es wurde versucht, mit den besten verfügbaren Methoden eine möglichst gute Risikoanalyse durchzuführen. Alle Stufen der Analyse wurden dokumentiert. Die ganze Dokumentation umfaßt etwa tausend Seiten. Trotzdem hätte sich die COVO-Steering-Kommission eine noch detailliertere Dokumentation gewünscht.

Probleme mit der Publizierung, u.a. wegen möglicher Informationen für Sabotagezwecke, machen im Augenblick eine ausführlichere Veröffentlichung noch nicht möglich.

Für die Genauigkeit der Ergebnisse wird ein Fehler von bis zu einer Größenordnung geschätzt. Das heißt, wenn für ein bestimmtes Fehlerszenario einer Anlage ein gemitteltes Risiko von $3 \cdot 10^{-4}$ Tote/Jahr berechnet wird, dann könnten genauere Analysen und bessere Modelle in der Zukunft ausweisen, daß diese Zahl bis auf einen Faktor zehn kleiner oder größer ist. Die größte Fehlerquelle ist die Ungenauigkeit der Fehlerraten für die Basiskomponenten. Durch Einrichten von Datenbanken und freien Austausch von Fehlerraten und anderem derartigen statistischen Material könnte diese Situation in der Zukunft verbessert werden. Bei den physikalischen Modellen ist die Lage günstiger. Die Weiterentwicklung der Modelle und die Verifizierung an Experimenten könnten innerhalb von ca. zehn Jahren eine von allen akzeptierte Sammlung zuverlässiger Rechenmodelle bereitstellen.

Für komplexere Anlagen sollten die hier verwendeten Methoden der Risikoanalyse vereinfacht werden, da der Aufwand andernfalls zu groß würde. Zum Beispiel könnte man erst eine globale Übersicht der möglichen Fehlerszenarios machen und dann stufenweise die Analyse vertiefen.

Für eine realistische Risikoanalyse ist die Mitwirkung der Betriebe mit ihren Experten notwendig, da man andernfalls anlagentypische Aspekte falsch einschätzen könnte. Hier kann eine Kommission mit geeigneter Zusammensetzung gute Dienste leisten.

Am Anfang einer Risikoanalyse sollte viel Zeit und Sorgfalt zur Abgrenzung des Objekts und des Umfangs der Studie verwendet werden. Auch sollte man sich schon in einem frühen Stadium über die Art und Weise der Darstellung und Veröffentlichung der Ergebnisse einigen.

Trotz der begrenzten Zuverlässigkeit der Ergebnisse hat die Risikoanalyse den Nutzen, daß die Gefahren verschiedener Anlagen, die mit den gleichen Methoden untersucht werden, verglichen werden können. Es ist als eine wichtige Errungenschaft anzusehen, daß sich die Behörden und die Industrie über die Fakten, welche die Risiken der Anlagen beschreiben, einigen können. Damit gibt es auch die Hoffnung, daß man sich in der Zukunft über die Interpretation der berechneten Risiken und über die Richtung der Sicherheitspolitik einigen kann.

Literatur

1. A Guide to Hazard and Operability Studies. Chemical Industries Association, London, 1977
2. Methoden voor het berekenen van de fysische effecten van het incidenteel vrijkomen van gevaarlijke stoffen, opgesteld door TNO. Ed. Labour Directorate, Voorburg, Niederlande, 1979
3. Enviro Control Inc.: Vulnerability model. Report prepared for the U.S. Coast Guard, June 1975, CG-D-137-75
4. U.S. Atomic Energy Commission: Reactor Safety Study, WASH-1400, October 1975, Appendix III

Zusammenfassung und Auswertung der Diskussion über den Themenkreis „Aspekte der Sicherheit in der chemischen Industrie"

F. Mayinger

Verlauf und Inhalt der Diskussion

Stimuliert durch die in ihrer Konzeption und in ihrem Ansatz unterschiedlichen Vorträge hat sich die Diskussion zum Thema „Sicherheit von Chemieanlagen" überwiegend auf die Frage nach dem Nutzen und dem Zweck einer Risikoanalyse für chemische Anlagen konzentriert. Durch diese Polarisierung konnten andere wichtige Fragen, wie z.B. nach Kenntnislücken bei der sicherheitstechnischen Auslegung von Chemieanlagen, nach Möglichkeiten der Verringerung von Unfallfolgen oder nach der Beherrschung von Ereignisabläufen, die zu Unfällen führen könnten, nicht in der notwendigen und gebührenden Tiefe erörtert werden.

In der Diskussion bestand Einigkeit darüber, daß die Risikoanalyse ein wertvolles Hilfsmittel ist zur sicherheitstechnischen Verbesserung von Chemieanlagen, insbesondere auch im Hinblick auf eine Schwachstellenanalyse. Offen blieb für diesen Anwendungspunkt nur die Frage über das Ausmaß einer solchen Analyse in der Chemie, d.h. inwieweit man die vielen Komponenten einer verfahrenstechnischen Anlage und die unterschiedlichen Stoffwerte der darin verarbeiteten Fluide in einem Rechenprogramm modellieren kann, und wo die wirtschaftliche Grenze erreicht ist.

In Frage gestellt wurde auch die Aussagekraft der Risikoanalyse hinsichtlich der absoluten Werte für den Eintritt eines Ereignisses, d.h. ob mit einer Wahrscheinlichkeit von 10^{-5} oder 10^{-7} zu rechnen ist. In der Diskussion wurde sogar erwähnt, daß die Schätzungen bzw. Berechnungen um den Faktor 10^4 auseinanderlägen.

Ausführlich wurde auch die Frage diskutiert, inwieweit eine Risikoanalyse zu einer besseren Akzeptanz einer Anlage in der Öffentlichkeit beitragen könnte. In dieser naturwissenschaftlichtechnisch nicht faßbaren und nicht formulierbaren Frage wurde keine Einigkeit erzielt. Interessant war in diesem Zusammenhang der Hinweis, man sollte im politischen Raum nicht von der Akzeptanz sprechen sondern die Akzeptabilität prüfen, wobei hier Risiko und Nutzen gegenübergestellt werden müßten.

Stellungnahme und Folgerungen

Von Seiten des BMFT sollte vor allem dahingehend Hilfe geleistet werden, die physikalischen und mathematischen Voraussetzungen zu schaffen, um sowohl Betreiber und Hersteller auf der einen Seite als auch überwachende Institutionen auf der anderen Seite in die Lage zu versetzen, eine sicherheitstechnisch orientierte und anlagenspezifisch konzentrierte Risikoanalyse durchzuführen. Für quantitativ fundierte Aussagen aus einer solchen Risikoanalyse müssen jedoch noch verschiedene Vorarbeiten geleistet werden, die im folgenden kurz skizziert sind.

Sicherheitsbetrachtungen über chemische Anlagen kann man in die Problemkreise

– Maßnahmen zur Verhütung von Störfällen,
– Analyse des Ereignisablaufs bei Stör- und Unfällen,
– Unfallfolgen und
– Möglichkeiten zur Verringerung von Unfallfolgen

einteilen. In diese Themen kann man auch mögliche Forschungsaktivitäten subsumieren.

Forschungs- und Entwicklungsaktivitäten zur Verhütung von Störfällen schließen ein

– das Sammeln von Ausfalldaten,
– Verbesserung der Komponentensicherheit,

– Studium der Redundanz von Sicherheitssystemen,
– das Mensch-Maschine-Problem.

In der Diskussion wurde daraufhingewiesen, daß chemische Anlagen mit sehr unterschiedlichen Stoffen betrieben werden. Damit verbundene Komplikationen, die durch korrodierende, erodierende, verkokende und klebende Eigenschaften der in den chemischen Anlagen verwendeten Fluide hervorgerufen werden, sind in einer Risikoanalyse entsprechend zu berücksichtigen. Man kann deshalb nicht ohne weiteres Methoden der Risikoanalyse, wie sie z.B. für Kernkraftwerke erstellt wurden, auf Chemieanlagen übertragen. Auch die Komponenten als solche, – Ventile, Wärmetauscher, Pumpen – unterscheiden sich von denen in Kernkraftanlagen. Hinzu kommt, daß die chemischen Anlagen in ihrem Konzept und in ihrer Konstruktion wesentlich vielfältiger und in der Medienführung auch komplizierter sind als Kernkraftwerke. Auf der anderen Seite sind in der chemischen Industrie aus jahrzehntelanger Erfahrung gut fundierte Informationen über die Ausfalldaten der wichtigsten Komponenten vorhanden, die einmal von zentraler Stelle – z.B. einer Versicherungsgesellschaft – gesammelt werden könnten, vielleicht aber auch schon gesammelt sind.

Chemische Anlagen haben auch eine stark variierende Betriebsweise. Sie reicht vom handbedienten absatzweisen Betrieb bis zur vollkontinuierlichen, vollautomatischen Fahrweise. Das Mensch-Maschine-Problem oder besser Mensch-Anlagen-Problem ist damit auch vielfältiger als in kerntechnischen Anlagen.

Vorschläge für Forschungsvorhaben

Störfälle in chemischen Anlagen sind z.B. das Durchgehen einer exothermen chemischen Reaktion, ungewollte Druckentlastung infolge Leckage oder Fehler bei der Reaktionsführung. Probleme bei solchen Störfallanalysen, die noch der experimentellen und theoretischen Klärung bedürfen, sind z.B.

– die Entspannungsverdampfung von Lösungen und Gemischen;
– die kritische Massenstromdichte von reinen Kohlewasserstoffen, insbesondere aber von Kohlewasserstoff-Gemischen;
– die Phasenseparation und das Mitreißen bei Gemischen und bei hochviskosen Fluiden;
– die Ausbreitung von Gaswolken in der Atmosphäre beim Ausströmen aus Entlastungsventilen in Abhängigkeit von Auftrieb und Ausströmimpuls;
– das Kondensieren von explosiblen oder giftigen Gasgemischen in Rückhaltevorrichtungen bzw. Druckunterdrückungssystemen;
– die Wirksamkeit von Einspritzkühlern.

Unfallfolgen entstehen z.B. durch Zünden explosibler Gaswolken in der Atmosphäre oder durch Ausbreiten von Giftstoffen über die Luft oder über die Gewässer. Ausbreitungsmodelle sind zwar für die Kerntechnik bekannt, bei Stoffen aus der chemischen Industrie ist jedoch zu beachten, daß sie sowohl wesentlich schwerer als auch wesentlich leichter als Luft sein können, und daß insbesondere bei durch Tiefkühlung verflüssigten Gasen die Verdampfung überwiegend erst in der freien Atmosphäre, dabei jedoch sehr langsam erfolgt. Man müßte die vorhandenen Kenntnisse auf die chemischen Probleme erweitern.

Bei den Möglichkeiten Unfallfolgen zu verringern, sind vor allem Fragen der erhöhten Redundanz und verbesserten Verfahrensführung zu diskutieren. Auf der Werkstoffseite hat die Basis Sicherheit in chemischen Anlagen einen durchaus sehr hohen Standard.

Informationen aus den o.g. sicherheitstechnischen Fragen und möglichen Forschungsaktivitäten müssen in die Risikoanalyse einfließen. Es ist deshalb zu überlegen, ob man jetzt und sofort eine Risikoanalyse für chemische Anlagen durchführt. Eine solche chemische Risikostudie müßte sich nicht nur auf einen Anlagentyp sondern auf eine ganz bestimmte Anlage mit einem fest vorgegebenen Produkt konzentrieren und hat dann wegen der Vielfältigkeit chemischer Anlagen auch bei ähnlicher Produktpalette wenig allgemeingültige Aussagekraft. Es wäre besser, die Anlagespezifika in der Chemie zunächst zu studieren und zu klassifizieren und daraus dann Überlegungen für quasi normierte Risikoanalysen abzuleiten. Selbst bei der Herstellung ein- und desselben Produktes gibt es in der chemischen Industrie eine Vielzahl unterschiedlicher Verfahren. So kann z.B. Methanol sowohl im Hochdruck- als auch im Niederdruckverfahren hergestellt werden.

Dem Fachmann sind bis zu einem gewissen Grade die Gültigkeits- und Anwendungsgrenzen einer solchen für eine bestimmte Anlage aufgestellten Risikoanalyse in ihrer Übertragbarkeit auf andere Anlagen durchaus bewußt. Die Öffentlichkeit wird jedoch verallgemeinern und daraus ergibt sich ein kritisches Argument gegen die Verwendung von Ergebnissen aus Risikoanalysen zur Erhöhung der politischen Akzeptanz oder der öffentlich-transparenten Beurteilung von Chemieanlagen.

Sicherheitsentscheidungen bei Arzneimitteln und Chemikalien

Praxis und Problematik der Risikoentscheidung bei Arzneimitteln aus der Sicht der Hersteller

R. Zapf

1 Einleitung

Das Thema „Praxis und Problematik der Sicherheitsentscheidung bei Arzneimitteln..." vollständig behandeln zu wollen hieße, den gesamten Umgang mit Arzneimitteln und Stoffen, die das erst noch werden sollen, zu erläutern. Das ist in diesem Rahmen nicht möglich.

Deshalb soll hier der Herstellungsprozeß, die Qualitätskontrolle etwa, auch nur gestreift werden. Das heißt jedoch nicht, daß es keine Probleme gäbe, aber auf dem Gebiet der Qualitätskontrolle wird weit weniger gestritten, gibt es weit weniger öffentliche Diskussionen als auf anderen Gebieten des Arzneimittelwesens darüber, ob das System der Sicherheitsvorkehrungen und Kontrollen innerhalb und außerhalb der Herstellerfirmen funktioniert; ob es tut, was es soll: Gute und gleichbleibende Qualität der Arzneimittel zu gewährleisten. Wenn, wie kürzlich in den USA, die Kontrollbehörde öffentlich davor warnt, generisches Furosemid der Firma X. zu verwenden, weil es nach oraler Gabe nicht in den Organismus gelangt (mangelnde bioavailability), dann macht das keine Schlagzeilen. Das Ereignis wird, wenn überhaupt, als selbstverständliche Pflichterfüllung der staatlichen Kontrollinstanz gewertet, die keiner Erwähnung bedarf.

Wenn aber – ebenfalls in den USA – ein Wissenschaftlerteam erste, die Autoren selbst überraschende „Neben"-Ergebnisse (weil die Originalfrage einem anderen Problem galt) einer Prospektiv-Studie über vier verschiedene Verfahren zur Behandlung des Altersdiabetes veröffentlicht, wonach in einer Behandlungsgruppe (Tolbutamid) mit $p < 0{,}05$ mehr Todesfälle aus cardiovasculärer Ursache gefunden wurden, während alle Todesursachen zusammengenommen keinen Unterschied ergaben, dann gibt es eine Sensation.

In diesem Fall rechnete eine weit verbreitete Zeitung gleich in der Schlagzeile ihren Lesern vor, daß allein in den USA jährlich 15 000 Diabetiker an tolbutamidinduziertem Herzinfarkt sterben. An der New Yorker Börse fielen sofort die Kurse der Tolbutamid herstellenden Firma. Die einflußreichste Verbraucherorganisation des Landes fordert das sofortige Verbot von Tolbutamid. In Texas sah sich indes einer der angesehensten Diabetologen gezwungen, am folgenden Sonntag von der Kirchenkanzel herunter seinen verängstigten Patienten klarzumachen, daß sie, wenn sie jetzt Tolbutamid wegließen, ein viel größeres Risiko eingingen, als wenn sie es beibehielten. Kommissionen traten zusammen und im Dissens wieder auseinander. Die Behörde, unter dem Druck einer Meinung, die sie für die öffentliche hielt, traf eine SofortEntscheidung, die die intendierte Wirkung nicht hatte, statt dessen aber zwei ungewollte: Den einen war der Entscheid bei weitem zu lasch, und sie kritisierten die Behörde deshalb laut und öffentlich. Die anderen aber, 180 Diabetologen, darunter Fachleute ersten Ranges, formierten gegen ebendiese Entscheidung und gegen die Studie überhaupt ein oppositionelles „Committee for the care of the diabetic", das mit Anwaltshilfe vor den Gerichten eine Prozeßreihe begann, die noch nach zehn Jahren nicht zu Ende sein wird. Einer der ehrgeizigsten Senatoren nahm die Sache zum Anlaß für eine Reihe von Hearings, in denen er der Behörde noch mehr zusetzte als der Industrie, und mit denen er seinen Antrag (bill) auf eine tiefgreifende Änderung des geltenden Arzneimittelgesetzes (food, drug and cosmetic act) stützte.

Brechen wir die Vorführung eines Lehrstücks, wie man Sicherheitsprobleme *nicht* behandeln soll, hier ab, und wenden wir uns dem Prozeß der Entwicklung einer Substanz zum Arzneimittel zu.

2 Vorgehensweise bei der Sicherheitsentscheidung

Für den Entwicklungsprozeß gilt noch mehr als für die Qualitätskontrolle der Produktion, daß das System der Sicherheitsvorkehrungen – von welchen Imponderabilien es auch abhängen mag, wie unbefriedigend seine theoretische Basis auch sein mag – daß dieses System doch funktioniert.

Während ich mich aus meiner bald 25jährigen Tätigkeit bei Hoechst immerhin an drei – gottlob nicht schwerwiegende – Zwischenfälle aus Ursachen erinnere, die der Qualitätskontrolle nicht hätten entgehen dürfen, habe ich bei der klinischen Prüfung aller Phasen noch kein Ereignis erlebt von dem man hinterher bei der Kritik hätte sagen müssen, daß das vermeidbar gewesen wäre; daß die bis dahin vorliegenden Informationen Warnhinweise implizierten, die nur nicht wahrgenommen oder nicht beachtet worden waren.

Man wird einwenden, damit sei die Wahrscheinlichkeit dafür nur größer geworden, daß demnächst doch ein solches Ereignis eintreten wird. Das läßt sich in der Tat nicht leugnen. Aber niemand kann sagen, wie groß diese Wahrscheinlichkeit ist und welcher Art das Ereignis vermutlich sein wird, worauf speziell also zu achten wäre. Dieses weder quantitativ noch qualitativ irgend näher anzugebende Risiko werden wir also tragen müssen, wenn wir nicht ganz auf Entwicklung verzichten wollen.

Man wird ferner einwenden, der obige Satz vom Funtionieren des Systems der Sicherheitsvorkehrungen lasse sehr wohl die Möglichkeit offen, daß doch Zwischenfälle eintreten, die eine noch so strenge Kritik zwar als unvermeidbar, weil unver*mut*bar gelten lassen muß, die aber gleichwohl eingetreten sind; womit nur allzu offenkundig wäre, eine wie gefährliche Sache die klinische Prüfung neuer Substanzen am Menschen ist.

Sie ist es aber nicht. Das zeigt die Erfahrung der gesamten forschenden Industrie. In Hoechst hat es in den letzten 25 Jahren nicht nur keine vermeidbaren, sondern auch praktisch keine unvermeidlichen, ernsteren Zwischenfälle gegeben. Im Klartext heißt dies:

In der Phase I (Klinische Pharmakologie am gesunden Freiwilligen) gab es überhaupt keine Zwischenfälle.

In der Phase II (erste therapeutische Anwendungen beim einschlägig Kranken) wurde die Prüfung einer wahrscheinlich durchschnittlich wirksamen lipidsenkenden Substanz (Senkung der Blutfette; Arterioskleroseprophylaxe??) wegen allergischer

Nebenwirkungen mäßigen Grades abgebrochen; so etwas ist heute noch grundsätzlich nicht vorhersehbar.

In einem zweiten Fall – zufällig auch ein Lipidsenker, mit dem ersten und auch mit Clofibrat chemisch nicht verwandt und im Gegensatz zu diesem von außerordentlicher Wirksamkeit – wurde wegen dosisabhängigen und mit der gesuchten Wirkung korrelierenden Anstiegs der Serumtransaminasen abgebrochen, d.h. wegen eines Laborbefundes, der im allgemeinen auf eine Destruktion der Leberzellwand hinweist. Hier liegt ein für lipidsenkende Substanzen spezielles Problem, das man schon vom Clofibrat und seinen Verwandten kennt; man vermutet, daß derselbe Mechanismus, der zur erwünschten Senkung der Blutfette führt, auch für den Transaminasenanstieg verantwortlich ist und in *diesem* Falle vielleicht keine Leberschädigung, sondern nur ein höheres Enzym-Aktivitätsniveau signalisiert. Aber wir sind bei der Bearbeitung des Problems im Tierversuch und im Biochemielabor auch nicht weiter gekommen als andere, d.h. über ebendiese Spekulationen nicht hinaus; und nur in der Klinik weiterzumachen, analog zu Clofibrat, bis vielleicht ex post eine genauere Beurteilung möglich wäre, das schien uns zu riskant. Das war also ein Ausnahmefall.

Wie sieht der Regelfall aus? Es gibt ihn nicht. Die vielen Variablen, die bei jeder Nutzen-Risiko-Abwägung in Betracht zu ziehen sind, erlauben nicht, einen Regelfall zu abstrahieren. Eine Regelhaftigkeit besteht allerdings darin, daß wir immer wieder vor einem Stratifikations- und Repräsentativitätsproblem stehen. Wir müssen immer von einem Stratum (Stichprobe, Species) auf ein nächstes, anderes, größeres, weniger homogenes extrapolieren.

Während wir aber auf der Nutzenseite das Problem etwa der Übertragbarkeit von tierpharmakologischen Ergebnissen als Hypothese formulieren können und prüfen, ob sie beibehalten werden kann oder verworfen werden muß, geht das auf der Schadenseite, mit den Befunden, die uns die Toxikologie am Tier liefert, nicht oder höchstens partiell.

Hierfür seien zwei Beispiele gegeben:

Beispiel 1. Bei der 90-Tage-Toxizität mit Entwicklungssubstanz X werden am Hund Lebernekrosen gesehen; die Intensität des Befundes korreliert positiv mit der Dosis; eine „freie" Dosis (keine Lebernekrosen) ist nicht darunter. Bei der Ratte wurden relativ zum Körpergewicht viel höhere Dosen verwendet und nur Fettablagerung im Zentrum der Leberläppchen aber keine Nekrose gesehen. Diese Befundkonstellation bedeutet in der Regel das Aus. Für ein Nicht-Aus müssen schon besondere Umstände vorliegen, etwa eine besondere pharmakologische Wirkung, die großes therapeutisches Interesse erweckt. Und auch dann wird man erst nach Metabolismusdifferenzen zwischen Ratte und Hund suchen, und außerdem eine dritte Tierart (z.B. Rhesus) hinsichtlich Metabolismus und Toxikologie hinzunehmen. Danach legen wir uns die Entscheidung noch einmal vor, ob, und wenn ja, wie eine Prüfung am Menschen zu machen ist.

Beispiel 2. Bei der Jahrestoxizität werden an der Ratte, und nur da, maligne Blasentumoren gefunden: Aus. Eine etwa schon begonnene klinische Prüfung wird abgebrochen, selbst wenn einiges für Speciesspezifität spricht. Denn im Fall tierexperimentellen Tumorbefundes geht die Auffassung heute fast überall dahin, daß *eine* positive Studie an *einer* Tierart für das Aus genügt. Für die Frage etwa, wie viele negative Studien – womöglich von besserer Qualität an derselben und an anderen Species –

eine positive aufwiegen, ist nach dieser Auffassung, die übrigens in den USA zum Gesetz erhoben ist (sog. delaney amendment), de facto kein Platz.

Diese Beispiele sollen nicht zeigen, wie überaus vorsichtig wir sind, sondern sie sollen darlegen, wie wenig formalisiert, wie wenig systematisch – von Quantifizierung gar nicht zu reden – wir im Entwicklungsbereich möglichen Nutzen und möglichen Schaden gegeneinander abwägen – *müssen*. Müssen deshalb, weil unser Wissen zu mehr nicht ausreicht.

Und doch geht es meistens gut. Was nichts anderes heißt, als daß in den weitaus meisten Fällen eine „saubere" (d. h. negative) Toxikologie am Tier tatsächlich erlaubt, das Risiko für den Menschen als gering einzuschätzen. Meiner Ansicht nach wird zu wenig gewürdigt, daß der Riesenaufwand an Toxikologie, den die Pharmaindustrie sich heutzutage selbst abverlangt, oder der teilweise noch größere, den uns manche Behörden abverlangen, doch einen bedeutenden Beitrag zur Sicherheit der Arzneimittel leistet. Wieviel davon redundant ist, sei dahingestellt.

Allerdings ist diese Feststellung insofern einseitig, als sie nur für die erste der vier grundsätzlichen Möglichkeiten des Ausgangs toxikologischer Tierversuche zutrifft:

1. richtig negativ
2. richtig positiv
3. falsch positiv
4. falsch negativ.

Über die Häufigkeiten, mit denen die Möglichkeiten 2, 3 und 4 auftreten, lassen sich bestenfalls Vermutungen anstellen.

Denn ein ernsthafter toxikologischer Befund am Tier, also ein positives Resultat, ist auf sein Vorkommen beim Menschen nicht direkt nachprüfbar. Ich kann daher nur einen Analogieschluß wagen, der eigentlich mehr eine Hoffnung ausdrückt: Wenn zutrifft – und es trifft zu –, daß die meisten negativen toxikologischen Befunde zu Recht negativ sind, dann sind wahrscheinlich auch die meisten positiven zu Recht positiv, wenigstens, wenn sie in einem Dosisbereich erhoben wurden, der zum pharmakologisch wirksamen in einem gesunden Verhältnis steht (was immer mit „gesund" gemeint sei).

Nun wird aber seit einiger Zeit gefordert, daß man bei den toxikologischen Prüfungen bis zu Dosierungen gehen soll, die irgendeinen deutlichen pathologischen (i.e. positiven) Befund erbringen. Man will das sog. „target organ" sehen. Manche Behörden verlangen das explizit in ihren Guidelines. Also machen wir's. Es sieht ja auf den ersten Blick auch ganz einleuchtend aus.

Aber indem wir den Richtlinien folgen, gelangen wir – und zwar gerade bei Substanzen, die hochwirksam und wenig toxisch sind – zu Dosen, die um Größenordnungen über den pharmakologisch und klinisch wirksamen liegen und die die natürlich begrenzte Biotransformations- und Eliminationskapazität weit überfordern. Im gesamten Verteilungsraum und/oder einzelnen Kompartimenten entstehen Konzentrationen, die unter normalen Umständen nie erreicht werden. Der Toxikologe steht dann vor Organveränderungen, bei denen er nicht entscheiden kann, ob es sich um Befunde handelt, die jede weitere Anwendung am Menschen verbieten, oder um eine Warnungstafel für den Kliniker oder einfach um die unspezifische Reaktion des in seinen Reaktions*möglichkeiten* ja auch nur sehr begrenzten Organs auf die chronische Überladung.

Natürlich kann man sagen: Die Frage nach solcherart falsch positiven Resultaten zählt doch gar nicht! Jene Forderungen und Richtlinien oder überhaupt die Toxikologie, wie sie heute gemacht und interpretiert wird, schließen Irrtum zwar nicht aus; sie sorgen aber dafür, daß der Irrtum nur nach der für den Patienten sicheren Seite ausschlägt.

Das mag wohl sein, obschon das Problem der falsch negativen Resultate gleich noch zu besprechen sein wird.

3 Über die Begrenzung von Vorschriften

Zunächst möchte ich eine vergessene, oder verdrängte, oder noch gar nicht wahrgenommene „Nebenwirkung" einer allzu buchstabengetreuen Befolgung und einer allzu rigiden Handhabung von Vorschriften, Guidelines, Ad-hoc-Forderungen – jeder Art; nicht nur die Toxikologie betreffend – in das Blickfeld der Leser rücken:

Dieser ausschließliche Rekurs auf Vorschriften, diese legalistische Rigidität der Interpretation sowohl der Vorschriften selbst als auch der vorschriftsgemäß ermittelten Arbeitsergebnisse, multipliziert mit der schieren Menge dessen, was zu bewältigen ist, hat mit derselben Wahrscheinlichkeit, mit der sie Arzneimittel sicherer machen hilft, auch die Folge, daß uns die Zeit, das Geld, der Mut und am Ende der Sinn dafür abhanden kommen, Neuland zu betreten. Es verwundert daher auch nicht,

- wenn bei steigenden Ausgaben der Industrie für Forschung und Entwicklung die wirklichen Innovationen seltener werden;
- wenn von unserem F & E-Gesamtetat der Anteil für Forschung, und innerhalb der Forschung der Anteil für Grundlagenprojekte mehr und mehr zugunsten von Entwicklung und Defensivforschung zurückgeht;
- wenn die Industrie dazu neigt, auf in etwa bekannten Gebieten zu investieren, weil man da am ehesten glaubt, Erfolgsaussichten und Gefahren abschätzen zu können.

Aus dem gleichen Grund tun sich ja auch Staats- und andere Kontrollinstanzen viel leichter, wenn sie mit einem „me too" zu tun haben, auf das die Schemata passen.

Die Sicherheit, die uns die konzeptuelle Dogmatik und die Liturgie der Versuchsdurchführung bietet, mag uns ein gewisses Geborgenheitsgefühl bescheren. Fecimus et salvavimus animas nostras. Aber diese Sicherheit ist eine stochastische Größe, für die wir Wahrscheinlichkeiten nicht angeben können.

Deshalb trifft es uns immer wieder überraschend, wenn wir vor einem falsch negativen Resultat stehen, wenn die Toxikologie es nicht vermocht hat, gewisse Nebenwirkungen einer Substanz auch nur zu vermuten.

Wenn das während der klinischen Prüfung entdeckt wird, mag es noch angehen, weil es entdeckt wird, ehe das Kind wirklich in den Brunnen gefallen ist, weil der Schaden noch begrenzt ist.

Wenn aber auch die klinische Prüfung keine Verdachtsmomente ergeben hat, dann eben kommt es zu jenen dramatischen, ja katastrophalen Ereignissen, die wir alle im Unbewußten als erstes assoziieren, wenn das Stichwort Arzneimittelsicherheit fällt.

4 Das Auftreten von seltenen Ereignissen

Wann und warum treten sie auf? Die Analyse der Unglücksfälle ergibt regelmäßig folgende Faktorenkonstellation:

a) Die Nebenwirkung ist relativ zur Zahl der Expositionen sehr selten (um ein Maß zu geben: $\leq 10^{-3}$).
b) Die Nebenwirkung als solche ist ganz unerwartet, aber dasselbe klinische Bild oder ein ganz ähnliches kennt man aus anderer Ursache.
c) Die Nebenwirkung ist im Einzelfall schwerwiegend.
d) Das der Nebenwirkung verdächtige Arzneimittel steht in weitem Gebrauch.

Das ist das Quadratum incusum diaboli und das größte Problem im ganzen Komplex Arzneimittelsicherheit.

Beispiel Mißbildungen nach Thalidomid. Niemand wußte, daß es so etwas gibt. Ob man es hätte ahnen können, bleibe dahingestellt. Von einschlägigen prämonitorischen Tierversuchen, von denen wir ja selbst heute noch nicht wissen, was sie eigentlich aussagen, war jedenfalls keine Rede. Die Nebenwirkung war also ganz unerwartet, und sie trat unter einem Bilde auf, das an sich bekannt war. Jede größere Kinderklinik sah so etwas alle paar Jahre einmal. Auffällig wurde die Sache erst, als die Mißbildungen in den Kliniken öfter beobachtet wurden. Diese Auffälligkeit war das auslösende Moment für alles weitere.

Die Nebenwirkung war selten, relativ zur Gesamtzahl der Thalidomid-Verbraucher. Wäre die relative Häufigkeit größer gewesen, dann wäre diese Nebenwirkung sicher schon früher, vielleicht schon während der Prüfung, nicht bloß einfach gesehen, sondern auch erkannt worden.

Wäre aber Thalidomid ein Arzneimittel gewesen, das, etwa wegen seines eng limitierten Indikationsgebietes oder aus welchen Gründen immer, *keine* große Verbreitung gehabt hätte – ich bin ziemlich sicher: Wir würden noch heute nicht bemerkt haben, daß Phokomelie eine Arzneimittelnebenwirkung sein kann. Bei der relativen Seltenheit des Ereignisses wären Phokomelien vielleicht etwas öfter als in früheren Zeiten gesehen worden, aber sehr wahrscheinlich wäre das nicht weiter aufgefallen, und wenn doch, dann hätte so leicht niemand einen Zusammenhang mit Arzneimittelgebrauch (der Mütter!) vermutet, man hätte an „Näherliegendes" gedacht, radioaktiven Fallout z. B., was übrigens damals ernsthaft diskutiert wurde.

Einige mehr oder weniger bekannte Beispiele für dieselbe Faktorenkonstellation:

Triparanol	–	Katarakt
Clioquinol	–	SMON
„Pille"	–	Thromboembolie
Halothan	–	Lebernekrose
Dipyron	–	Agranulocytose
Phenylbutazon	–	Aplastische Anämie
Practolol	–	Oculo-muco-cutansyndrom

Nach Thalidomid hat man, beginnend in den USA mit dem „Kefauver-Harris-Amendment to the FDC Act" 1962, überall in der Welt Sicherheitsnetze geknüpft, die vornehmlich *vor* der Zulassung eines Arzneimittels zum Markt gespannt sind. Man hat gehofft, daß keine gefährliche Substanz durch die Maschen schlüpfen werde. Spätestens Practolol (1975) hat gezeigt, daß das doch der Fall sein kann.

Practolol hat aber auch, wie schon Thalidomid, gezeigt, daß es wieder „nur" die Aufmerksamkeit, ja die Phantasie der Ärzte war, die zur Entdeckung der Nebenwirkungen geführt hatte, was als ganz unbefriedigend empfunden wurde.

Aber warum ist das so?

Weil unsere Arzneimittel sehr sicher sind.

Weil sie eben nur in seltenen Ausnahmen zu wirklichen Unglücken geführt haben, *aber auch noch führen werden.*

Weil wir ebendeshalb uns in der Pflicht fühlen, diese seltenen Ereignisse frühzeitig zu erkennen und die Zusammenhänge aufzuklären.

Weil die Toxikologie uns dabei nicht helfen kann.

Weil eine Ereignishäufigkeit von 1:10 000 bedeutet, daß wir in einer 100 Patienten umfassenden Studie – und sei sie noch so kontrolliert – nur eine Chance von 1% haben, das Ereignis überhaupt anzutreffen, was noch lange nicht erkennen heißt, d. h. wir werden den einen Fall, der uns in einer aus 100 Studien zu je 100 Patienten bestehenden klinischen Prüfung begegnet, sehr wahrscheinlich nicht als Signal erkennen, sondern für zufällig halten – und die unsere Zulassungsunterlagen prüfende Behörde auch.

Und es ist ja gar nicht einmal gesagt, daß uns der eine Fall bei den ersten 10 000 Patienten begegnen *muß*. Vielleicht sehen wir bei den nächsten 10 000 zwei? Schließlich nicht zu vergessen: Eine klinische Prüfung, vor dem Zulassungsantrag, von 10 000 mit der Prüfsubstanz behandelten Patienten (die Kontrollen nicht gerechnet) wäre ein Riesenunternehmen, das m. W. noch nie stattgefunden hat.

Im Rahmen dessen, was heute getan wird, ist eine klinische Prüfung schon sehr gut, wenn sie Nebenwirkungen bis 0,5% Häufigkeit identifiziert und dazu 2000 Patienten braucht.

Alles, was in der Häufigkeit darunter liegt, bleibt der Zeit nach der Zulassung, bleibt der Beobachtungs- und Assoziationsgabe der Ärzte überlassen, wie ehedem. Nur gibt es heute in allen Industrieländern Kanalisierungseinrichtungen und Sammelstellen für die meist freiwillig von den Ärzten erstatteten Meldungen. In den meisten Ländern werden diese Einrichtungen von Körperschaften betrieben, die die Regierungen beraten, in anderen Ländern geht die Regierung selbst zu Werke. Ich habe nicht den Eindruck, daß dieser Unterschied auch einen solchen in der Effizienz macht; dasselbe gilt für Berichtspflicht vs. Freiwilligkeit. In Ländern mit pharmazeutischer Industrie unterhält diese Industrie Sammel- und Auswerte-Institutionen meist beträchtlichen Umfangs. Ihre Zusammenarbeit mit den Staatsorganen ist durchweg besser als ihr Ruf, wenn auch gelegentlich beide Parteien der Versuchung nicht widerstehen können, einen Informationsvorsprung vor der jeweils anderen zu halten.

Die meisten dieser auf Spontanmeldungen basierenden Systeme sind aus Anlaß des Thalidomid-Unglücks zwar nicht entstanden, aber intensiviert worden.

Ihre Stärken sind die erwiesene Eignung zur Hypothesenbildung, die evidente Praktikabilität und das günstige Kosten-Nutzen-Verhältnis.

Ihre große Schwäche liegt in der Subjektivität von seiten des meldenden Arztes und der Unzuverlässigkeit der quantitativen Angaben.

In England hat man damit das Practololsyndrom entdeckt. Man mag einen Fortschritt darin erblicken, daß dies schon nach etwa 1000 Einzelereignissen der Fall war, dagegen bei Thalidomid erst nach rund 5000.

Gleichwohl war Practolol ein mächtiger Antrieb, nach effizienteren Methoden zur Aufdeckung von Arzneimittelnebenwirkungen zu suchen.

5 Methoden zur Entdeckung seltener Ereignisse und deren Grenzen

Die Bemühungen um stringentere Überwachungssysteme für Arzneimittel nach deren Zulassung zum Markt haben sich unter dem Oberbegriff „*Post Marketing Surveillance*" in den Vorschlägen des

Monitored Release [1]
Registered Release [2]
Recorded Release [3]

und anderen niedergeschlagen. Sie kommen charakteristischerweise alle aus England. Gemeinsam ist ihnen die doppelte Zielsetzung:

– Frühzeitige qualitative Risikodefinition, d.h. man erwartet, daß das neue System empfindlicher ist als das alte, daß frühzeitiger etwas „auffällt".
– Bereitstellung quantitativer Daten, d.h. man will möglichst zugleich mit der Identifizierung des Schadens auch eine Schätzung der Wahrscheinlichkeit für sein Auftreten vorlegen.

Dazu muß man vorsehen:

– Ein Verfahren, zur Erfassung möglichst aller Patienten, die mit dem unter Beobachtung stehenden Arzneimittel behandelt wurden (Patientenregister).
– Ein Verfahren, das eine, zunächst hypothetische Verknüpfung von klinischem Symptom und Arzneimittel ermöglicht (Hypothesenbildung).

Die Vorschläge zum *Patientenregister* haben alle irgendwie mit dem Rezeptzettel zu tun. Es handelt sich darum, daß man über die Anzahl der exponierten Patienten ständig informiert sein will, um im Verdachtsfall sofort eine Bezugsgröße zu haben. Auf Details sei hier verzichtet.

Die Vorschläge zur *Hypothesenbildung* rekurrieren z.T. doch wieder auf die Spontanmeldungen, die man also beibehalten will. Man will aber zusätzlich – nach anderen Vorschlägen stattdessen – noch Fragebogen verschicken, entweder an eine Stichprobe aus den verschreibenden Ärzten oder an alle oder sogar an die Patienten selbst; gefragt wird nur global nach Vitalereignissen, nicht nach Verdachtsmomenten von seiten des Arztes. Eine intensive, nachgehende Erhebung ist dann natürlich essentiell.

Die Autoren dieser mit großem intellektuellem Aufwand ausgearbeiteten Vorschläge ringen aber noch mit gewaltigen Problemen. Deshalb ist man in der Verwirklichung über das Versuchsstadium auch noch nicht hinausgekommen.

1. Problem: *Welches Arzneimittel?* Alle neuen Substanzen? Das ist nicht zu bewältigen. Am ehesten noch alle diejenigen neuen Substanzen, deren Indikation Langzeitgebrauch impliziert. Niemandem ist wohl bei dem Kompromiß, aber ohne Kompromiß geht überhaupt nichts.

2. Problem: *Wie lange überwachen* und *in welchen Intervallen Fragebogen verschicken?* Alle möglichen Gedanken wurden gedreht, gewendet und wieder verworfen. Am ehesten geht wohl noch: Fragebogen einmal im Jahr (dann aber Spontanmeldungen unabdingbar). Gesamtdauer nicht unter drei Jahren, mit Rücksicht auf die ebenso lange Latenz bis zum Auftreten des Practololsyndroms.

3. Problem: *Stichprobengröße. Statistisch* hängt sie ab vom Verhältnis der Spontanhäufigkeit eines Ereignisses (klinischen Symptoms) zu der durch das Arzneimittel

induzierten. Bei 1:100 000 Spontan- und 1:1000 arzneimittelinduzierter Häufigkeit brauchen wir 8000 Patienten; wenn, bei gleicher Spontanhäufigkeit, 1:10 000 arzneimittelinduziert, brauchen wir 100 000 Patienten, um das Ereignis als Arzneimittelnebenwirkung zu identifizieren [4]. Die Stichproben werden etwas kleiner, wenn es sich um Ereignisse handelt, die spontan nicht vorkommen, aber sie steigen erheblich, wenn die Spontanhäufigkeit zu- und/oder die arzneimittelinduzierte Häufigkeit abnimmt. *Praktisch* wird die Stichprobengröße in der Hauptsache, aber nicht ausschließlich von den Kosten begrenzt. Man hat kalkuliert, daß, wenn man einem von der englischen Regierung unterstützten Vorschlag [5] (alle neuen Substanzen, Stichprobengröße 100 000, drei Fragebogen je Patient und Jahr, Dauer drei Jahre je Substanz) folgte, jeder niedergelassene englische Praktiker an jedem Arbeitstag drei Fragebogen auszufüllen hätte [6]. Die jährlichen Kosten des Projekts aber würden mehr als das Doppelte aller Jahresetats für Forschung und Entwicklung der gesamten englischen Pharmaindustrie ausmachen [7].

Dafür bekäme man die Nebenwirkungen aller neuen Substanzen bis 1:10 000 in den Griff; also z.B. wohl das Practololsyndrom, aber z.B. schon *nicht* mehr die Erhöhung der Mortalität aus vaskulärer Ursache bei jungen Frauen, die die Pille nehmen; sie wird für die Altersklasse 15 bis 34 Jahre auf 1:20 000 geschätzt [8].

Inzwischen hat man sich zu mehr Bescheidenheit durchgerungen und setzt sich die frühzeitige Identifizierung ernstlicher Nebenwirkungen zum Ziel, die nicht seltener als 1:1000 vorkommen. Practolol würde damit gerade noch erfaßt werden. Ob aber die Alarmglocke *eher* geklingelt hätte?

6 Schlußfolgerung

Wenn es auch eine Kröte ist, so muß sie doch geschluckt werden – die Wahrheit nämlich –, daß wir von einem syntaktisch durchgearbeiteten System zur Quantifizierung von Sicherheit und Risiko des Arzneimittelgebrauchs noch weit entfernt sind und daß die Versuche, dahin zu gelangen, nur zu deutlich die in der Natur der Sache liegenden und daher wohl nicht zu übersteigenden Grenzen der Bestimmbarkeit gezeigt haben.

Anders liegen die Dinge, wenn schon eine Hypothese da ist. Dann bietet uns die Epidemiologie mehrere Verfahren zur Quantifizierung. Sie sind wegen ihres Aufwandes zwar auch nur punktuell anwendbar, haben aber ihre Bewährungsprobe in der Praxis schon mehrfach bestanden, allerdings auch ein mit größter Wahrscheinlichkeit falsch positives Resultat geliefert (Krebsrisiko bei Reserpin).

Noch ein Problem bedarf der Erwähnung, das noch weniger gelöst ist als das der Identifikation und Quantifikation: Das Bewertungsproblem.

Die empirische Wissenschaft, die ein noch so zielsicheres Überwachungssystem entwickelt haben mag, sagt uns bestenfalls: „Hic Rhodus!"; meist aber wird sie über „Rhodum hic esse censeo" nicht hinauskommen. Aber sie sagt weder: „Salta!", noch „noli saltare!" Sie soll das auch gar nicht, weil mit der Bereitstellung der Maßzahlen ihre Kompetenz endet.

Die Entscheidung über die Annehmbarkeit eines irgend definierten Risikos im Individualfall hat der Patient selbst – und nur er – zu treffen. Er wird sich von seinem Arzt aufklären und beraten lassen oder die Entscheidung dem Arzt ganz anheimgeben. Ich sehe da zwischen der Einwilligung zu einer Operation und der Befolgung einer Rezeptsignatur keinen Wesensunterschied.

Die Frage der Vertretbarkeit – ich sage ausdrücklich nicht: Annehmbarkeit! – eines Risikos in der Allgemeinheit ist hingegen eine politische Frage, beim Arzneimittel wie bei jedem anderen Produkt oder Verfahren. Entscheidungen darüber sind deshalb politische Entscheidungen und der Entscheidende insoweit Politiker. Aber – wer berät in der Praxis den Politiker? Doch nur wieder dieselben Wissenschaftler, die die Maß-zahlen bereitgestellt haben. Sagt nicht sogar unser Arzneimittelgesetz [9], daß die „Erkenntnisse der Medizinischen Wissenschaft" – keiner anderen! – die Grenze der Vertretbarkeit bestimmen?

Ich will meine eigene Kompetenz nicht überschreiten und den Exkurs abbrechen. Nur soviel noch:

Ich halte das Bewertungsproblem für bei weitem schwieriger *und wichtiger* als das der Quantifizierung, gerade bei den seltenen, aber großen Risiken.

In der Praxis sind die Sicherheitsentscheidungen denn auch weit mehr durch Schwierigkeiten in der Bewertung als durch Unvollkommenheiten in der Quantifizie-rung gekennzeichnet. Aber man gibt sich nur zu gern der Illusion hin, die Bewertungs-schwierigkeiten seien allein durch die Mängel der Quantifizierung verursacht und lösten sich von selbst, wenn erst einmal die Zentrale alles „erfaßt", datenverarbeitet, kalkuliert und wieder ausgedruckt habe.

Dieser Irrglaube entspringt wohl nur unserer Neigung, eher an der Perfektion unserer Mittel zu arbeiten als unser Konzept zu überdenken. Ich meine, es wäre dazu längst an der Zeit.

Literatur

1. Lawson, D. H.; Henry, D. M.: Monitoring adverse reactions to new drugs: "restricted release" or "monitored release"? Brit. Med. J. 1 (1977) 691
2. Dollery, C. T.; Rawlins, M. D.: Monitoring adverse reactions to drugs. Brit. Med. J. 1 (1977) 96
3. Inman, W. H. W.: Recorded release. In: Drug Monitoring. (Eds. Gross, F. H.; Inman, W. H. W.) London: Acad. Press 1977
4. Shapiro, S.; Slone, D.: Post-marketing assessment of drugs. In: Postmarketing surveillance of adverse reactions to new medicines. Medico-Pharmaceutical Forum Publication No. 7 London (1978)
5. C.S.M. proposals for improved post-marketing surveillance. Pharmaceutical J. 220 (1978) 193
6. Wilson, A. B.: Monitoring of new medicines. In: Pharmaceutical Medicine – the future. (Eds. Lahon, H.; Rondel, R. K.; Kratochvil, C.). Acta Therapeutica, Brüssel (1979)
7. Godfrey, C.; Bowler, E. J.: Post-marketing surveillance – the commercial implications: In: [4]
8. Royal College of Practitioners' oral contraception study; mortality among oral-contraceptive users. Lancet 2 (1977) 727
9. Gesetz zur Neuordnung des Arzneimittelrechts vom 24. Aug. 1976, §5, Abs. 2

Praxis der Risikoabschätzung und Sicherheitsentscheidung bei Arzneimitteln und Chemikalien

R. Bass

1 Einleitung

Bei Arzneimitteln und Chemikalien gibt es spezifische Probleme, die einer Risikoabschätzung und Sicherheitsentwicklung vorgeschaltet sind. Im Gegensatz zu anderen Techniken geht es bei der Anwendung oder Verwendung von Arzneimitteln oder Chemikalien um das Erkennen und Quantifizieren bzw. den Ausschluß toxischer Effekte.

Dabei erinnert die Situation des für die Beurteilung von Arzneimitteln und Chemikalien zuständigen Toxikologen an ein Spiel, das wir aus unserer Kindheit kennen, Topfschlagen; damals Spiel – hier bitterer Ernst; damals mit Belohnung fürs Finden – hier mit Bestrafung des oder aller Betroffenen fürs Nichtfinden. Bei Arzneimitteln kommt während des Suchvorgangs allerdings eher erleichternd hinzu, das gefundene Risiko gegen den Nutzen abwägen zu können.

Es gilt jedoch aus Sachgründen immer die Voraussetzung, daß Risiken vorhanden sind. Sie können nicht wegdiskutiert werden, der in Frage stehende Stoff muß so wie er ist – mit Risiken – akzeptiert oder verworfen werden.

Obwohl die heute geltenden Gesetze, die wissenschaftliche Kenntnis und die Anwendung beider noch nicht für alle Eventualitäten ausgereift sind, bleibt uns nichts anderes. Die Ausnutzung der vorhandenen Möglichkeiten ist deshalb geboten. Mag das auch pessimistisch klingen, die Erfahrung zeigt, daß das erreichte Niveau heute höher ist als früher.

Zuständigkeiten und Eingriffsmöglichkeiten/-zwänge sind durch eine Reihe von Gesetzen und Verordnungen geregelt (Erläuterung von Abkürzungen und Auflistung im Anhang zu diesem Beitrag, Teil I):

Unter dem übergreifenden Dach des „industriellen Ordnungsrechts" mit dem Ziel eines vorbeugenden Gesundheitsschutzes steht das LMBG (Lebensmittel- und Bedarfsgegenständegesetz) mit einer Reihe aus ihm hervorgegangener Verordnungen; weiterhin das Pflanzenschutzgesetz, das Arzneimittelgesetz, das Atomgesetz, das Düngemittelgesetz, das Seuchen- und Tierseuchengesetz und das Chemikaliengesetz, *u.a.m.*. Sie alle laufen darauf hinaus, daß nur solche Stoffe zu dulden sind, bei denen nach dem jeweiligen Stand der wissenschaftlichen Erkenntnisse kein begründeter Verdacht besteht, daß sie bei bestimmungsgemäßem Gebrauch schädlicheWirkungen haben, die über ein nach den Erkenntnissen der Wissenschaft vertretbares Maß hinausgehen. Der hierin enthaltene Spielraum ist vom Gesetzgeber bewußt groß gehalten, die getroffenen Entscheidungen müssen jedoch berechenbar und nachvollziehbar sein. Für die eliminierten Stoffe heißt das: Das Risiko kann auch um des

Nutzens willen nicht in Kauf genommen werden; die Risikoabschätzung führt zu einer „*Entscheidung* zwischen den Unsicherheiten" und damit gegen ihre Verwendung.

2 Prinzipielle Fragestellung und Kritik

Auf die Thematik dieses Seminars bezogen stellt sich als erstes die Frage, ob die vorgegebene Hypothese, daß alte Techniken oder Verfahren per se einen großen Bekanntheitsgrad haben und ein nur *geringes Risiko* bergen, und daß demgegenüber neue Techniken einen kleinen Bekanntheitsgrad und ein *entferntes Risiko* haben, akzeptiert werden kann. Ich möchte mit Ihnen nicht die Unterschiede zwischen „gering" und „entfernt" diskutieren, sondern Beispiele dafür anführen, daß mal das eine („alt") und mal das andere („neu") schwerwiegender sein kann:

– Jahrhundertelanger oder jahrzehntelanger Gebrauch kann oder darf nicht in jedem Fall mit Sicherheit der Anwendung gleichgesetzt werden. Schmerzmittel wie Aspirin, Phenacetin, Aminophenazon sind oder waren lange in Gebrauch. Erst in den letzten Jahren sind wir auf unerwünschte Wirkungen – wie mögliche Beeinträchtigung der fetalen Entwicklung in der Spätschwangerschaft, Schädigung der Niere bei excessivem Gebrauch, mögliche cancerogene Wirkung durch enthaltene oder gebildete Nitrosamine – durch Anwendung verfeinerter pharmakologischer Methoden und toxikologischer Techniken aufmerksam geworden. Kann hier „alt" als mit geringem Risiko behaftet bezeichnet werden?
– Wir neigen dazu, das Risiko einer neuen Technik in dem Moment als niedriger einzuschätzen, indem die althergebrachte Technik in Verruf geraten ist. Wir haben DDT durch Hexachlorcyclohexan ersetzt, ganz frisch ist der Ersatz des Lenotan durch andere bei Schwangerschafterbrechen anwendbare Medikamente. Kann hier „neu" als mit geringem Risiko behaftet gesehen werden, wenn wir dort Ersatz suchen, wo unser Wissen heute noch geringer ist als beim schon lange bekannten – und es nur aufgrund dieser langen Anwendung schließlich zur Risikoerkennung kam – nur um möglicherweise in ferner Zukunft wiederum ein Risiko bei der Ersatzsubstanz zu entdecken – wir in der Zwischenzeit aber „unsicher" sein müssen?

Wir dürfen also nicht schließen „alt = geringes" bzw. „neu = entferntes" Risiko oder umgekehrt. Je mehr wir Wirkungen in Maß, Zahl und Dimension sowohl bei neuer als auch bei alter Technik ausdrücken können, um so besser können wir angeben, wie „sicher ist sicher", wie groß, welcher Art und wie akzeptabel ist das verbleibende Risiko. – Erst dann ist eine übereinstimmende Beurteilung bei allen beteiligten Gruppen, Herstellern, Administration und Verbrauchern, weitgehend außer Streit. Allerdings erzwingen praktische Bedürfnisse Entscheidungen in der Regel in einem früheren Stadium. Das Ziel darf dennoch nicht aus den Augen verloren werden. Auf jeden Fall liegt aber hier die ausschlaggebende Schwelle nicht beim Übergang vom bekannten zum neuen Stoff.

Die Notwendigkeit des wissenschaftlichen Ansatzpunktes und damit Tendenzen der Sicherheitsentwicklung werden meiner Auffassung nach im Arzneimittelrecht besonders deutlich erkennbar. Hier ist der Entscheidungsprozeß zunächst durch stufenweises Vorgehen über die Zulassung eines Arzneimittels bis zur erneuten Überlegung dieser Entscheidung nach der Zulassung gekennzeichnet. In der im Fluß befindlichen Erkenntnislage beruht die Unmöglichkeit hier eine auf Dauer angelegte „richtige" Entscheidung zu treffen. Im Bedarfsfall kommt es tatsächlich zu einer immer wiederkehrenden Nutzen-/Risiko-Abschätzung und -Beurteilung. Idealiter kommt es von einer zunächst mehr an Tierdaten orientierten – theoretischen – Beurteilung zu einer Bewertung, die mit zunehmend langer Anwendungsdauer mehr und mehr auf Ergebnisse beim Menschen zurückgreifen kann, interpretierbar als Übergang zur praktischen, für den Menschen wirklichkeitsnäheren, Risikoabschätzung. Auf der anderen Seite gibt es viele Chemikalien, die überhaupt nicht beim Menschen angewandt werden sollen, mit denen wir aber häufig „Kontakt" in Form von Rückständen haben und deren toxische Effekte beim Menschen beurteilt werden müssen, z.B. Pflanzenbehandlungsmittel, Lebensmittelzusatzstoffe. Um die notwendige Quantifizierung toxischer Effekte herbeizuführen, muß hier auch auf Dauer und nach langfristiger Verwendung überwiegend auf Tierversuche als Ergänzung freiwilliger wie unfreiwilliger Humanexposition zurückgegriffen werden. Hier bietet sich ein weiter Rahmen für eine Optimierung tierexperimenteller Methodik und Planung. Zu betonen ist ausdrücklich, daß ein wie auch immer erhaltenes aktualisiertes Ergebnis, zur Nutzen-/Risiko-Abschätzung nur einen vorläufigen Charakter haben kann. Da nach dem bisherigen Erkenntnisstand verläßliche Aussagen nicht möglich sind, sei es z.B. der Ausschluß einer carcinogenen, mutagenen oder embryotoxischen Wirkung, muß der Kreislauf von Datenerhebung, Aktualisierung der Ergebnisse, Risikobeurteilung und auch dessen Interpretation gegenwärtig ein permanenter sein. Dieses Rad wird sich um so freier drehen können, d.h. aktueller den Grad an erreichbarer Sicherheit widerspiegeln, desto flexibler in die Speichen der Fortschreibung eingegriffen werden kann. Wir alle müssen dabei vor allem lernen, den Mut zur Neubewertung aufzubringen.

3 Praxis der Risikoabschätzung und Sicherheitsentscheidung

Nicht nur bei der theoretischen Erläuterung, sondern auch in der Praxis wäre eine gleichartige Behandlung eines erkannten Risikos über alle Bereiche der Chemikalien, inklusive Arzneimittel, sinnvoll und anzustreben. Doch fragen wir uns einmal am Beispiel der Nitrosamine, wie es mit der Homogenität solcher Entscheidungen aussieht. Wir haben Nitrosamine durch verfeinerte Technik aus dem Bier entfernt, wir haben kein Aminophenazon mehr. Jedoch schätzen wir Nutzen oder Notwendigkeit von anderen Arzneimitteln, z.B. bestimmten Tetrazyklinen, sowie von bestimmten technischen Verfahren beim Schinkenpökeln, Ledergerben, Gummiherstellen oder von Bohr- und Schneidölen oder von Pflanzenbehandlungsmitteln als hoch genug ein, daß wir meinen, nicht darauf verzichten zu können, akzeptieren also Nitrosamine auf diesen Gebieten. Dazu kommt, daß wir die hausgemachte, die Eigenproduktion von Nitrosaminen zwar prinzipiell erkannt haben, aber das Ausmaß noch nicht abschätzen können. Jeder kann und soll für sich selber nachvollziehen, wie es hier mit der bisherigen Praxis sinnvoller, homogener Entscheidungen steht. Für mich liegt hier ein zu bearbeitendes Zukunftsfeld.

Aber auch in der Praxis der Sicherheitsentscheidungen hat sich über die Jahre einiges verändert. Dioxine sind produktionstechnische Verunreinigungen von 2, 4, 5-Trichlorophenol und durch eine Serie von Unfällen sattsam berühmt geworden. Die zulässige Konzentration von TCDD (2, 3, 7, 8-tetrachlorodibenzo-p-dioxin) in den daraus hergestellten Herbiziden wurde stufenweise um zwei Zehnerpotenzen gesenkt, 0,01 ppm scheinen heute akzeptabel, jedenfalls haben sich die Hersteller diese Auffassung zu eigen machen lassen.

Tendenzen der Sicherheitsanforderungen – und möglicherweise auch des erreichten Grades an Sicherheit – sollen an den Arzneimittelbeispielen Thalidomid, Aminorex, Clofibrat und Lenotan erörtert werden. Weitere Beispiele wären: Mycotoxine, Diäthylstilböstrol, Chloramphenicol, Duogynon, Biguanide, Methapyrilen, Selacryn u.a.m. Thalidomid (Contergan) und Aminorex (Menocil) haben Ende der 60er Jahre über Fallberichte zur Schadenserkennung irreversibler Teratogenität bzw. pulmonalen Hochdrucks geführt. Diese Mittel mußten vom Markt genommen werden – falls Zweifel an der Kausalität aufkommen sollten, wäre der mögliche Irrtum nicht mehr überprüfbar. Beim Clofibrat lösten epidemiologische Studien den Verdacht nicht akzeptabler Schädlichkeit aus, dann erst folgten handfestere Daten tierexperimenteller Art zur Tumorogenität der Substanz. Auch hier sind die in Frage stehenden Effekte irreversibler Natur. Der heutige Stand der Reaktion ist die Präzisierung des bestimmungsgemäßen Gebrauchs, gefolgt von eingeschränkter Anwendung, möglichst unter Vermeidung des Ausweichens auf ein neues unbestimmtes Risiko. Für das Schwangerschaftsantimetikum Lenotan liegen Daten in Form des „begründeten Verdachtes" nicht vor, epidemiologische Studien und Tierversuche haben keinen schädigenden Einfluß erkennen lassen. Fallberichte werden bei der Laienpresse gehandelt, auch hier' wäre der diskutierte Schaden irreversible Teratogenität. Die inzwischen aufgetretene Änderung des Gebrauchs führte zur drastischen Einschränkung der Anwendung. Solange Clofibrat und Lenotan im Handel sind und angewandt werden, ist eine Überprüfung der vorhandenen Irrtumsmöglichkeiten der Sicherheitsentscheidung prinzipiell möglich.

4 Summierbarkeit von Einzelrisiken

Wie bereits am Beispiel der Nitrosamine deutlich wurde, tun wir uns heute, sobald mehrere Techniken betroffen sind, sehr schwer mit der Schaffung und Einhaltung gleicher Kriterien zur Risikoeinschätzung. Das liegt zum Teil sicher daran, daß für verschiedene Gebiete unserer chemischen Welt unterschiedliche „Sicherheitsnormen" gelten, die nicht direkt miteinander vergleichbar sind. Dies ist aber eine der Voraussetzungen für den Vorgang einer Summation aller denkbaren Einzelrisiken – um daraus ein Gesamtrisikogebäude mit Gewichtung der Einzelrisiken zu erstellen.

Mit den folgenden Sicherheitsnormen gehen wir um und wenden sie tagtäglich an (Genauere Erläuterungen s. Anhang, Teil II):

Für die gut meßbare und quantifizierbare Strahlenexposition gilt entsprechend dem Umweltbackground (100 mrem/Jahr) ein Durchschnitt medizinischer Maßnahmen (50 mrem/Jahr) als akzeptabel. Bei Substanzen, die unter das LMBG fallen, gilt praktische Erfahrung oder ein praktisch/theoretisch berechneter Wert für diejenige Menge, die bei täglicher Einnahme als „sicher" deklariert wird oder nicht (ADI = *a*ccepted *d*aily *i*ntake). Bei Substanzen, denen man am Arbeitsplatz ausgesetzt ist, wird praktisch/theoretisch begründet, diejenige Konzentration festgesetzt, bei der exponierte Personen erwartungsgemäß nicht geschädigt werden (MAK = *m*aximale *A*rbeitsplatz*k*onzentration). Die bei Chemikalien anwendbare

Norm ist wiederum eine theoretisch/praktisch zu begründende, die der maximalen Luftverunreinigung (MIK = *m*aximale *I*mmissions*k*onzentration), bei der ein ausreichend gewährleisteter Schutz noch angenommen wird.

ADI-, MAK- und MIK-Werte haben gemeinsam, daß sie im Bedarfsfall neu festgelegt werden können und müssen. Ebenso haben sie gemeinsam, daß sie z.T. auf tierexperimentell erhobenen Daten, z.T. auf Willkür und/oder Erfahrung – hier zusammengefaßt als Empirie – und z.T. auf der menschlichen Exposition beruhen. Vergleicht man die ADI-Werte von Pflanzenbehandlungsmitteln mit den tatsächlichen Konzentrationen, die als Rückstände in Lebensmitteln bestimmbar sind, so scheint es heute im Schnitt erreicht worden zu sein, daß wir in den meisten Fällen deutlich unterhalb des ADI-Wertes konsumieren. Die festgelegten Bandbreiten scheinen hier zu einem akzeptablen Grad an Sicherheit geführt zu haben.

Als weitere, heute gültige, mag die *t*echnische *R*icht*k*onzentration (TRK) für cancerogene Arbeitsstoffe erwähnt werden, die sich nicht an toxischen Effekten, sondern am technisch maximal praktizierbaren Vorgehen orientiert – technischer Fortschritt führt automatisch zur Revision früher festgesetzter Werte. Angelpunkt für die Deklarierung der TRK ist also der Nutzen bzw. die Notwendigkeit des Stoffes und nicht sein Risiko. Ist die Gefährlichkeit des Stoffes erkannt, muß die Exposition am Arbeitsplatz durch geeignete Maßnahmen eingeschränkt bzw. unterbunden werden. Der Vollständigkeit halber sei hier nochmals die bei Arzneimitteln geltende Sicherheitsnorm erwähnt, das Risiko hat kleiner zu sein als dasjenige, welches einem „begründeten Verdacht" entspräche. Genußmittel wie Alkohol und Tabak, sowie Drogen, haben ihre eingenen Gesetze, ihre Einbindung in Normen und daraus resultierende Sicherheitsentscheidungen fehlen.

Wichtig scheint mir in diesem Zusammenhang, daß die Risikoabschätzung bei Substanzen mit ADI, MAK, MIK Werten sich am Risiko des Individuums – dem Verhältnis zwischen der *einzelnen exponierten Person* und der Substanz – orientiert, die Nutzen-/Risiko-Abschätzung aber die *soziale Unentbehrlichkeit* der Substanz widerspiegelt. Für Arzneimittel jedoch heißt Nutzen-/Risiko-Abschätzung die *individuelle Unentbehrlichkeit* zu berücksichtigen; *soziale Unentbehrlichkeit* spielt eine stärkere Rolle bei der Herausnahme oder Nicht-Herausnahme ganzer, gefährdeter Personengruppen aus der Anwendung oder in Entwicklungsländern, z.B. bei der Tuberkulosebekämpfung.

Vergleicht man nun die an die einzelnen Teilbereichen der chemischen Welt angelegten Maßstäbe der Sicherheitsnorm, so haben sich deutliche Unterschiede gezeigt. Datengüte und -menge, ihre Validität und ihre Erfassungsmöglichkeiten sind unterschiedlich. Risiko und Nutzen sind unterschiedlich definiert, ihre Abschätzung ist unterschiedlich und wird unterschiedlich gehandhabt. Einige Bereiche hinken zeitlich gegenüber anderen nach, die Schrittmacherfunktion des Atomrechts und des Arzneimittelrechts dürften sich schwerlich bestreiten lassen. Im Ergebnis kann man feststellen, daß eine Zusammenfassung von Einzelrisiken zu einem Gesamtrisiko unmöglich erscheint; soll z.B. Clofibrat *ohne* erhöhte Strahlenbelastung akzeptabler sein als *mit?* – Autoabgase *ohne* den Verzehr von gepökeltem Schinken sicherer sein als *mit?*

Die auf diesem Gebiet als Entscheidungshilfe notwendigen Experimente zur Kombination von Substanzen – z.B. mehrerer Arzneimittel – stecken noch in den Kinderschuhen. Die mögliche Expositionsvielfalt und die sich daraus ergebenden Toxizitätsspektren sind verwirrend. Kombinationsuntersuchungen, die über ein Teilgebiet der möglichen Exposition hinausreichen – z.B. Strahlen plus Arzneimittel oder Lebensmittelzusatzstoffe plus Arzneimittel – werden gerade erst Gegenstand unseres Denkens und liegen bis auf Ansätze noch jenseits jeden experimentellen Horizonts.

5 Möglichkeiten prädiktiver Beurteilung/Sicherheitszuschläge für Grenzen des Wissens

Ein Bedürfnis an größerer Rationalität wird sich hier kaum leugnen lassen. Es wäre sicher sinnvoll, die große Zahl an Tierversuchen durch Verbesserung von Methoden restriktiv so zu kanalisieren, daß Mehrfachuntersuchungen entfallen, durch Verbesserungen auf dem Sektor der Analytik – z.B. Erhöhung der Sensitivität, Verbesserung der Spezifität – genauere und für den Vergleich zwischen Mensch und Tier wichtige Daten zu bekommen. Heute noch übliche qualitative Bewertungen sollten quantifizierbar und damit in Hinsicht auf das Risiko valider werden. Bemühungen dazu sind im Ansatz sichtbar. Kontroverse Beurteilungen brauchen deshalb nicht auszubleiben. Wir sollten uns bemühen, von willkürlich ermittelten Richtwerten wegzukommen und Verbesserung durch quantitativ auswertbare Daten zu erreichen. Dies ist nichts unbedingt Neues, sondern bedeutet ganz einfach Wissenserweiterung mit prinzipiell vorhandenen und als gut erkannten technischen Verfahren. Nur so – wenn überhaupt – erscheint es vorstellbar, das bisher überwiegend qualitativ im Tier oder in vitro gezeigte cancerogene Risiko beängstigend vieler Chemikalien in Hinsicht auf die Gefährdung des Menschen entsprechend der stattfindenden Exposition tatsächlich zu bestimmen.

Bis dahin schlagen wir empirisch ermittelte Werte auf diejenige Dosis auf, bei der im Tierexperiment keine schädigende Wirkung festgestellt werden konnte. Üblich ist ein Sicherheitszuschlag von 100, praktiziert werden Faktoren zwischen 10 und 2000. Abhängig u.a. von der Datenmenge und ihrer Glaubwürdigkeit, wagen wir uns nahe an festgestellte toxische Effekte heran (z.B. Trinkwasserfluorierung) oder nicht. Wenn es um cancerogene Wirkungen geht, zeigt sich die Schwierigkeit, sogar die Unmöglichkeit, einen Sicherheitszuschlag festzulegen. Die mit ADI-Werten erfaßbaren Bandbreiten gelten zur Beurteilung eines cancerogenen Risikos als nicht relevant. Jede Exposition, und sei sie für sich genommen als noch so unbedeutend anzusehen, erhöht nach heutiger Betrachtungsweise das Gesamtrisiko, Krebs zu bekommen. In der Praxis muß jedoch, unabhängig von der wissenschaftlichen Diskussion um Schwellendosen, die Akzeptabilität zunächst der Einzelsubstanz und eventuell des zugrundeliegenden Wirkungsmechanismus beurteilt werden.

Schließlich eine Bemerkung zum quantitativen Aspekt präventiver Sicherheitsphilosophie bei prädiktiver Beurteilung, dargestellt am Beispiel Arzneimittel. Das bisher übliche Vorgehen erinnert an ein Siebverfahren. Bei der überwiegend historisch bedingten Maschenweite kam von ca. 10000 Entwicklungen ein Präparat auf den Markt. Die Kriterien des Arzneimittelgesetzes von 1976 bewirkten, daß die Maschen des Siebes verengert wurden: Bei 7 bis 8% der Anträge wurde die Zulassung vom Bundesgesundheitsamt versagt. Mit der ebenfalls systematischen Risikoabwehr bei Arzneimitteln, die auf dem Markt sind, bekommt unser Sieb eine zusätzliche Qualität.

Der Wunsch nach einem höheren Grad an Sicherheit könnte uns dazu verleiten, die Maschen schrittweise so weit zu verengen, bis ein Durchkommen der den angelegten

Kriterien genügenden Substanz chancengleich wird mit dem zufälligen Durchrutschen einer als „bedenklich" zu bezeichnenden Substanz. Diesen Status der Maschenenge haben wir heute nicht erreicht – wir spielen also nicht Zahlenlotto in der Zulassung. Wir müssen aber im Auge behalten, daß an der Kurbel des Zahlenlottos zeitweilig eifrig gedreht wird: Tonnenkriterien der Herstellung als Maßstab für durchzuführende Untersuchungen, falsche Erwartungen an oder falsch interpretierte in vitro Modelle, nichtwissenschaftliche Gesichtspunkte u.a.m. Wir müssen in der Tat darauf achten, daß mehr Sicherheit heute das Entwickeln und Benutzen anderer Maschenqualität bedeutet, z.B. Fortschritte auf dem Sektor der Analytik, der Kinetik, des Metabolismus, sinnvolle Anwendung der Biometrie, sinnvolle Hilfestellung durch Verwendung entsprechender in vitro Modelle, Achten auf richtigen Gebrauch, d.h. Anwendung der richtigen Medikamente beim richtigen Patienten in richtiger Dosierung zur richtigen Zeit, das läßt sich auch auf andere Chemikalien übertragen.

6 Soziale Akzeptanz

Wir streben solche Sicherheitsentscheidungen an, die ein Höchstmaß an Konsens zwischen den betroffenen wissenschaftlichen und praktischen Disziplinen und der betroffenen Öffentlichkeit zu erreichen versprechen, ohne unpopuläre Entscheidungen auszuschließen. Insofern ist es wichtig, nicht nur auf die Entwicklung der Sicherheitsanforderungen auf wissenschaftlicher Seite einzugehen, sondern auch auf die Entwicklung der Einschätzung des Erreichten durch die Öffentlichkeit. Akzeptanz und Risiko stimmen im günstigsten Fall überein, als Beispiel sei das Thalidomid erwähnt. Bei Autoabgasen, Rauchen und in jeder Hinsicht „unauffälligen" Arzneimitteln ist heute die Akzeptanz größer einzuschätzen als das mögliche Risiko. Umgekehrtes Verhalten – Akzeptanz kleiner als mögliches Risiko – zeigt sich bei Einzelbeispielen, sei das Verhalten unabhängig von der Behördenentscheidung wie beim Lenotan oder die Reaktion beeinflußt durch das Verhalten der Behörde wie beim Clofibrat. Es scheint insgesamt so zu sein, daß im Gegensatz zu früher, wo das Absinken der sozialen Akzeptanz eine Folgereaktion der Risikoerkennung war, zunächst einmal die Akzeptanz erniedrigt wird und erst danach die Frage gestellt wird, wie das Risiko tatsächlich zu beurteilen ist. Wir müssen uns damit abfinden – und es eigentlich wohl begrüßen – daß die Vorgaben zur Risikoabschätzung und zur Sicherheitsentscheidung nicht im stillen Kämmerlein, sondern offen diskutiert werden.

Für technische Hilfe bei der Erstellung und Durchsicht des Manuskriptes möchte ich Frau D. Webb sowie den Herren Dres. W. Grunow, M. Kunde und R. Roll danken.

Anhang

I. Stoffbezogene Rechtsregeln in der Bundesrepublik Deutschland (Auswahl):

a) Nach Anwendungsgruppen geordnet

Pflanzenbehandlungsmittel
- Lebensmittel- und Bedarfsgegenständegesetz (LMBG) 1974 (§§ 8, 14)
- Pflanzenschutzgesetz, 1975 und 1978 (§§ 6, 7, 8, 10)
- Eine Reihe von Verordnungen und Richtlinien

Bedarfsgegenstände
– Lebensmittel- und Bedarfsgegenständegesetz, 1974 (§§ 5, 30, 31, 32)
– Richtlinien und Empfehlungen des Bundesgesundheitsamtes

Kosmetische Mittel
– Lebensmittel- und Bedarfsgegenständegesetz, 1974 (§§ 4, 24, 25, 26, 32)
– Verordnungen über kosmetische Mittel, 1977, 1978 und 1979

Zusatzstoffe in Lebensmitteln
– Lebensmittel- und Bedarfsgegenständegesetz, 1974 (§§ 2, 11, 12)
– Eine Reihe von Verordnungen

Tabakerzeugnisse
– Lebensmittel- und Bedarfsgegenständegesetz, 1974 (§§ 3, 20, 21, 22)

Amtliche Sammlung von Untersuchungsverfahren
– Lebensmittel- und Bedarfsgegenständegesetz, 1974 (§§ 35, 44)

Düngemittel
– Lebensmittel- und Bedarfsgegenständegesetz, 1974 (§ 14)
– Düngemittel, 1977 (§§ 2, 5, 7)

Holzschutzmittel
– Bauordnungen der Länder (§§ 3, 22, 29)
– Prüfzeichenverordnung

Zusatzstoffe in Futtermitteln
– Futtermittelgesetz, 1975 (§§ 1, 2, 4, 5)
– Futtermittelverordnung, 1976

Schädlingsbekämpfungs- und Abwehrmittel im Hygienebereich
– Bundes-Seuchengesetz, 1979 (§§ 10, 10a, 10b, 10c)
– Tierseuchengesetz, 1980 (§§ 17, 17b, 17f, 27)
– Lebensmittel- und Bedarfsgegenständegesetz, 1974 (§§ 4, 5)
– Arzneimittelgesetz, 1976 (§§ 2, 21)
– Pflanzenschutzgesetz, 1975 und 1978 (§§ 3, 8, 22)
– Eine Reihe von Verordnungen

Desinfektionsmittel und -Verfahren zur Anwendung in der Humanmedizin
– Bundes-Seuchengesetz, 1979 (§ 10c)
– Arzneimittelgesetz, 1976 (§§ 2, 13, 21)

Tierseuchendiagnostika
– Tierseuchengesetz, 1980 (§§ 17c, 17d)
– Verordnung über Sera, Impfstoffe und Antigene (§§ 15, 16, 18, 21, 26, 29, 30)

Strahlenhygiene
– Atomgesetz, 1976 (§§ 1, 12)
– Arzneimittelgesetz, 1976 (§§ 4, 7)
– Lebensmittel- und Bedarfsgegenständegesetz, 1974 (§ 13)
– Strahlenschutzverordnung, 1976
– Röntgenverordnung, 1973
– Lebensmittel-Bestrahlungsverordnung, 1959

Trinkwasser
– Lebensmittel- und Bedarfsgegenständegesetz aus 1974 (§ 1)
– Bundes-Seuchengesetz, 1979 (§§ 11, 12)

Schwimm- oder Badebeckenwasser
– Bundes-Seuchengesetz, 1979 (§§ 11, 12)

Arzneimittel
– Arzneimittelgesetz, 1976 (§§ 21–41, 62, 63)
– Eine Vielzahl von Verordnungen, Verwaltungsvorschriften und Bekanntmachungen

Betäubungsmittel
– Betäubungsmittelgesetz, 1929, 1972 und 1974
– Eine Reihe von Verordnungen

b) Gesetze:

- Lebensmittel- und Bedarfsgegenständegesetz vom 15. August 1974 (BGBl I, S. 1945)
- Pflanzenschutzgesetz in der Neufassung vom 02. Oktober 1975 (BGBl I, S. 2591) in Verbindung mit dem 3. Gesetz zur Änderung des Pflanzenschutzgesetzes vom 16. Juni 1978 (BGBl I, S. 749)
- Gesetz über den Verkehr mit Arzneimitteln (Arzneimittelgesetz) vom 25. August 1976 (BGBl I, 2445)
- Gesetz über den Verkehr mit Betäubungsmitteln (Betäubungsmittelgesetz) vom 10. Dezember 1929 (RGBl I, S. 215) in der Bekanntmachung der Neufassung vom 10. Januar 1972 (BGBl I, S. 1), zuletzt geändert durch das Einführungsgesetz zum Strafgesetzbuch vom 02. März 1974 (BGBl I, S. 469)
- Düngemittelgesetz vom 15. November 1977 (BGBl I, S. 2134)
- Futtermittelgesetz vom 02. Juli 1975 (BGBl I, S. 1745)
- Gesetz zur Verhütung und Bekämpfung übertragbarer Krankheiten beim Menschen (Bundes-Seuchengesetz) vom 18. Dezember 1979 (BGBl I, S. 2262)
- Tierseuchengesetz in der Neufassung vom 28. März 1980 (BGBl I, S. 386)
- Gesetz über die friedliche Verwendung der Kernenergie und den Schutz gegen ihre Gefahren (Atomgesetz) in der Neufassung vom 31. Oktober 1976 (BGBl I, S. 3053)

II. Erläuterungen

a) Ableitung von ADI-Werten (accepted daily intake):

Nachdem im Tierexperiment die „Dosis ohne Wirkung" ermittelt worden ist, wird nach Art und Umfang der vorhandenen toxikologischen Daten und nach Ausmaß des Risikos ein Sicherheitsfaktor festgelegt, um die bestehenden Unsicherheiten (Nichterfassung von entscheidenden Wirkungen, Inter- und Intraspeziesunterschiede in der Empfindlichkeit, nicht erfaßte Kombinationswirkungen) auszugleichen.

Sicherheitsfaktor < 100: sofern ausreichende Erfahrungen beim Menschen vorliegen.

Sicherheitsfaktor = 100: Normalfaktor, sofern adäquate Langzeituntersuchungen beim Tier vorliegen.

Sicherheitsfaktor > 100: sofern nur unzureichende toxikologische Untersuchungen vorliegen oder für cancerogene Stoffe, für die Faktoren bis 5000 vorgeschlagen wurden.

Aus der „Dosis ohne Wirkung" und dem Sicherheitsfaktor läßt sich der ADI-Wert errechnen:

$$\text{ADI (mg pro kg und Tag)} = \frac{\text{Dosis ohne Wirkung (mg pro kg und Tag)}}{\text{Sicherheitsfaktor}}$$

Daraus läßt sich wiederum die höchste erlaubte Konzentration eines Stoffes berechnen, die als Verunreinigung – z.B. eines Lebensmittels – geduldet werden kann. Ein ADI-Wert für cancerogene Stoffe kann theoretisch nicht aufgestellt werden, da jede, auch die kleinste, Menge als gefährlich eingestuft wird.

b) MAK (Maximale Arbeitsplatzkonzentration)

Diese Schwellenwertfestlegung erfolgt in einer Höhe, die aufgrund tierexperimenteller Daten und aufgrund stattgefundener menschlicher Exposition keine Beeinträchtigung der menschlichen Gesundheit erwarten läßt.

Die Möglichkeiten der Auswertung stattgefundener menschlicher Exposition werden sicher noch nicht hinreichend genutzt.

c) MIK (Maximale Immissionskonzentration)

Die Konzentration einer Luftverunreinigung, unterhalb derer keine Beeinträchtigung von Mensch, Tier, Pflanze erwartet wird. An die Stelle der MIK kann hilfsweise 1/20 MAK gesetzt werden.

d) TRK (Technische Richtkonzentration)

Wird für unverzichtbare, cancerogene Arbeitsstoffe festgesetzt, um den Umgang auf das niedrigste technisch mögliche und wirtschaftlich vertretbare Maß zu begrenzen.

Zusammenfassung und Auswertung der Diskussion über den Themenkreis „Sicherheitsentscheidungen bei Arzneimitteln und Chemikalien"

D. Henschler

Verlauf und Inhalt der Diskussion

Die Risikoabwägung im Gesundheitswesen im allgemeinen, auf dem Gebiet der Arzneimittel und Chemikalien im besonderen, weist in vielem andere Züge auf als in den Bereichen der Technik. Sofern technische Prozesse mit Gesundheitsrisiken verbunden sind, werden die Risikoanalysen durch Vertreter der Technik meist unscharf. Z.B. bleibt das häufig benutzte Kriterium Tod/Überleben (Sterblichkeit von Populationen über den Erwartungswert hinaus), das sich bei akuten Unfallgeschehen aus mechanischen Ursachen bewährt und auf empirische Zahlen der Versicherungsstatistik gründen kann, unbefriedigend für die Bereiche der Arzneimittel und Umwelt-Chemikalien. Der Grund liegt in der Schwierigkeit, ursächliche Zusammenhänge dabei eindeutig darzustellen. Besonders problematisch gestaltet sich dies auf den Krankheitsfeldern Krebs und Erbgutschäden, die seit kurzem zu recht in den Vordergrund des Interesses und der Vorsorge getreten sind. Hier vergehen Jahrzehnte zwischen Einwirkung der Stoffe und Manifestation der Krankheitserscheinungen, und die Primärschäden können in künftige Generationen übertragen werden. Zur Zeit gibt es weder Extrapolationsmodelle für die Quantifizierung dieser Risiken, noch die Möglichkeit der Festlegung des Unbedenklichen (Zumutbaren).

Beim Arzneimittelgebrauch fällt die Risikoabschätzung und -verhütung im Einzelfall dem Arzt zu. Zu fragen ist: wie sicher ist der Arzt? Bei der zuständigen Behörde (Bundesgesundheitsamt) fehlt es nicht an Problembewußtsein, wohl aber am Instrumentarium zur Lösung dieser Frage. Im Falle der Neuzulassung von Arzneimitteln, seit 1978 nach einem neuen Arzneimittelgesetz, werden flexible (d.h. nicht standardisierte) Nutzen-Risiko-Bewertungen und -Entscheidungen von Stoff zu Stoff anhand aller in der Vorprüfung angefallenen Informationen durchgeführt. Entscheidende Bedeutung wird der mit der Ausbietung gekoppelten Unterrichtung von Arzt einerseits, von Patient andererseits beigemessen. Die Suche nach verbesserten Modellen hierfür hält an.

Der Versuch, durchgängige Risikobewertungen für Arzneimittel und Chemikalien unter sich und im Vergleich zu anderen Risikofeldern anzustellen, scheitert an der Vielfalt der Krankheitserscheinungen und ihrer extrem unterschiedlichen Wertigkeit. Es wird angeregt, den Versuch zu unternehmen, den Krankheitswert von Schäden durch solche Stoffe in einem Stufensystem zu erfassen. Dabei sollten folgende Kriterien benutzt werden: reversibel/irreversibel; heilbar/nicht heilbar; Hierarchie der Organsysteme für die Aufrechterhaltung der Lebensvorgänge und die Erhaltung der Art.

Die Scheu vor der Quantifizierung des Risikos ist nicht nur auf dem Felde der Arzneimittel und Chemikalien anzutreffen. Auch bei der Kernenergie nehmen z.B. die Gerichte Abstand von klaren Entscheidungen (normativen Fixierungen), weil die Wissenschaft den Kenntnisstand nicht als Maßzahlen, sondern als Bandbreiten formuliert. Von seiten der Wissenschaft wird dazu argumentiert, die Unsicherheit der verfügbaren Daten gäbe nicht mehr her, und sie wehrt sich, in die Rolle des Normensetzers gedrängt zu werden.

Stellungnahme und Folgerungen

Die Diskussion um Lösungsmöglichkeiten auf dem Gebiet der Arzneimittel und Chemikalien führt zu einem von Wissenschaftlern aus Hochschule, Industrie und Behörden gemeinsam getragenen Ergebnis: eine Quantifizierung kann nur erfolgen, wenn ein ursächlicher Zusammenhang ausgewiesen ist (eine Hypothese existiert). Normative Entscheidungen müssen trotz fehlender Hypothese getroffen werden. Der Prozeß gliedert sich in zwei voneinander unabhängige Phasen. In der ersten Phase wird allein die Bestandsaufnahme als Aufgabe der Wissenschaft nach den Kriterien der zuständigen Wissenschaftszweige vollzogen. Sie erfolgt unabhängig von sozio-ökonomischen Vorgaben. Der Aussagewert der vorliegenden Daten für eine Risikoabschätzung muß, mit voller Deklaration der Erkenntnisgrenzen, so interpretiert werden, daß eine Diskussion zur Vorbereitung der Entscheidung auch durch Laien (Dritte) aufbauen kann. Die Autorität des Wissenschaftlers endet mit dieser ersten Phase.

In der zweiten Phase erfolgt die Sicherheitsentscheidung. An ihr sind alle betroffenen Parteien beteiligt. Ihre Organisation obliegt der Behörde, in größerem Rahmen den Politikern. Über die Rolle des Wissenschaftlers in dieser Phase schwankt das Spektrum der Meinungen von voller Beteiligung als homo politicus, über die Verpflichtung zur vollen Transparentmachung der Hintergründe der schließlich getroffenen Entscheidung für die Öffentlichkeit, bis zu völliger Enthaltsamkeit. Die Rollenverteilung der an der Entscheidung beteiligten Parteien wird jedoch nicht näher definiert. Wie weit die beiden Phasen der Risikoermittlung und -entscheidung zeitlich, räumlich und personell getrennt werden sollen und müssen, bleibt ebenfalls offen. Strikte Trennung ist bisher bei der Beraterfunktion der Deutschen Forschungsgemeinschaft in gesundheitspolitischen Fragen mit deren Senatskommissionen geübt worden, mit durchwegs gutem Ergebnis.

Es wird aber festgestellt, daß dieses Modell nur funktionieren könne, wenn ein Grundkonsens vorgegeben ist, wie z.B. im Arzneimittelrecht. Ist er nicht vorhanden, wie bei der Kernenergie und möglicherweise im Chemikalienrecht, bleibt nur die Entscheidung durch Majorisierung.

Vorschläge für Forschungsvorhaben

Im Hinblick auf den nicht voll befriedigenden Aussagewert von Tierversuchen für das Gesundheitsrisiko des Menschen durch Arzneimittel und Chemikalien wird vorgeschlagen, Modellstudien für einzelne, besonders geeignete Arzneimittel – eventuell auch für Großchemikalien – nach dem Inverkehrbringen mit systematischer Zielvorgabe einzuleiten. Bei möglichst präziser Feststellung der Exposition (Stoffaufnahme) sollen an Personenkollektiven geeigneter Größe und Struktur unter Einbeziehung geeigneter Kontrollgruppen der Gesundheitszustand in vorgegebenen Zeiträumen kontrolliert und das Auftreten bestimmter Krankheitserscheinungen mit statistischen Methoden charakterisiert werden. Mit solchen prospektiven Studien kann das Auftreten oder Ausbleiben bestimmter erwarteter, aber auch unerwarteter toxischer Reaktionen erfaßt bzw. mit Termen der Wahrscheinlichkeit ausgeschlossen werden.

Versicherung

Risikoanalysen aus der Sicht eines technischen Versicherers

H. Huppmann

1 Einleitung und Definitionen

Die Versicherungen, die Sachschaden in technischen Anlagen ersetzen, zeigt Bild 1. Die älteste in der Antike bereits nachgewiesene Sachversicherung ist die Transportversicherung, deren internationaler Name „Marine" ihren Ursprung verrät. Während die Feuerversicherung bereits im Mittelalter entstand, verdanken die Industriefeuerversicherung und die Technischen Versicherungen der Industrialisierung seit Mitte des 19. Jahrhunderts ihr Entstehen und ihre wachsende Bedeutung. Die zunehmenden

Versicherungsart	Gefahr — Sachschaden am versicherten Objekt									
	Brand, Blitzschlag, Explosion	Fahrlässigkeit, Bedienungsfehler	Kurzschluß, Überspannung	Betriebsunfälle, Bruch	Material-, Konstruktions-, Herstellungsfehler	Probebetrieb	Montage- bzw. Bauunfälle	Transportunfälle	Sturm, Frost	höhere Gewalt, Erdbeben, Überschwemmungen
Feuer	●									
Maschinen		●	●	●	●				●	
Montage	●	●	●		●	●	●		●	●
Garantie					●					
Schwachstrom	●	●	●	●					●	●
Bauwesen	●	●					●		●	●
Transport	●							●		●
Vermögensschaden durch Ausfall des versicherten Objekts (infolge oben angeführter Schäden)										
Feuer-Betriebsunterbrechungsversichg.(FBU)	●									
Maschinen-Betriebsunterbrechungsvers.(MBU)		●	●	●	●				●	

Bild 1. Sachversicherungen für die Industrie mit den gedeckten Gefahren (Allianz)

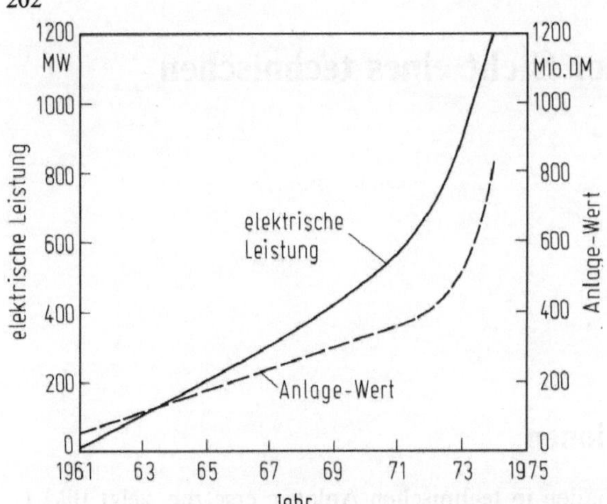

Bild 2. Anstieg der Blockleistungen und -werte (Allianz)

Wertkonzentrationen technischer Aggregate und Anlagen, die sich im Anstieg der
Einheitsleistungen von Schiffen, Verkehrsflugzeugen, hydraulischen konventionellen
thermischen und nuklearen Kraftwerken, Anlagen der Verfahrenstechnik besonders
der Petrochemie ab etwa 1960 und Anlagen der Meerestechnik ab etwa 1970 ergeben
haben, haben die Bedeutung der Sachversicherungszweige als Risikoträger der Industrie stark gefördert (Bild 2) – Risiko wird wie folgt definiert [1]:

1. *Risiko ist die Möglichkeit von Verlusten an Mitteln und Zwecken*
2. *Risiko = möglicher Sachschadenumfang × Schadeneintrittswahrscheinlichkeit*

Jeder Versicherung einer technischen Anlage liegen Versicherungsbedingungen
AVB zugrunde, z.B. AFB, AMB usw. Der mögliche Schadenumfang ergibt sich für
den Sachversicherer nicht aus dem technischen Schadenumfang, sondern aus dem
Schaden, der durch die Gefahren, die in den zugrunde liegenden Versicherungsbedin-
gungen gedeckt bzw. nicht ausgeschlossen sind, verursacht werden kann. Die Indu-
striefeuerversicherung z.B. deckt Sachschäden aus den Gefahren Brand, Blitzschlag,
Explosion und schließt alle anderen Gefahren, z.B. Sturm und Frost, aber auch
Kurzschluß in elektrischen Anlagen oder gar Sachschäden durch Konstruktions- oder
Bedienungsfehler aus. Die Maschinenversicherung dagegen deckt praktisch alle Ge-
fahren in technischen Anlagen, schließt jedoch Brand, Blitzschlag und Explosion aus.

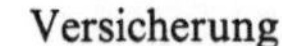

Bild 3. Risikodefinitionen (Allianz)

2 Einsatz von Risikoanalysen

Die Risikoanalyse des jeweiligen Sachversicherers befaßt sich also grundsätzlich nicht mit dem umfassenden Gefährdungspotential einer technischen Anlage gegenüber Sachen und Menschen in ihr selbst und in ihrer Umgebung, sie ermittelt vielmehr das wahrscheinliche Ausmaß und die Eintrittswahrscheinlichkeit von Schäden der zu versichernden technischen Anlage, soweit sie nach den vereinbarten Versicherungsbedingungen gedeckt sind. Es gibt also für eine technische Anlage verschiedene Risikoanalysen für den Transport-, Feuer-, Haftpflicht- und Technischen Versicherer.

Die Ergebnisse dieser einzelnen Risikoanalysen führen zu Modifikationen der Versicherungsbedingungen, Einschränkungen oder Erweiterungen des Versicherungsschutzes in Form von Klauseln oder geschriebenen Sondervereinbarungen. Die Risikoanalyse legt damit den endgültigen Versicherungsumfang z. B. auch die Versicherungssumme oder eine Höchstschadensumme fest. Sie gibt Hinweise zur Prämienermittlung, indem sie auf bisherige Erfahrungen mit ähnlichen Anlagen verweist, wobei je nach Versicherungszweig z. B. bei den Technischen Versicherungen der im Schadenfall vom Versicherungsnehmer zu tragende Anteil am Schaden, der Selbstbehalt vorgeschlagen werden kann. Sie kann Vereinbarungen oder Empfehlungen für bewährte Schadenverhütungsmaßnahmen enthalten, Regelungen für die Überprüfung des Risikos während der Versicherungsdauer festschreiben, um dem Versicherer die Risiko-

| | spezielle Abmachungen | | |
Risiken	Maschinen und mechanische Einrichtungen	Material und Arbeitsmaschinen für Bauzwecke u. Arbeiten der öffentlichen Hand	Maschinen und elektrisches Material oder Elektronik
menschliche Faktoren, Fehladressierung, Nachlässigkeit, Böswilligkeit			
Fehler beim Material, beim Bau, bei der Planung			
Vorfälle beim Betrieb			
elektrische Schäden, Überspannung, Kurzschluß			
Feuer, Blitz, Explosion			
externe Faktoren, Fall, Stoß, Fremdkörper, Regen, Sturm, Eis			
Diebstahl	ausgeschlossen		
Wasserschäden, Rückstände, Hochwasser, Untertauchen	ausgeschlossen		
Überschwemmung	ausgeschlossen		
Bodenbewegungen, Erdrutsch	ausgeschlossen		ausgeschlossen
Katastrophen	ausgeschlossen		ausgeschlossen

Bild 4. Tabelle der Schadensgarantien für betriebliche Maschinen (Allianz)

übernahme zu erleichtern oder zu ermöglichen. Schließlich wird in der Risikoanalyse der „PML" ermittelt. Dies ist der optimistisch abgeschätzte *wahrscheinliche* Höchstschaden (probable maximum loss), nicht jedoch der bei pessimistischen Annahmen nicht auszuschließende technisch *mögliche* Höchstschaden (possible maximum loss). Die Risikoanalyse für die Technische Versicherung von Kernkraftwerken geht beispielsweise vom größten anzunehmenden Unfall (GAU), nicht jedoch vom Kernschmelzen aus. Die Angabe des PML erfordert die individuelle Überprüfung der technischen Unterlagen unter Berücksichtigung der geographischen Lage, der unmittelbaren Umgebung, der Vorerfahrungen mit Hersteller und Betreiber und eines Vergleichs zum derzeitigen Stand der Technik. Der PML ermöglicht eine flexible Zeichnungspolitik nach Risikosummen in Ergänzung zum üblichen Verfahren nach Versicherungssummen. Für technische Großrisiken haben sich in der Versicherungswirtschaft zwei klassische Verfahren, das Risikovolumen zu begrenzen, bewährt (Bild 4).

Die Beteiligung mehrerer Erstversicherer an einem Risiko, die Rückversicherung der Erstversicherer bei Rückversicherern

Die *Beteiligung* mehrerer Erst- oder Direktversicherer ist die parallele Aufteilung eines großen Risikovolumens in kleine leicht zu verkraftende Risikoanteile. Es erfolgt eine prozentuale Zuordnung von Beiträgen und Schadenzahlungen. Beteiligung war seit Beginn der hier behandelten Sachversicherung besonders in der Transport- und der Feuerversicherung die klassische Methode, um eine Risikoübernahme bei Kenntnis des wahrscheinlichen Höchstschadens, z.B. des Verlustes eines Schiffes mit seiner Ladung oder einer Bohrinsel durch Sturm, trotz ungenügender Kenntnis der Schadeneintrittswahrscheinlichkeit zu ermöglichen. Nach diesem Modell arbeiten Lloyds – London, Versicherungsgemeinschaften wie die DKVG und Versicherungspools wie der Offshore- und der Deutsche Luftfahrt-Versicherungspool.

Die *Rückversicherung* als zweites bewährtes Verfahren der Risikoaufteilung und damit -begrenzung sieht dagegen eine Abgabe des Erstversicherers an den Rückversicherer nach den verschiedensten Vertragsformen vor, auf die hier nicht eingegangen werden soll. Durch Gründung von Rückversicherungen – in Deutschland 1843 bald nach dem Brand von Hamburg – wurde erreicht, daß nationale Versicherungswirtschaften auch bei einer großen Zahl gleichzeitig eingetretener Schäden in einer Region durch ein Ereignis verursacht nicht funktionsunfähig werden. Die Versicherungswirtschaft benützt hierfür den Begriff „Kumul-Risiko". Bei Kumul-Risiken, z.B. denkbar durch Erdbeben oder Taifune in einer Region oder sehr aktuell durch Sturmflut in der Nordsee mit Gefährdung einer großen Anzahl Offshore-versicherter Bohr- und Produktionsinseln, muß das Konzept der Beteiligung versagen, während das Konzept der Rückversicherung und weiterer Rückversicherung – dann Retrozession genannt – durch überregionalen und internationalen Risikoausgleich besser vor Überlastung und damit Zusammenbruch eines oder mehrerer Risikoträger schützen kann. Auf die Problematik der Kumul-Risiken und der unerläßlichen Kumul-Kontrolle durch den Rückversicherer in Zusammenhang mit der Versicherung technischer Großrisiken, wie Kernkraftwerke, petrochemische Anlagen, Anlagen der Meerestechnik, wird hier *nicht* eingegangen.

3 Die Behandlung von neuartigen Risiken

Die Risikoanalyse des Sachversicherers für technische Großrisiken wertet neben den subjektiven auf die zu versichernde Anlage einwirkenden Umständen Erfahrungen aus den eigenen Risiken- und Schadendateien der Vergangenheit aus, gestützt durch veröffentlichte oder bekannt gewordene Erfahrungen außerhalb des eigenen Verantwortungsbereichs. Dieses Vorgehen ist bei innovativer Weiterentwicklung technischer Anlagen oder auch nur bei Hineinwachsen in größere Einheitsleistungen, Abmessungen, Arbeitsgeschwindigkeiten usw. mängelbehaftet, wie die erhöhten Schadenbelastungen, verbunden mit den sprunghaften Leistungssteigerungen bei stationären Gasturbinen oder Dampfkraftwerken, bewiesen haben. In der Einführungsphase von Prototypen oder Innovationen wird deshalb mit Sicherheitszuschlägen auch in der Form erhöhter Selbstbehalte gearbeitet, die der Markt aus seiner bisherigen Erfahrung mit Kinderkrankheiten solcher Neuentwicklungen so lange gestattet, bis genügend günstigere Erfahrungen mit diesen Anlagen einer neuen Generation diese Zuschläge überflüssig werden lassen. Da durch die o.e. Beteiligung mehrerer Versicherer an solchen Großrisiken und durch die übergreifende Funktion der Rückversicherer der aktuelle Kenntnisstand über den Verlauf dieser neuen Risiken sofort bei den verschiedenen Risikoträgern unabhängig von deren Risikoanteil vorhanden ist, sichert der marktwirtschaftliche Wettbewerb ein sich laufend korrigierendes Beitragsniveau bei technischen Großrisiken. Beispiele hierfür sind der Prämienverfall in der Industriefeuerversicherung, das abfallende Prämienniveau bei thermischen Kraftwerken in der Maschinenversicherung. Eine quantitative systemanalytische Risikoanalyse wird bisher wegen des Mangels an gesicherten Daten gerade bei innovativen technischen Großrisiken nicht durchgeführt. Ein technisches Großrisiko wird in Teilbereiche nach Sachen und Gefahren aufgeteilt mit dem Ziel, möglichst viele einzelne Objekte nach den aus anderen oder ähnlichen Erfahrungsbereichen gewonnenen

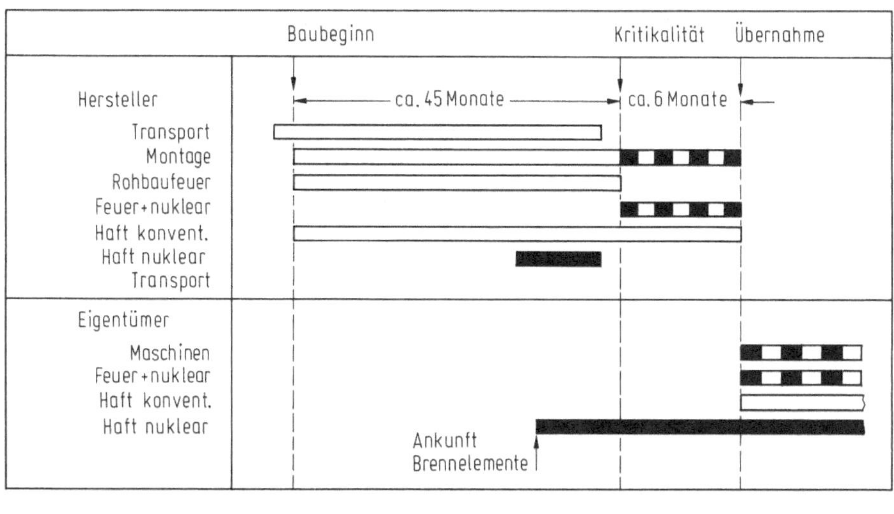

Bild 5. Versicherungszeitplan für ein Kernkraftwerk (Allianz)

Daten für PML und Schadeneintrittswahrscheinlichkeit gesichert bearbeiten zu können. Ein Beispiel hierfür sind die Technischen Versicherungen von Kernkraftwerken (Bilder 5 bis 7).

Im zeitlichen Ablauf des Risikos kann das Kernkraftwerk vom Baubeginn bis zur ersten Kritikalität wie eine konventionelle Kraftwerksbaustelle mit etwas höherem Schwierigkeitsgrad wegen der anspruchsvolleren Technik behandelt werden. Mit der Kritikalität setzt im Bereich der Montageversicherung das Zusatzrisiko „Beseitigung betriebsbedingter Verseuchung im Schadenfall" ein, während bei der Feuerversicherung ebenfalls das nukleare Risiko hinzukommt. Nach Übernahme des Kernkraftwerks setzen sich diese Risiken in der Maschinenversicherung und in der verbundenen Sachversicherung fort. Eine prozentuale Abschätzung der Versicherungswerte mit und ohne Nuklearrisiko zeigt Bild 6 (35 bis 45% mit Nuklearrisiko, 65 bzw. 50% ohne Nuklearrisiko je nach KKW-Bauart).

Diesen Versicherungswerten werden nun die Schäden im konventionellen Bereich und im Bereich mit Nuklearrisiko zugewiesen. Um nicht abschätzbare Mehrkosten, die im Erfahrungsbereich der Technischen Versicherer bisher fehlten, als Sonderrisiko versichern zu können, wurden die Mehrkosten für das Entfernen der betriebsbedingten Verseuchung im Reparaturschadenfall auf „erstes Risiko" mit vereinbarten Schadenhöchstsummen getrennt versichert (Bilder 8 und 9).

Bei den technischen Versicherungen der Kernkraftwerke wurde dieses bisher unbekannte Risiko hierdurch in Abhängigkeit von der gewählten Erstrisikosumme ganz oder teilweise versicherbar. Bedingt durch die Entwicklung in der Bundesrepublik Deutschland kann auf diese Versicherungskonstruktion z.Z. noch nicht verzichtet werden, da sich die Aufwendungen für diese Mehrkosten z.B. durch die Erschwernisse bei Transport und Endlagerung contaminierter Schadenteile einer rationalen Abschätzung derzeit entziehen.

Eine ähnliche Konzeption wurde für die Maschinenversicherung des Reaktordruckgefäßes gewählt. Es ist z.Z. in allen westdeutschen kommerziellen Kernkraftwerken mit einer Erstrisikosumme, nicht mit dem Wiederbeschaffungswert, versichert, da über eine Reparatur des aktivierten Gefäßes selbst und ihre Kosten keine Informationen erhältlich sind. Reparaturschäden an Einbauten konnten innerhalb der vereinbarten Erstrisikosummen im Rahmen der Maschinenversicherung ersetzt werden.

technischer Anlagenbereich	geschätzte Werte in % vom Gesamtwert ohne BE
Reaktorgebäude	30% bis 35%
nukleare Hilfsanlagen	5% bis 10%
Maschinenhaus	30% bis 35%
Schaltanlagengebäude	15% bis 20%
Sonstiges	5% bis 10%

Bild 6. Verteilung der Komplex-Werte (Allianz)

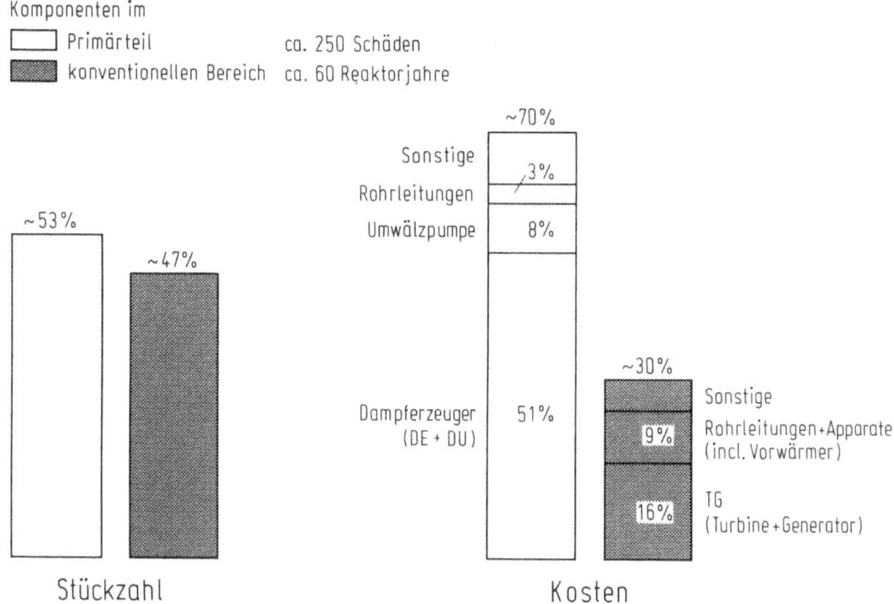

Bild 7. Maschinenversicherung von Kernkraftwerken – Verteilung von Schäden (Allianz)

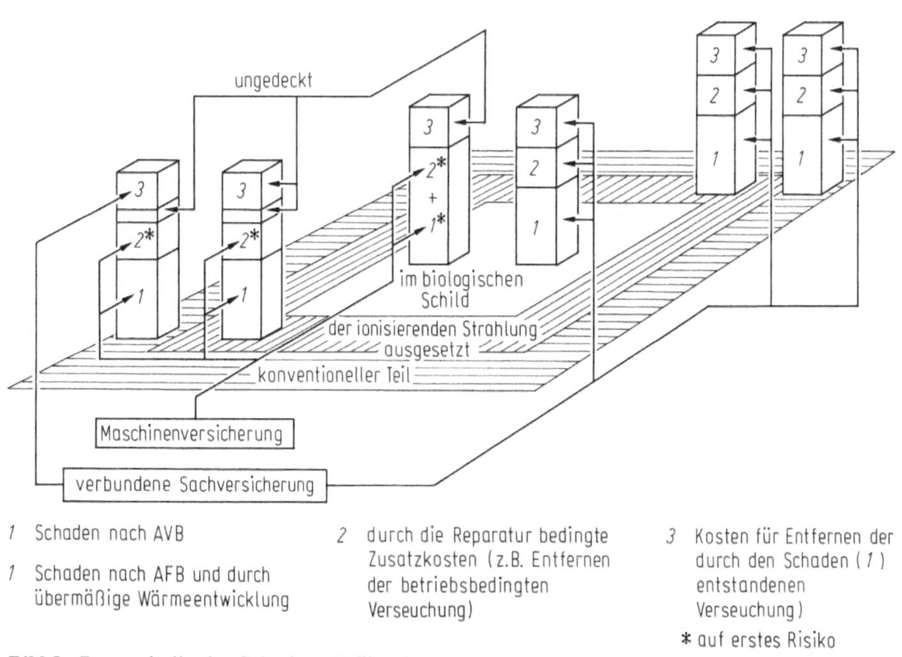

1 Schaden nach AVB

1 Schaden nach AFB und durch
   übermäßige Wärmeentwicklung

2 durch die Reparatur bedingte
   Zusatzkosten (z.B. Entfernen
   der betriebsbedingten
   Verseuchung)

3 Kosten für Entfernen der
   durch den Schaden (1)
   entstandenen
   Verseuchung)

* auf erstes Risiko

Bild 8. Bestandteile des Schadens (Allianz)

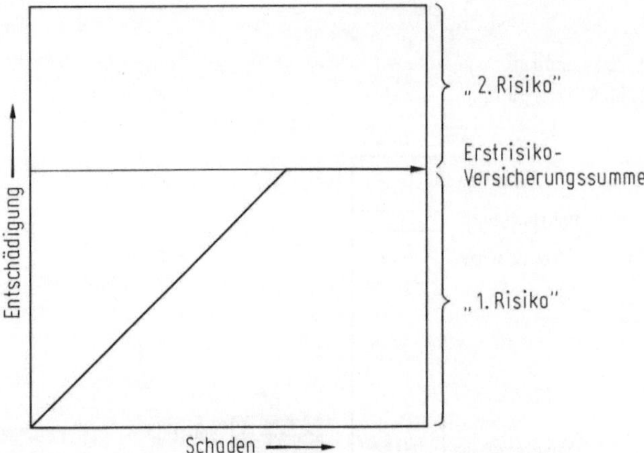

Bild 9. Versicherung auf erstes Risiko (Allianz)

Die Risikoanalyse für das Projekt eines Offshore-Gasturbinenkraftwerks „Epos"
in der Nordsee sieht eine Aufsplittung des Gesamtrisikos nach Gefahren vor. Das
gesamte Offshore-Risiko für die Plattform mit dem Kraftwerk und das HGÜ-Kabel
zum Festland wird in einer Offshore-Versicherungspolice gedeckt. Hierfür liegen
ausreichende Erfahrungen durch die große Anzahl von Bohr- und Produktionsinseln
in der Nordsee vor. Der PML in dieser Police ist 100% des Neuwertes. Diese Police
deckt nicht die Gefahren aus dem Betrieb des Kraftwerks und der technischen Einrichtungen der Insel, wie sie üblicherweise nach Bild 1 in der Maschinenversicherung
gedeckt sind.

Für diese Risiken z. B. aus Bedienungs- oder Konstruktionsfehlern wird der übliche
Maschinenversicherungsschutz mit einem Zuschlag wegen des zu erwartenden erhöhten Reparaturaufwandes geboten. Innerhalb dieser Maschinenversicherungspolice
liegen die PML kleinerer Aggregate bei 100% ihres Wertes, der großen Gasturbinen-
aggregate bei etwa 60%. Schadenshäufigkeit und Durchschnittsschadenhöhe bei nor-
malem Standort in Küstennähe können aus den langjährig geführten Schadendateien
gesichert entnommen werden.

4 Schadeneintrittswahrscheinlichkeit

Die Ermittlung der Schadeneintrittswahrscheinlichkeit hat für den technischen Versicherer geringere Bedeutung, da er jederzeit im Geschäftsjahr ohne gravierende Auswirkungen auf ein mindestens ausgeglichenes Ergebnis den möglichen Größtschaden
einer bei ihm versicherten Sache übernehmen muß. Am Beispiel der Schadeneintrittswahrscheinlichkeit des Größtschadens von Dampfturbosätzen soll die Problematik kurz erläutert werden (Bilder 10 und 11).

Den kumulierten Dampfturbinenbetriebsjahren werden die Schadenfälle, die zum
Zerbersten aus den verschiedenen Ursachen geführt haben, gegenübergestellt. Man
sieht, daß die Schadeneintrittswahrscheinlichkeit sich nur wenig verändert und selbst
bei Annahme nur eines einzigen Größtschadenfalles wird noch ein Wert erreicht, der

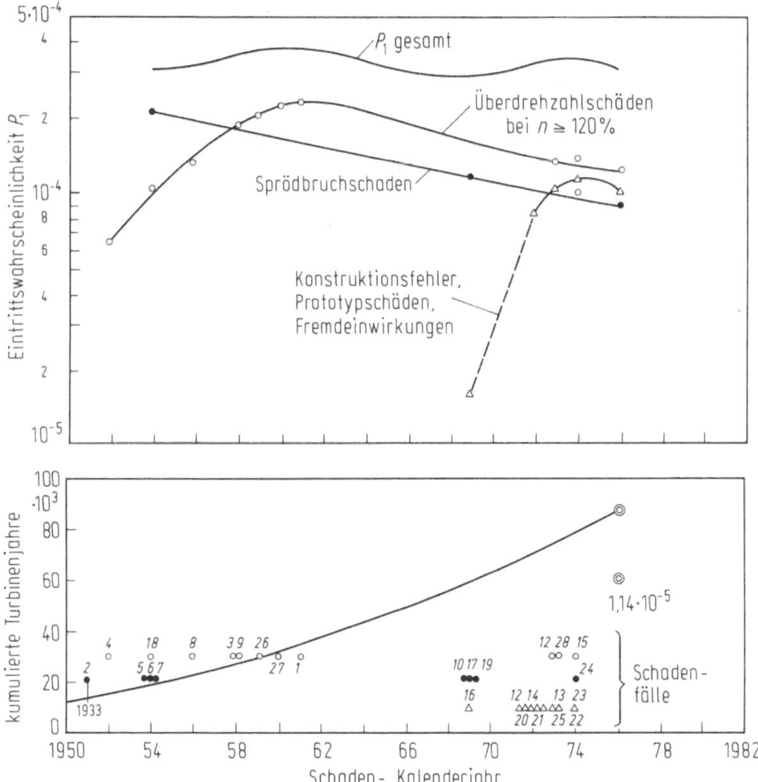

Bild 10. Eintrittswahrscheinlichkeit von Großschäden mit austretenden Bruchstücken an Dampfturbosätzen aller Baujahre (Allianz)

von systemanalytisch ermittelten Schadeneintrittswahrscheinlichkeiten der General Electric (USA) um 10^4 Einheiten risikoerhöhend abweicht. Eliminiert man die Dampfturbosätze ab Baujahr 1950 wegen Unvergleichbarkeit in ihrer technischen Auslegung, so bewirkt dies nur eine geringfügige Verbesserung der Schadeneintrittswahrscheinlichkeit, die bei der Unsicherheit aller anderen Annahmen überhaupt nicht ins Gewicht fällt. Für den Versicherer entscheidend ist dagegen der Anstieg des PML in Abhängigkeit vom Neuwert der versicherten Sachen.

Größere Bedeutung für die Festlegung der Bedarfsprämie für eine versicherte Sache haben der sich aus den gedeckten Gefahren ergebende Schadenaufwand und die Schadenhäufigkeit. Aus Risiken- und Schadendateien kann bei ausreichender statistischer Belegung der durchschnittliche Schadenaufwand je Versicherungszeitspanne, dessen Relation zur Versicherungssumme und die Schadenhäufigkeit für bestimmte Maschinenarten, aber auch für komplette technische Anlagen – Betriebsarten – gesichert ermittelt werden. Unter Berücksichtigung der Preis- und Lohnsteigerungen können so Beitragssätze in Prozent der Versicherungssumme ermittelt werden (Bild 12). Diese Bedarfsprämiensätze einzelner Aggregate oder kompletter Anlagen ermöglichen dem Versicherer eine den Schadenbedarf abdeckende Risikoübernahme.

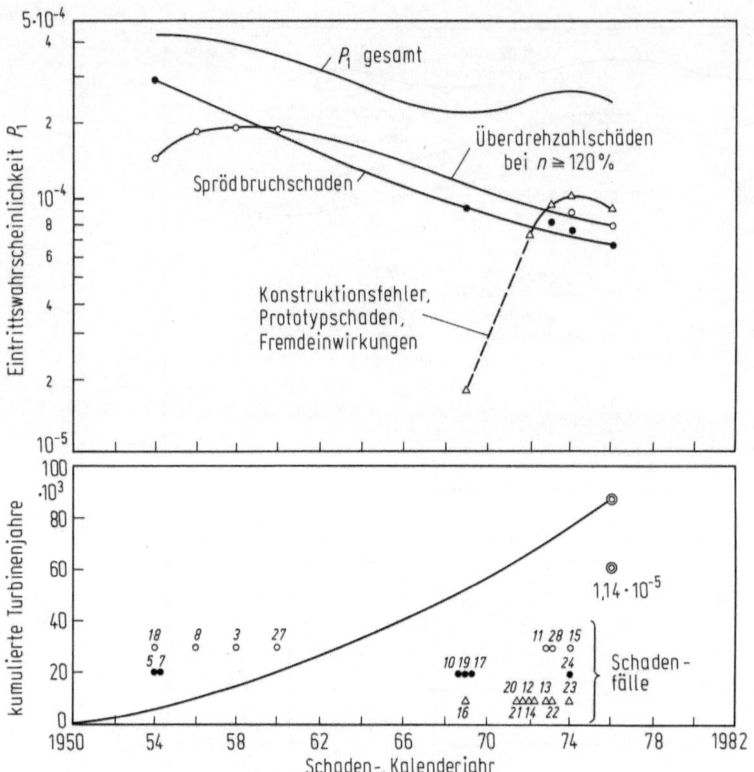

Bild 11. Eintrittswahrscheinlichkeit von Großschäden mit austretenden Bruchstücken an Dampfturbosätzen ab Baujahr 1950 (Allianz)

	Versicherungssummen				Schadensleistungen			
Jahr	Mio. DM	Preis-index	Faktor	Mio. DM	TDM	Lohn-index	$\frac{1}{PrF}$	TDM
1962	874	100,0	1,376	1202	1607	100,0	1,982	3185
1963	833	101,0	1,362	1134	1659	106,0	1,888	3132
1964	1028	102,8	1,339	1377	1972	116,2	1,752	3455
1965	1114	105,9	1,299	1448	1954	127,2	1,623	3171
1966	1313	108,6	1,267	1663	1894	136,0	1,534	2905
1967	1426	103,3	1,271	1813	2073	142,2	1,485	3078
1968	1199	108,5	1,268	1521	2391	148,0	1,440	3443
1969	1384	112,8	1,220	1689	2541	162,8	1,330	3380
1970	1528	123,0	1,119	1710	2638	182,4	1,196	3155
1971	1618	132,7	1,037	1678	2725	206,4	1,071	2918
	12317			15235	21454			31822
1972		137,6	1,000			224,1	1,000	
neuer Prämiensatz, unbereinigt : Spalte 6 / Spalte 2 = 1,74 % bereinigt : Spalte 9 / Spalte 5 = 2,09 %								

Bild 12. Ermittlung eines Prämiensatzes (Allianz)

5 Zusammenfassung

Technische Großrisiken werden im Versicherungswesen aus den Erfahrungen der
Vergangenheit, mit Hilfe von Bedarfsprämiensätzen und individuellen Korrekturen
entsprechend dem Innovationsgrad und subjektiven Umwelteinflüssen in Deckung
genommen. Risikoaufteilung in Form von Beteiligungen und Rückversicherungen
ermöglichen dem Versicherer, nur im erwünschten Ausmaß am Gesamtrisiko, das
durch die vereinbarten Versicherungsbedingungen vorgegeben ist, zu partizipieren.
Der wahrscheinliche Höchstschaden als Indikator der finanziellen Belastung des Ver-
sicherers hat gegenüber der Schadeneintrittswahrscheinlichkeit größere Bedeutung.
Maßnahmen zur Schadenverhütung sind wichtige Bestandteile der Risikoanalyse.

Literatur

1. Braun, H.: Neue Technologien bedeuten neue Risiken; eine Herausforderung an Wirtschaft
   und Versicherung: Der Maschinenschaden 53 (1980) 121-131

Zusammenfassung und Auswertung der Diskussion über den Themenkreis „Versicherung"

K. Conrad

Verlauf und Inhalt der Diskussion

Inhaltlich schälten sich drei Hauptgedanken heraus, die untereinander mehr oder weniger verbunden sind.

- *Risikoanalyse, Risikobewertung und Risikoakzeptanz haben für den Versicherer seit Generationen eine ganz spezielle und sehr praktische Bedeutung.*
Die vom Versicherer betriebene Risikoanalyse steht unter zwei Zwängen. Erstens muß der Aufwand in jedem Falle wirtschaftlich vertretbar sein und zweitens muß die Analyse zu einem praktisch verwertbaren Ergebnis kommen, also insbesondere zu einer Abschätzung von Schadenhäufigkeit und Schadenumfang, wobei der Schadenumfang letztlich in Geld auszudrücken ist. Bei seiner Risikoanalyse kann sich der Versicherer auf eine mehr oder weniger umfangreiche Schadenstatistik stützen. Die Analysen werden durchgeführt durch „Risikogutachter", die ihr Metier empirisch und/oder theoretisch gelernt haben vom Versicherungskaufmann bis hin zum Arzt, Mathematiker, Ingenieur, Chemiker, Geophysiker.
    Die Bewertung des Risikos drückt sich aus in dem für die Deckung geforderten Preis, der Prämie, die Akzeptanz in der Höhe und dem Umfang der Übernahme, also dem in Deckung genommenen Geldbetrag und dem Umfang der Deckung ausgedrückt durch Ein- und Ausschlüsse.
- *Diskrepanz zwischen analytischer Schadenvorhersage und praktischer Schadenstatistik.*
Gerade für neuartige Risiken besteht u.U. eine erhebliche Diskrepanz zwischen dem, was aus der praktischen Schadenstatistik bereits gesichert ableitbar ist und dem, was eine theoretische Risikobetrachtung postuliert oder vermuten läßt. Alle Beteiligten müssen intensiv bemüht sein, diese Diskrepanz auszudiskutieren und zu beseitigen durch realistisches Verdichten der Detailinformationen und durch vernünftige Analogschlüsse aus ähnlich gelagerten Problemstellungen bei anderen Systemen. Es ist verständlich, daß man in Ermangelung aussagekräftiger Statistiken für neuartige Gesamtsysteme zunächst noch gewisse konservative Sicherheitszuschläge auf die sich theoretisch ergebenden Ausfallwahrscheinlichkeiten rechnet. Gerade dem Versicherer ist dies geläufig, nicht zuletzt weil er ohnehin jeweils den Gesamtschaden zu berücksichtigen hat, nicht so sehr die Einzelkomponenten. Gerade in Fragen der Akzeptanz muß diese Phase der „Sicherheitszuschläge wegen noch nicht genügend gesicherter Schadenerwartungsgrößen" sehr behutsam gehandhabt und schnell überwunden werden. Bei all diesen Betrachtungen ist immer zu beachten, daß es neben sinnvoller auch nicht sinnvolle Genauigkeit gibt. Man muß sich sehr hüten, gerade in der Akzeptanzfrage durch vorgetäuschte Genauigkeit beim Laien falsche Vorstellungen zu wecken.
- *Akzeptanz des möglichen Höchstschadens – der meist erheblich größer ist als der wahrscheinliche Höchstschaden – durch die Versicherer.*
Die Eintrittswahrscheinlichkeiten der verschiedenen Schadenhöhen sind für den Versicherer von ausschlaggebender Bedeutung zur Abschätzung der Bedarfsprämie. Andererseits muß er sich bei der Übernahme eines Risikos immer darüber im klaren bleiben, daß der *mögliche* Höchstschaden eintreten, ihn finanziell treffen kann, selbst wenn die Eintrittswahrscheinlichkeit für diesen möglichen Höchstschaden äußerst gering ist. Vom *möglichen* Höchstschaden, der gewissermaßen das pessimistischste Szenario darstellt, unterscheidet sich der *wahrscheinliche* Höchstschaden dadurch, daß er einer als „realistisch" empfundenen Eintrittswahrschein-

lichkeit zugeordnet ist. Psychologisch tut sich der Sachversicherer leichter im Umgang mit dem Höchstschaden, weil der Höchstschaden in Geldbeträgen ausgedrückt wird und nicht in der Anzahl von Toten wie z. B. in den Risikostudien von Rasmussen oder Birkhofer.

Stellungsnahme und Folgerung

Die Unterschiede in der Vorgehens- und Betrachtungsweise der herkömmlichen, vielleicht nicht so tiefschürfenden, aber sehr praktischen Risikoanalytiker beim Versicherer einerseits und der neuen, wissenschaftlich profunden, manchmal eher theoretischen Risikoanalytiker in Forschung und Verwaltung andererseits wurden allenfalls andiskutiert. Beide Seiten könnten voneinander lernen im Ansatz und im Ergebnis. Nicht zuletzt angeregt von modernen „Risk Management"-Überlegungen bemüht sich die Versicherungswirtschaft zunehmend um eine wissenschaftliche Verfeinerung ihrer Praktiken der Risikoanalyse. Umgekehrt nehmen die teoretischen Risikoanalysen im Rahmen von Genehmigungsverfahren einen derartigen Umfang an, daß gewisse Korrekturen wünschenswert erscheinen.

Vorschläge für Forschungsvorhaben

Ein sinnvoller Ausbau der statistischen Grundlage für zukünftige Risikoanalysen und Schadenvorhersagen wird angeregt. Unter Umständen liegt schon umfangreiches und detailliertes Basismaterial vor, z. B. im Bereich der Gewerbeaufsicht, der Feuerwehren, der Technischen Überwachungsvereine. Zunächst müßte man sich wohl darüber klar werden, welche Fragen im einzelnen man beantwortet haben will (Beispiel: „wie ist das Explosionsrisiko moderner Großwasserraumkessel zu beurteilen?"), um dann gezielt nach einschlägigen statistischen Unterlagen suchen zu können, bzw. deren Aufbau einzuleiten. Die Ausarbeitung sinnvoller Fragen, mit entsprechenden Prioritäten, ist m. E allein schon ein größeres Forschungsvorhaben.

Juristische Aspekte

Das Risiko technischer Anlagen als Rechtsproblem des Verwaltungsrechts[1]

B. Bender

1 Technische Risiken und das Gebot zureichender Schadenvorsorge

1.1 Schadenvorsorge

Das Recht der technischen Sicherheit bezweckt den Schutz vor solchen Risiken, die u.U. mit der Herstellung oder Verwendung technischer Systeme (Anlagen und Geräte) verbunden sind und als nicht mehr tolerabel beurteilt werden.

Die Anwendung der durch den technologischen Fortschritt ständig weiterentwikkelten industriellen Technik führt insbesondere auf dem Gebiet der sog. Großtechnik bzw. Großtechnologie zu Risiken für Leib, Leben oder Eigentum sowohl der beim Betrieb solcher Anlagen tätigen Menschen als auch unbeteiligter Dritter.

Beispiel: Großanlagen wie Kraftwerke, insbesondere Kernkraftwerke, großchemische Produktionsanlagen, Raffinerien, Staudämme, Großflugzeuge, Großflughäfen, Schnellbahnstrecken der DB, Großtanker, Ozeanplattformen usw.

Diese (z.T. anlagen-, z.T. standortspezifischen) Risiken müssen prognostisch bereits vor der Errichtung und Inbetriebnahme komplexer Mensch-Maschine-Systeme erwogen, eingeschätzt, bewertet und daraufhin geprüft werden, ob den technischen Sicherheitsanforderungen (insbesondere bei der Konstruktion und Auslegung der Systeme sowie bei der Herstellung und Qualitätskontrolle ihrer Komponenten) voraussichtlich zureichend entsprochen ist oder ob weitere geeignete Sicherheitsmaßnahmen vorzusehen sind.

Bei der Realisierung der Risiken geht es vor allem – wenn auch keineswegs immer – um Pannen, d.h. um Ereignisse menschlichen oder technischen Versagens, die zu nicht oder nicht voll beherrschten, mit Schadensfolgen verbundenen Störfällen oder gar Katastrophen führen. Von derartigen Risiken ist im folgenden vornehmlich die Rede.

Beispiel: Explosion von Dimethyläther im Werk Ludwigshafen der BASF im Juli 1948. Schadensfolge: Über 200 Todesopfer, ca. 3800 (z.T. schwer) Verletzte, ca. 50 Mio. DM Sachschaden. Man denke ferner an die Unfälle in Flixborough/England (1974), Seveso/Italien (1976) u.a.m

In Betracht zu ziehen sind aber selbstverständlich auch Risiken, die mit dem bestimmungsmäßigen Normalbetrieb einer technischen Anlage verbunden sein können, z.B. dann, wenn eine für sich allein noch nicht schädliche Emission schwach toxischer Schadstoffe aufgrund einer zu erwartenden Kumulierung mit den Emissionen anderer

---

1 Die „Anmerkungen" befinden sich am Ende dieses Beitrages, vor der „Anlage"

Anlagen (insbesondere wegen synergistischer Effekte) zu schädlichen Umwelteinwirkungen führen müßte.

In all diesen Fällen ist Schadensvorsorge in Gestalt der (vorbeugenden) „Gefahrenabwehr" geboten. Allerdings muß man bedenken, daß u. U. schon einem bloßen „Gefahrenverdacht" vorzubeugen ist (z. B. einen hinreichenden Verdacht auf Kanzerogenität, Mutagenität oder Teratogenität von Substanzen, die über den Abluft- oder Abwasserpfad abgegeben werden); man spricht insoweit von „Risikovorsorge".

Wenn darüberhinaus vorsorglich auch noch solchen; durch den Normalbetrieb technischer Anlagen verursachten Umwelteinwirkungen begegnet werden soll, die lediglich das „soziale Wohlbefinden" der Betroffenen beeinträchtigen, so ist dies nicht so sehr Schadensvorsorge als vielmehr „Daseinsvorsorge".

Terminologisch – leider besteht hier keineswegs Konsens – mag man somit unter dem Oberbegriff *„Schadensvorsorge"* die Gefahrenabwehr, die Risikovorsorge und – cum grano salis – die Daseinsvorsorge zusammenfassen. Bei der *„Gefahrenabwehr"* handelt es sich vor allem um die (präventive oder repressive) Bekämpfung erkannter, nicht mehr als sozialadäquat gewerteter Risiken. Bei der *„Risikovorsorge"* geht es um vorsorgliche Maßnahmen in Fällen bloßen Gefahrenverdachts. Schließlich handelt es sich bei der – vor allem für das Immissionsschutzrecht bedeutsamen – *„Daseinsvorsorge"* im vorliegenden Zusammenhang insbesondere um die vorbeugende Sicherung von Freiräumen.

1.2 Restrisikoakzeptabilität und Restrisikoakzeptanz

Da es keine praktizierte Technik ohne Risiko gibt, da m.a.W. immer nur eine relative technische Sicherheit gewährleistet werden kann, ist stets ein Restrisiko vorhanden, d. h. ein solcher effektiver Risikorest, der der Gesellschaft und ihren Gliedern von den zuständigen demokratisch legitimierten Staatsorganen als Teil des uns alle treffenden Lebensrisikos insoweit zugemutet wird, als dieser Risikorest für vertretbar erachtet wird. Unsere Industriegesellschaft ist offensichtlich auf Technik und innovativen technischen Fortschritt angewiesen. Diese Feststellung bleibt auch in Anbetracht dessen zutreffend, daß heute von einem sensibilisierten gesellschaftlichen Bewußtsein den ökologischen gegenüber den ökonomischen Erfordernissen aus guten Gründen ein höherer Stellenwert beigemessen wird als das früher der Fall war. Restrisiken sind daher legitim, vorausgesetzt, daß alle mit vernünftigem Aufwand realisierbaren technischen und organisatorischen Möglichkeiten zu ihrer (indizierten) Minimierung ausgenutzt worden sind und daß das verbleibende Restrisikopotential „sozialadäquat" und damit objektiv zumutbar – gesellschaftlich akzeptabel – ist. Dies wird erst dann der Fall sein, wenn die Verletzung grundrechtlich geschützter – und daher auch einer staatlichen Schutzpflicht unterliegender – Güter (insbesondere Leben, Gesundheit und körperliche Unversehrtheit nach Art. 2 Abs. 2 sowie Eigentum im Sinne des Art. 14 des Grundgesetzes) bei vernünftiger realistischer Betrachtungsweise praktisch nicht (mehr) ernsthaft zu besorgen ist.

Im übrigen ist – das liegt in der Natur der Sache – die Antwort auf die Frage nach der Zumutbarkeit des Restrisikopotentials ganzer Technologien keineswegs eindeutig determiniert. Die politische Bejahung der *gesellschaftlichen Akzeptabilität* des Restrisikopotentials einer Technologie, d. h. die Bejahung der Frage seiner gesellschaftlichen Vertretbarkeit, ist nämlich – oder sollte sein – das Ergebnis einer wertenden Gesamtabwägung. Diese impliziert nicht nur einerseits eine „kognitive" (qualitative oder sogar quantitative) Feststellung sowie eine „volitive" Gewichtung des Risikopotentials, und zwar auf dem Hintergrund des mit seiner Inkaufnahme ermöglichten (und gewerteten) gesellschaftlichen Nutzens, sondern andererseits auch eine korrespondierende Feststellung und Gewichtung der Risiken und des Nutzens der in Betracht zu ziehenden Alternativen.

Demgegenüber ist das faktisch vorhandene Ausmaß *gesellschaftlicher Risikoakzeptanz* ein (auf eine jeweils zu definierende Öffentlichkeit zu beziehendes) soziales Phänomen, das rational weniger erhellbar ist. Die Erfahrung zeigt, daß es Schwierigkeiten bereitet oder gar unmöglich ist, gesellschaftliche Risikoakzeptabilität und gesellschaftlich Risikoakzeptanz zur Deckung zu bringen.

1.3 Risikobegriff

Der den sicherheitsrechtlichen Schutznormen sachlich zugrundeliegende, bisher noch nicht in die sicherheitsrechtliche Gesetzessprache eingegangene *Begriff des (technischen) Risikos*[1], der auf die Einzelperson (Individualrisiko) oder auf bestimmte Personengruppen (Kollektivrisiko) bezogen werden kann, umfaßt bekanntlich zwei Komponenten, nämlich

- die Komponente der „Eintritts- bzw. Ablaufwahrscheinlichkeit" eines sich aufgrund äußerer oder innerer Einwirkung im technischen Bereich verwirklichenden konkreten Versagensereignissen bzw. eines (systeminternen) Störfallablaufs, sowie
- die Komponente des mit einem bestimmten Wahrscheinlichkeitsgrad zu erwartenden (insbesondere systemexternen) „Schadensausmaßes" nach Art und Höhe.

Beide Komponenten zusammen (mathematisch: als Produkt) konstituieren den Grad (das Gewicht, die Höhe) der jeweiligen Gefahr. Ein konkretes technisches Schadensrisiko mit zwar sehr kleiner Eintrittswahrscheinlichkeit, aber mit sehr erheblichem potentiellen Schadensausmaß kann somit dasselbe „Gewicht" haben wie das Risiko eines anderen Schadensereignisses mit einer erheblich höheren Eintrittswahrscheinlichkeit, aber eben mit einem weit geringeren Ausmaß des drohenden Schadens. Die Wahrscheinlichkeit des Eintritts eines Schadensereignisses muß daher nach dem Schadensvorsorgegebot um so geringer sein, je schwerwiegender die Schadensart und die Schadensfolgen, die auf dem Spiel stehen, sein können.

Mit Recht wird z. B. in der Durchführung des Bundesimmissionsschutzgesetzes ergangenen Störfall-Verordnung vom 27.6.1980 (12. BImSchV) besonders betont, daß zwecks vorbeugender Bekämpfung technischer Risiken nicht nur zureichende Zuverlässigkeitsanforderungen (Anforderungen zur Verhinderung von Störfällen) festzulegen und zu erfüllen sind, sondern auch zureichende Anforderungen zur Begrenzung von Störfallauswirkungen. (Der Begriff des „Störfalles" wird hier gem. § 2 Abs. 1 der 12. BImSchV anders als z. B. in Anlage I der StrlSchV in einem weiten, auch den Unfall umfassenden Sinne gebraucht).

1.4 Risikoeinschätzung durch Sachverständige und durch Rechtsetzung bzw. Rechtsanwendungsorgane

Die Konkretisierung von Art und Ausmaß der gebotenen *Schadensvorsorge* erfordert offenbar jeweils die Beantwortung von Fragen, die aus kompetentieller Sicht theoretisch auf verschiedenen, praktisch nicht immer leicht zu unterscheidenden Ebenen angesiedelt sind, nämlich auf der (keineswegs wert- und wertungsfreien) Ebene der Expertenbeurteilung und auf der Ebene wertender juristischer Beurteilung.

a) Zur Frage des „Ob" einer Risikominderung:

a) Zunächst setzt jede erfolgreiche Schadensvorsorgestrategie voraus, daß die mit projektierten oder bestehenden technischen Anlagen faktisch verbundenen technischen Risiken als solche (in ihrer Eigenart und in ihrer Größe) erkannt, d. h. möglichst vollständig erfaßt und zutreffend eingeschätzt worden sind. Prinzipiell sind zur lediglich fachlich, nicht aber rechtlich-normativ möglichen Beantwortung dieser Vorfrage weder normsetzende noch normanwendende Staatsorgane als solche in der Lage, sondern nur *Sachverständige*. Ihnen kommt in dieser Hinsicht die originäre Sachkompetenz zu, weil nur sie über das erforderliche theoretische bzw. empirische Wissen verfügen, um das einem technischen System innewohnende Schadenspotential und die in Betracht zu ziehenden Schäden nebst den zugrundeliegenden Bedingungs- bzw. Wirkungszusammenhängen zu ermitteln (insbesondere im Wege einer qualitativen oder quantitativen sicherheitstechnischen Systemanalyse).

Hier kann für bestimmte Bereiche die Anwendung von Methoden probabilistischer, „risikoquantifizierender" Zuverlässigkeitsanalysen, wie sie wohl zuerst in der US-Raumfahrt, bei uns umfassend etwa im Rahmen der „Deutschen Risikostudie Kernkraftwerke" praktiziert worden sind, den normsetzenden und normanwendenden Organen Erkenntnis- und Entscheidungshilfen leisten. Dies vor allem deswegen, weil diese Analysen fundierte Aussagen zur Akzeptabilität einer bestimmten Technologie ermöglichen, indem sie die Mannigfaltigkeit der in Betracht kommenden technischen Risiken und deren jeweiliges Gewicht (als Größenordnung) umfassend ermitteln, einen Vergleich von Risiken alternativer Technologien ermöglichen, und weil sie schließlich Schwachstellen bisheriger Schadensvorsorgesysteme zu offenbaren vermögen.

Die Deutsche Risikostudie Kernkraftwerke, die sich auf eine bestimmte Referenzanlage, nämlich auf einen Druckwasserreaktor des Typs Biblis B bezieht, bedient sich auch in ihrer ersten Phase – ihre Ergebnisse wurden bereits 1979, damals aber noch ohne die Fachbände veröffentlicht – weitgehend der Grundannahmen und der probabilistischen Methode der amerikanischen „Rasmussen-Studie". Die Anwendung dieser Methode (insbesondere der Fehlerbaum-Analyse) und die Verifizierung ihrer Ergebnisse setzt allerdings eine zureichende Zahl statistischer Versagensangaben voraus; daher ist der Aussagewert der Probabilistik umstritten. Immerhin hat die Deutsche Studie noch vor dem TMI-2-Reaktorstörfall von Harrisburg/USA zu der Erkenntnis geführt, daß man z. B. gegen große Lecks durch zahlreiche redundante und diversitäre Systeme weit besser abgesichert war als gegen kleine Lecks; daher wurde in der Folgezeit das Risiko des kleines Lecks durch spezielle, relativ einfache Schutzvorkehrungen reduziert.

β) Die weitere Frage ist nun die, ob und inwieweit derart sachverständig ermittelte und eingeschätzte technische Risiken in rechtspolitischer Hinsicht durch den Erlaß spezieller sicherheitsrechtlicher Gebote oder *im Sinne der bereits vorhandenen einschlägigen Normen des Rechts der technischen Sicherheit* (vgl. die diesem Referat beigefügte Anlage) einer vorsorglichen Minderung durch geeignete technische oder organisatorische Maßnahmen bedürfen, um den effektiv verbliebenen Risikorest als vertretbar und damit akzeptabel erscheinen zu lassen („wie sicher ist sicher genug?"). Hier handelt es sich ersichtlich um Fragen *rechtlicher Wertung*, deren nicht nur juristische, sondern auch politische, gesellschaftliche und sozialethische Bezüge besonders im Bereich der Großtechnik evident sind. Offenbar liegt hier ein Optimierungsproblem vor. Einerseits bedeutet jedes Mehr an Sicherheits- und Umwelttechnik ein Weniger an betriebswirtschaftlich sinnvoller Betreibbarkeit einer Produktionsanlage; andererseits sind Mensch und Umwelt zureichend zu schützen und soziale Zusatzkosten tunlichst zu vermeiden.

Die Bewältigung dieses Zielkonflikts läßt mehrere Lösungen zu. Sie erfordert bei entsprechender gesellschaftlicher Relevanz *politische Entscheidungen*, die in einem demokratisch verfaßten Staat nicht von den Naturwissenschaftlern bzw. Ingenieurwissenschaftlern als solchen, sondern von den hierzu *demokratisch legitimierten Organen der Staatsgewalt* zu treffen sind. In erster Linie ist hierzu – besonders bei fehlendem gesellschaftlichen Grundkonsens – der Gesetzgeber berufen, im übrigen die Exekutive, vor allem die Regierung. Selbst auf fundamentale, politisch höchst umstrittene Fragen aus diesem oder jenem Bereich des Umweltschutzrechtes gibt indessen der – in weniger wesentlichen Fragen zuweilen überaus regelungsfreudige – Gesetzgeber keineswegs immer rechtzeitig die von der zweiten und dritten Gewalt dringend benötigten klaren normativen Antworten. Ein nicht erreichter und auch nicht erreichbarer Idealzustand wäre es, wenn die jeweils im Einzelfall aufgrund des Rechts der technischen Sicherheit und des sonstigen Umweltschutzrechts zu treffende Entscheidung von der Rechtsordnung eindeutig programmiert wäre. Stattdessen ist nicht selten ein Regelungsdefizit festzustellen, das zunächst von der Verwaltung, dann aber – und zwar „letztverbindlich" – von den Gerichten durch konkretisierende Gesetzesinterpretation oder durch „rechtsfortbildende" Rechtsergänzung mehr oder weniger plausibel ausgefüllt wird.

b) Zur Frage des „Wie" einer gebotenen Risikominderung:

An den ersten Fragenkomplex, der sich um das „Ob" einer Risikoreduzierung rankt, schließt sich im Bezug eines konkreten technischen Systems in der Regel noch ein zweiter Fragenkomplex an. Wenn nämlich die beiden unter 1.4 a) erörterten Hauptfragen im Einzelfall dahin zu beantworten sind, daß ein in dieser oder jener Hinsicht noch vorhandenes bestimmtes Risiko so nicht hingenommen werden kann, daß es vielmehr noch zureichend gemindert werden muß, dann ist zunächst einmal problematisch, auf welchem Wege diese (weitere) Risikominderung vorzunehmen ist, welche geeigneten organisatorischen und/oder technischen Maßnahmen somit vorgesehen werden müssen, um – im Rahmen des zugrunde gelegten deterministischen oder probabilistischen Sicherheitskonzepts – das für notwendig erachtete Ausmaß der Risikominderung zu realisieren.

Die damit aufgeworfenen Fragen sind erneut auf zwei verschiedenen Ebenen zu beantworten, wobei auf der ersten Ebene wiederum die mit wissenschaftlichen (insbesondere natur- und ingenieurwissenschaftlichen) Methoden aufzuklärenden Fakten in Rede stehen, auf der zweiten Ebene dann wiederum deren rechtliche Wertung nach einem – nicht, oder jedenfalls nicht unmittelbar von Wissenschaft und Technik, sondern von der Rechtsordnung bereitzustellenden – normativen „Erforderlichkeitsmaßstab".

a) Zunächst ist es offensichtlich auch hier wieder die Aufgabe von *Sachverständigen*, die auf der Tatsachenebene in Betracht kommenden alternativen Möglichkeiten der Risikominderung zu erhellen (einschließlich der mit jeder Alternative verbundenen finanziellen oder sonstigen, über die konkrete Risikominderung hinausreichenden, möglicherweise zu andersartigen neuen Risiken hinzuführenden Konsequenzen).

β) Hingegen hat die dann vorzunehmende dezisionistische Auswahl unter den von Sachverständigen dargelegten, in Betracht kommenden Alternativen erneut den Charakter einer *Bewertung*, zu deren Bestätigung (oder gar Vornahme), wenn sie verbindlich sein soll, auch hier nicht der Naturwissenschaftler oder der Techniker als solcher berufen sein kann, sondern nur das entscheidungskompetente Staatsorgan. Andererseits ist es mit der helfenden und betrachtenden Funktion des Sachverständigen selbstverständlich vereinbar, wenn dieser seinerseits solche Bewertungs- und Realisierungsvorschläge unterbreitet, die er aufgrund seiner besonderen Sachkunde und Erfahrung favorisiert.

2 Technische Risiken als Gegenstand der Rechtsetzung

2.1 Ambivalenz der Technik

Die Technik, die unter mannigfachen Aspekten Gegenstand der Rechtsordnung ist [2] (vgl. hierzu auch die Anlage S. 234), ist als Ergebnis angewandter Naturwissenschaft der Welt des Seins zugeordnet. Hingegen hat es das objektive Recht mit Gesetzen aus der Welt des Sollens zu tun und mit wertgebundenen Zielen. Es begreift den technischen Fortschritt als das, was im Sinne politischer Leitentscheidungen des Verfassungs- und Gesetzgebers oder der Regierung gesellschaftlich wünschenswert oder tolerabel erscheint, mag es sich dabei um die Ziele und Zwecke selbst, um die Mittel zur Zweckverwirklichung oder aber um beides handeln. Diese Normen haben es – schrecklich vereinfacht formuliert – mit Fluch und Segen der Technik, also mit ihrer Ambivalenz zu tun. Indessen droht der dynamische technische Fortschritt den Rechtsnormen, die seinen Lauf auf unbedenklichem Kurs halten sollen, wegen des mehr statischen Charakters der Rechtsordnung immer wieder davonzulaufen. Diese versucht mit verschiedenen, mehr oder weniger geeigneten Mitteln eine solche Diskrepanz nach Möglichkeit zu vermeiden.

2.2 Rechtsetzung durch Legislative und Exekutive

Was nun speziell das technische Risiko anbetrifft, so ist dieses zum Zwecke seiner normativen Begrenzung Gegenstand der Rechtsetzung, d.h. der *Gesetzgebung* oder der *Rechtsverordnung* in Gestalt von

– Beschaffenheitsregeln für technische Anlagen und Gegenstände sowie von
– Verhaltens- (Betriebs-)Regeln, gerichtet insbesondere an die Adresse von Inhabern technischer Gegenstände, von Betreibern technischer Anlagen usw.

Es geht hier um Rechtssätze, die sich – soweit sie dem öffentlichen Recht zuzuordnen sind – häufig der Rechtsfigur des sogen. „Verbots mit Erlaubnisvorbehalt" bzw. des „Verbots mit Befreiungsvorbehalt" bedienen. Solche Rechtssätze sind von der Verwaltung „durchzuführen" und zwar insbesondere bei der behördlichen Gestattung genehmigungsbedürftiger technicher Anlagen, aber auch (z.B. hinsichtlich des Erlassens nachträglicher Schutzauflagen) bei der Aufsicht über technische Anlagen. Außerdem sind diese Rechtssätze, die – mehr oder weniger deutlich – die Grenzen des rechtlich Zulässigen und den Umfang des rechtlich Gebotenen abstecken, im Streitfall von den Gerichten anzuwenden, also etwa von den Verwaltungsgerichten, wenn sie im Rahmen ihres Rechtsschutzauftrages hoheitliche Maßnahmen (z. B. Genehmigungen oder Schutzauflagen) auf ihre Rechtsmäßigkeit zu kontrollieren haben.

2.3 Insbesondere: Generalklauseln

Schwierig ist die Frage, welcher Konkretionsgrad auf Gesetzgebungsebene möglich und wünschenswert ist. Einerseits geht es zuweilen um sehr wesentliche, die gesellschaftliche Akzeptabilität technischer Systeme oder Verfahrensweisen berührende Frage, die der Gesetzgeber schon im Interesse der Rechtssicherheit, aber auch wegen bestehender Wertungskontroversen möglichst selbst regeln sollte; andererseits nötigt das unaufhörliche Fortschreiten von Wissenschaft und Technik, also der Fortschritt des Standes der Erkenntnis möglicher technischer Risiken und des Standes der Entwicklung praktikabler technischer Risikobegrenzungsstrategien dazu, eine flexible, auf das jeweilige Projekt und den jeweiligen sicherheitswissenschaftlichen Erkenntnisstand zu beziehende Konkretisierung der normativen Anforderungen zu ermöglichen und zwar so, daß die Norm dem Einzelfall gerecht werden kann und daß sie nicht ständig von der Wirklichkeit überrollt wird.

Insbesondere dieser letztgenannte Gesichtspunkt führt of dazu, daß sich entweder der Gesetzgeber mit generalklauselartigen Schadensvorsorgegeboten begnügt – Beispiele sind in der Anlage (S. 235) aufgeführt –, wobei er deren konkretisierende Umsetzung auf den Einzelfall dem Gesetzesanwender überläßt, oder aber, daß der Gesetzgeber unter Vorgabe eines Regelungsprogramms die Exekutive ermächtigt, das Nähere durch Rechtsverordnung zu regeln. Es liegt jedoch auf der Hand, daß die Verwendung unbestimmter, konkretisierungsbedürftiger Gesetzesbegriffe zu erheblicher Rechtsunsicherheit und zu divergierenden Entscheidungen der Verwaltungsgerichte führen kann. Gerade dort, wo es sich um „Industriezulassungsrecht" handelt, ist dies dann besonders mißlich, wenn damit das – wegen des erheblichen Investitionsrisikos gerade in diesem Bereich – notwendige (hohe) Maß an Vorhersehbarkeit nicht erreicht wird. Dieses Defizit wiegt umso schwerer, weil heutzutage praktisch jede behördliche Genehmigung eines großtechnischen Projektes von potentiell Betroffenen, hinter denen häufig Bürgerinitiativen stehen, vor dem Verwaltungsgerichten angefochten wird. Sollte dann noch, was die Regel ist, der Prozeß durch die Instanzen getrieben werden, so mag es viele Jahre dauern, bis schließlich eine rechtskräftige Entscheidung vorliegt.

3 Technische Risiken als Gegenstand der Rechtsanwendung, d. h. als Gegenstand administrativer oder gerichtlicher Entscheidungen

3.1 Anwendung des technischen Sicherheitsrechts durch die Exekutive

Die *Verwaltung* hat die vollzugsbedürftigen Normen des technischen Sicherheitsrechts und des Umweltschutzrechts bei der Erteilung von Genehmigungen, bei der Anordnung von Aufsichtsmaßnahmen usw. durchzuführen, d. h. in rechts- und sachangemessene administrative Einzelakte umzusetzen. Soweit hier etwa für den Einzelfall zu prüfen ist, welche Schadensvorsorge nach Maßgabe der unbestimmten Gesetzesbegriffe „anerkannte Regeln der Technik", „Stand der Technik" oder gar „Stand von Wissenschaft und Technik" (vgl. die Anlage) erforderlich ist, bedarf es der Gesetzeskonkretisierung, d.h. der Beantwortung der bereits unter 1.4 angeführten Fragen gerade für diesen Einzelfall.

Dabei mag den Behörden ihre Tätigkeit durch sog. *Verwaltungsvorschriften* erleichtert werden. Bei diesen handelt es sich um generelle Regelungen, die von der Verwaltung auf höherer hierarchischer Stufe für sich selbst, also sozus. für den „Hausgebrauch" erlassen werden, die aber bekanntlich keinen Rechtssatzcharakter haben, so daß an diese Vorschriften zwar die durch sie angesprochenen Behörden, prinzipiell aber nicht die Gerichte gebunden sind. Solche Verwaltungsvorschriften haben gesetzesinterpretierenden oder – soweit der Verwaltung bei der Entscheidung ein Verhaltensermessen eingeräumt ist – u.U. auch ermessensbindenden Charakter.

Beispiel: Die Technische Anleitung zur Reinhaltung der Luft (TA Luft) von 1974, deren Änderung und Ergänzung beabsichtigt ist, wurde von der Bundesregierung nach Anhörung der beteiligten Kreise (§ 51 BImSchG) aufgrund gesetzlichen Auftrags (§ 48 aaO) als Verwaltungsvorschrift erlassen. Sie soll den Behörden u.a. die Beantwortung der Frage erleichtern, ob im Sinne des BImSchG eine bestimmte (und in bestimmter Weise ermittelte) Schadstoffimmission den Charakter einer schädlichen Umwelteinwirkung hat. Obwohl sie die Gerichte nicht bindet, hat das Bundesverwaltungsgericht in seinem VOERDE-Urteil vom 17.2.1978 (BVerwGE 55, 250) die in der TA Luft wiedergegebenen Immissionswerte als gleichsam „*antizipierte Sachverständigengutachten*" mit der Folge qualifiziert, daß sie (vorbehaltlich neuerer, besserer Erkenntnisse) auch einer verwaltungsgerichtlichen Entscheidung zugrundezulegen seien.

3.2 Anwendung des technischen Sicherheitsrechts durch die Judikative

Außerdem haben aber auch die (auf Anruf) zur „Letztentscheidung" berufenen *Gerichte* diese Normen des technischen Sicherheitsrechts anzuwenden, sei es, daß im Rechtsstreit die Erteilung einer versagten Genehmigung vom Unternehmer eingeklagt, der Erlaß einer Schutzauflage von diesem angegriffen, oder daß eine erteilte, den Unternehmer begünstigende Genehmigung von potentiell belasteten Dritten angefochten wird. Im letzteren Fall haben die Verwaltungsgerichte aber nur nachzuprüfen, ob die hoheitliche Maßnahme gerade gegen solche Normen verstößt, die (zumindest auch) den Schutz oder die Förderung von Interessen des jeweiligen Klägers intendieren (Schutznormen); dies ist aber bei Normen des technischen Sicherheitsrechts im Verhältnis zu den potentiell gefährdeten Dritten praktisch immer der Fall, wenn von der Norm gerade die Beherrschung eines solchen Risikos beabsichtigt ist, dessen Verwirklichung zu einer Schädigung von Lebens- oder Sachgütern des Dritten führen müßte.

a) Soweit es dem Verwaltungsrichter obliegt, bei der Rechtskontrolle einer administrativen Genehmigungs- oder Aufsichtsentscheidung technische Risiken zu ermitteln und zu bewerten, fehlt es ihm in der Regel an Sachverstand, häufig aber obendrein noch an klaren, normativ vorgegebenen Bewertungs-, d.h. Kontrollmaßstäben. Wenn fundamentale Wertungsfragen in Rede stehen, deren Beantwortung nicht mehr auf der Basis eines gesellschaftlichen Grundkonsenses möglich erscheint, ist an sich nach unserem Verfassungsverständnis zu einer – im Grunde hochpolitischen – Wertung nicht der Richter, sondern nur der Gesetzgeber berufen, weil nur diesem die unmittelbare demokratische Legitimation eignet, bedeutende gesellschaftliche Minderheitsgruppen zu „majorisieren". Wenn jedoch der Gesetzgeber nicht den Willen oder nicht die Kraft zur Entscheidung hat, dann darf sich andererseits der Richter gleichwohl nicht mit einem „non liquet" begnügen.

b) Ein Sachverhalt kann vom Richter sinnvoll erst dann rechtlich gewürdigt werden, wenn dieser Sachverhalt im Rahmen des Rechtsschutzauftrags zureichend ermittelt und unter den im Rechtsstreit rechtserheblichen Aspekten aufbereitet ist. Mag auch eine gewisse tatsächliche Vermutung dafür sprechen, daß bereits die zuständige Behörde alle für ihre Entscheidung maßgeblichen Tatsachen kundig gesammelt und ausgewählt hat, so können sich gleichwohl – z.B. aufgrund unzureichender oder fehlerhafter Expertisen – administrative Fehlleistungen ereignen. Dies vor allem bei Projekten der Großtechnik, bei denen selbst ein Insider, auch wenn er Naturwissenschaftler oder Ingenieur ist, kaum noch die Fähigkeit hat, die funktionellen technischen Zusammenhänge der komplexen Systeme bis in die Einzelheiten zu überblicken. Für den Verwaltungsrichter türmen sich solche Schwierigkeiten natürlich besonders hoch. Ohne einen substantiierten und fundierten Angriff von Klägerseite auf das Ermittlungsergebnis des Verwaltungsverfahrens oder auf die aus ihm gezogenen administrativen Konsequenzen kann er Notwendigkeit und Umfang zusätzlicher Beweiserhebung oft kaum beurteilen. Trotzdem hat er sich bei der Vorbereitung der Beweisaufnahme kritisch nicht nur gegenüber dem Vorbringen einzustellen, das von den interessierten Prozeßbeteiligten präsentiert wird; er hat vielmehr auch wachsam insofern zu sein, als u.U. manches, was an sich rechtserheblich ist, gerade nicht vorgetragen wird. Jedenfalls hat der Verwaltungsrichter zwecks Prüfung, ob bzw. inwieweit im Einzelfall dem – von ihm zu konkretisierenden – gesetzlichen Schadensvorsorgegebot (Abschn. 1.1) entsprochen ist, von Amts wegen den im Rahmen des Streitgegenstandes entscheidungserheblichen Sachverhalt zu erforschen (sog. Untersuchungsgrundsatz). Richterliche Ermittlungsaktivitäten sind nach der höchstrichterlichen Rechtsprechung (nur) dann erforderlich, wenn sich dem Richter die Notwendigkeit weiterer Aufklärungsmaßnahmen geradezu „aufdrängt", m.E. aber schon dann, wenn weitere Ermittlungen von den Umständen nahegelegt werden. Zumindest besteht im letzteren Falle eine richterliche Aufklärungsbefugnis.

Zu dem entscheidungserheblichen Tatsachenmaterial gehört nun bei den hier interessierenden Verwaltungsstreitverfahren vor allem die Aufklärung von Art und Ausmaß bestimmter technischer Risiken sowie die Ermittlung der risikoreduzierenden Effizienz in Betracht kommender technischer oder organisatorischer Schutzvorkehrungen. Daran schließt sich die rechtliche Würdigung an. Hinsichtlich der „Kompetenzverteilung" zwischen dem Richter als Rechtsanwendungsorgan und dem Sachverständigen – dieser ist der Idee nach Richtergehilfe –, darf zunächst einmal auf die bereits angestellten grundsätzlichen Erwägungen (Abschn. 1.4) verwiesen werden. Ergänzend scheinen mir noch folgende Bemerkungen angezeigt:

a) Was zunächst die *Risikoermittlung* und die *Beurteilung der Eignung von Schadensvorsorgemaßnahmen* anbetrifft, so muß sich der Verwaltungsrichter zwecks Aufklärung des entscheidungsrelevanten Sachverhalts sowie zwecks Aufhellung naturgesetzlicher Vorgegebenheiten und Zusammenhänge des Sachverständigen insoweit bedienen, als der Sachverhalt überhaupt noch aufklärungsbedürftig ist. Dabei kann für bestimmte spezialtechnische Gebiete das wünschenswerte Maß „innerer Unabhängigkeit" des Sachverständigen zum Problem werden. Abgesehen davon kann es bei komplexen, naturwissenschaftlich- technisch geprägten Sachverhalten zu einer die Aufnahmefähigkeit aller Prozeßbeteiligten auf Äußerste strapazierenden Beweisaufnahme etwa dann kommen, wenn der Richter nach materiellem Recht gehalten ist, das Schadensvorsorgegebot auf der Grundlage des neuesten Standes von Wissenschaft und Technik anzuwenden (vgl. Ziff. IV der Anlage, S. 236).

Beispiel: Mit der Vernehmung von 53 Sachverständigen in der mündlichen Verhandlung des Prozesses um das KKW Süd (Wyhl) durch das Verwaltungsgericht Freiburg dürfte wohl die äußerste Grenze dessen erreicht worden sein, was von einem Gericht für die Wahrheitsfindung noch verarbeitet werden kann.

Der Verwaltungsrichter, der sich in aller Regel kein Urteil darüber anmaßen kann, ob eine naturwissenschaftliche oder technische Expertise „richtig" oder „falsch" ist, muß sich meist glücklich schätzen, wenn es ihm – etwa nach Befragung des Sachverständigen und nach Überwindung der oft erheblichen terminologischen Hürden – gelingt, eine solche Expertise daraufzu überprüfen, ob sie einsichtig und schlüssig ist. Dabei mögen die Ausführungen der Experten zum Ziele haben, dem Gericht Erfahrungs- oder Lehrsätze in ihrem abstrakten Inhalt zu dem Zweck zu vermitteln, daß der Richter sie auf den konkreten Sachverhalt anwenden kann; es mag aber auch darum gehen, daß das Fachwissen des Sachverständigen und die von diesem getroffenen Feststellungen dem Gericht überhaupt erst die Erkenntnis bestimmter Tatsachen ermöglichen. Soweit es um den kritischen Nachvollzug derartiger, vom Sachverständigen getroffener Feststellungen (z. B. Prognosen) geht, wird sich der Richter auf die Überprüfung zu beschränken haben, ob diese Feststellungen nach der Beurteilung maßgeblicher Fachkreise in einer der jeweiligen Materie angemessenen und methodisch vertretbaren Weise erarbeitet worden sind.

Im übrigen dürfen sich die Gerichte bei der Einschätzung technischer Standards für die Begrenzung der Möglichkeiten künftigen Schadens nach dem bereits unter 3.1 zitierten VOERDE-Urteil des Bundesverwaltungsgerichts beim Vorliegen von Kenntnislücken bzw. Unsicherheiten im Bereich der naturwissenschaftlichen und technischen Feststellungen und Beurteilungen mit der Aufklärung begnügen, ob die Grenzen der sich hieraus ergebenden „Bandbreite" eingehalten worden sind. Es ist nicht Aufgabe der Gerichte, aus den divergierenden, wissenschaftlich vertretbaren und vertretenen Auffassung die nach ihrer Meinung richtige Auffassung zu selektieren. Im Zweifel ist dann eben nach der objektiven Beweislast zu entscheiden.

β) Was die *rechtliche Würdigung* des Sachverhalts anbetrifft, so setzt Kontrolle einen Kontrollmaßstab voraus. Diesen stellt der Idee nach das objektive Recht zur Verfügung. In aller Regel muß aber der Richter diesen an sich vorgegebenen Kontrollmaßstab erst handlich machen und zwar dadurch, daß er die anzuwendenden Normen im Hinblick auf den Einzelfall nach bewährten richterlichen Kunstregeln konkretisiert, notfalls sogar ergänzt. Insbesondere bei der rechtlichen *Bewertung des* mit Hilfe von Sachverständigen ermittelten konkreten *technischen Risikos* und bei der Beantwortung der Frage, ob im Hinblick auf dieses Risiko *weitere Schadensvorsorgemaßnahmen* – und ggf. welche – *geboten* sind, ist die Gefahr besonders groß, daß eine möglicherweise problematische, jedenfalls diskussionsfähige Entscheidung der Verwaltung (z. B. die Erteilung einer atom- oder immissionsschutzrechtlichen Teilgenehmigung) durch eine nicht minder problematische gerichtliche Entscheidung ersetzt wird. (Die Verwaltungsgerichte haben gegenüber dem Kläger eine Rechtsschutzfunktion und in diesem Rahmen gegenüber der Verwaltung eine Rechtskontrollfunktion auszuüben; sie sind nicht quasi zu einer Wiederholung des Genehmigungsverfahrens berufen). Diese Gefahr beruht insbesondere darauf, daß nach ständiger, vom Schrifttum zuweilen problematisierter Rechtsprechung den Verwaltungsbehörden auf dem Gebiet des technischen Sicherheitsrechts bei der Anwendung der unbestimmten Gesetzesbegriffe kein sog. *„Beurteilungsspielraum"* zusteht. Unter der Zubilligung solcher Beurteilungsspielräume versteht der Jurist die Normierung von sozusagen „gerichtsfreien" administrativen Freiräumen, und zwar nicht im Bereich der Rechtsfolgenermittlung – das wäre Ermessen –, sondern im Bereich der (nicht immer nur kognitiven) Erfassung von Rechtsfolgevoraussetzungen. Dabei geht es um gewisse unbestimmte normative Tatbestandsmerkmale, wie etwa um die „Zuverlässigkeit" einer Person, um die „Eignung" einer Maßnahme usw. Die Gerichte können hier ggf. nur nachprüfen, ob die Verwaltung bei der Gesetzesanwendung die – durch Interpretation zu erhellenden – Grenzen eines solchen Beurteilungsspielraums überschritten hat.

3.3 Beispiele schwerwiegender Unsicherheitsfaktoren der Risikoeinschätzung

Nur nebenbei sei darauf hingewiesen, daß eine realistische *Beurteilung großtechnischer Risiken*, also etwa die Beurteilung gewisser mit dem Betrieb einer großchemischen Produktionsanlage oder mit dem Betrieb eines Kernkraftwerks verbundener Risiken, m. E. insbesondere unter zwei typischen *Unsicherheitsfaktoren* leidet:

a) Was zunächst die Risikokomponente „Eintrittswahrscheinlichkeit" (Abschn. 1.3) anbetrifft, so hat der TMI-2-Reaktorstörfall von Harrisburg/USA vom Frühjahr 1979 u. a. die alte Erfahrung bestätigt, daß für den Grad der Sicherheit großtechnischer Anlagen die – objektiver statistischer Erfassung schwerlich hinreichend zugängliche – *Unzulänglichkeit des Faktors Mensch* eine entscheidende Rolle spielt. Menschliches Versagen kann sich sowohl auf der „Planungsstufe" (intellektuelles Versagen) als auch auf der „Durchführungsstufe" (intellektuelles und/oder charakterliches Versagen) ereignen. Die Frage ist: In welchen Bereichen und inwieweit kann hier eine Vervollkommung der Automatisierung der Sicherheitssysteme helfen, wann und wie muß ein menschlicher Eingriff in den automatisierten Prozeß erschwert oder gar unmöglich gemacht werden, wann muß gleichwohl bei technischem Versagen ein menschlicher Steuereingriff immer möglich bleiben, wie kann dem Bedienungspersonal einer großtechnischen Anlage (z. B. dem Schichtpersonal eines KKW) trotz der etwaigen, durch den Eintritt eines Störfalls provozierten Streßsituation die zuverlässige und schnelle Diagnose der Störfallursache erleichtert werden (z. B. durch Verbesserung der Meßtechnik und Instrumentierung zwecks Verbreiterung des Informationsflusses, durch optimale ergonomischer Gestaltung der Schaltwarte eines KKW) usw.? Hier gibt es sicherlich noch wichtige Bereiche, die weiterer intensiver Forschungsarbeit zugänglich und bedürftig sind.

b) Hinsichtlich der Risikokomponente „Schadensausmaß" (Abschn. 1.3) geht es, soweit ein großer Unfall unter Freisetzung erheblicher Mengen radioaktiver Stoffe oder giftiger Schadstoffe in Betracht zu ziehen ist, um zureichende, nach dem Schadensvorsorgegebot rechtzeitig zu planende *Katastrophenschutzmaßnahme*. Auch hier stimmen die in Harrisburg gemachten Erfahrungen insbesondere in den Bereichen Information, Kommunikation, Situationsbeurteilung und Entscheidungsrationalität nicht gerade optimistisch. Es dürfte z. B. notwendig sein, die vorhandenen standortbezogenen Katastrophenschutzpläne nicht nur nach Bedarf inhaltlich fortzuschreiben und ihre sicherheitsunempfindlichen Teile öffentlich bekannt zu machen, sondern auch, sie in der Umgebung kerntechnischer Anlagen in Teilen mit der umfassend zu informierenden Bevölkerung gelegentlich einzuüben, die Krankenhäuser im potentiellen Einwirkungsbereich von technischen Großanlagen zureichend auf den Notfall vorzubereiten u.a.m. Bloße Alarm-, Stabsrahmen- oder Einsatzgruppenübungen reichen m.E. nicht aus, um wichtige lokalspezifische Erfahrungen zu machen und eine bestmögliche Notfallvorsorge zu gewährleisten.

4 Rechtspolitisches

Es ist bereits eine Vielzahl von Vorschlägen unterbreitet worden, um den angedeuteten, beim Vollzug des technischen Sicherheitsrechts auftretenden Mängel bei voller Wahrung aller berechtigten Sicherheitsinteressen wirksam zu begegnen. Einige dieser Vorschläge, von denen m.E. kaum einer wirklich befriedigend ist, sollen nachfolgend noch referiert bzw. kritisch erörtert werden.

4.1 Begrenzung der richterlichen Kontrolldichte

a) Auf der Grundlage des geltenden materiellen Rechts der technischen Sicherheit und des geltenden Verwaltungsprozeßrechts ist die Intensität der sog. „richterlichen Kontrolldichte" keiner Manipulation im Sinne eines *judicial self-restraint* zugänglich. Man hat deswegen die gesetzliche Einführung administrativer *Beurteilungsspielräume* (Abschn. 3.2 b, β) befürwortet. Ich würde dem vorsichtig dort zustimmen, wo bei der Konkretisierung unbestimmter (normativer oder u.U. auch deskriptiver) Gesetzesbegriffe des Rechts der technischen Sicherheit entweder Zumutbarkeitserwägungen (im Rahmen normativer Gesetzesbegriffe) oder Erwägungen prognostischer Art (im Rahmen auch deskriptiver Gesetzesbegriffe) eine bedeutende Rolle spielen. Bei der Ermittlung des „reinen" Stands der Technik ist dies allerdings nie der Fall.

b) Man hat ferner für die deutsche Verwaltungsgerichtsbarkeit die Übernahme des sog. „*amerikanischen Modells*" befürwortet. Wo ähnlich in den USA das technische Sicherheitsrecht und das sonstige Umweltschutzrecht von Behörden des Bundes zu vollziehen ist, überprüfen die Gerichte die getroffene administrative Entscheidung im Prinzig nicht auf ihre sachliche Richtigkeit [3], insbesondere nicht auf ihre Tatsachenrichtigkeit. In erster Linie kontrollieren sie (und zwar streng), ob ein *faires Verfahren* eingehalten wurde; ist dies der Fall, dann darf aufgrund des Sachverstandes des entscheidenden Verwaltungsorgans sowie aufgrund des den Verfahrensbeteiligten ermöglichten hohen Informationsstandes die inhaltliche Richtigkeit der getroffenen Entscheidung unterstellt werden. Bei uns würde die Einführung dieses Modells an Art. 19 Abs. 4 des Grundgesetzes scheitern. Der zum KKW Mühlheim-Kärlich ergangene Beschluß des Bundesverfassungsgerichts vom 20.12.1979 (BVerfGE 53, 30) hat jedoch auch bei uns dem Gedanken des vorbeugenden „Grundrechtsschutzes durch Verfahren" mehr Gewicht verliehen, was künftig zu einer Annäherung an das amerikanische Modell führen könnte.

4.2 Begründung einer Entscheidungskompetenz von Sachverständigen

Um dilettantische Entscheidungen durch Juristen bzw. „Nur-Juristen" zu vermeiden, um somit eine höhere Sachrichtigkeit der bei der Anwendung des technischen Sicherheitsrechts bzw. des Umweltschutzrechts zu treffenden Entscheidungen zu gewährleisten, werden verschiedene rechtspolitische Konzeptionen diskutiert.

a) Man hat z. B. für den Bereich der Genehmigung großtechnischer Anlagen die Bildung *sachverständiger*, repräsentativer, *weisungsungebundener* und im Einzelfall *entscheidungsbefugter Fachgremien* vorgeschlagen. Dieser Konzeption steht m. E. das Prinzip der parlamentarischen Verantwortlichkeit entgegen.

Sachlich würde sich an diesen Bedenken nicht allzuviel ändern, wenn solche Kollegialorgane zwar nicht selbst zur unmittelbaren hoheitlichen Einzelfallregelung im Wege des Erlasses von Verwaltungsakten (insbesondere also Genehmigungen) ermächtigt wären, wenn aber von ihnen getroffene sachverständige Feststellungen zu wesentlichen Sicherheitsfragen für die Rechtsanwendungsorgane (insbesondere also für Genehmigungs- bzw. für die Aufsichtsbehörden) nach materiellem Recht in jeder Hinsicht verbindlich sein sollen. Diskutabel wäre m. E. allenfalls, daß „Unbedenklichkeitsatteste" solcher Gremien, sofern letztere aufgrund Gesetzes konstituiert sind und in einem gesetzlich geordneten Verfahren tätig werden, vom materiellen Recht zur Voraussetzung einer behördlichen Genehmigungserteilung gemacht werden.

Abgesehen von den angedeuteten verfassungsrechtlichen (oder doch zumindest verfassungspolitischen) Bedenken ist schwerlich zu bestreiten, daß das breite Spektrum der Spezialfragen, die sich allein im Bereich des technischen Sicherheitsrechts stellen, selbst von dem Sachverstand, der sich mit einem Dutzend Personen mobilisieren läßt, keineswegs vollständig abzudecken wäre.

b) Dieser letztgenannte Gesichtspunkt steht m. E. auch der zuweilen geforderten Änderung des Gerichtsverfassungsrechts durch Einführung eines sogen. „*technischen Richters*" (etwa nach dem Vorbild des Bundespatentgerichts) für die Entscheidung umweltrelevanter Rechtsstreitigkeiten entgegen.

4.3 „Verrechtlichung" konkreter technischer Sicherheitsanforderungen

Es gibt das gewiß nicht seltene Phänomen der perfektionistischen Vorschriftenüberproduktion. Andererseits finden sich aber auch Regelungsdefizite mit ihren schon angeführten, z. T. mißlichen Konsequenzen für die staatlichen Rechtsanwendungsorgane.

In manchen sicherheitstechnisch relevanten Bereichen sind bereits durchnormierte mehrstufige Regelungssysteme nach dem Schema „Gesetz – Rechtsverordnung – Verwaltungsvorschrift – technische Regeln" vorhanden, z. B. im Recht der überwachungsbedürftigen Anlagen i.S. des § 24 GewO (vgl. die Anlage), teilweise auch im Bauordnungsrecht usw. Daran fehlt es aber noch in anderen Bereichen, z. B. im Recht der nukleartechnischen Sicherheit.

a) Überall da, wo der Rechtsanwender durch die Norm auf die Feststellung der „anerkannten Regeln der Technik", des aktuellen „Standes der Technik" oder etwa des „Standes von Wissenschaft und Technik" verwiesen ist (vgl. die Anlage), bilden Anhaltspunkte für die jeweiligen Anforderungen bezüglich der Konkretisierung gesetzlicher Schutzziele die einschlägigen, nach gewissen Zeitabständen jeweils fortgeschriebenen (amtlichen oder privaten) technisch-wissenschaftlichen Richtlinien und Regelwerke[4], also die sogen. außerrechtlichen „*überbetrieblichen technischen Normen*". Man denke an die sicherheitstechnischen Regeln des Kerntechnischen Ausschusses[5], an die DIN-Normen der Fachausschüsse im Deutschen Institut für Normung e.V. (z. B. des Normausschusses Kerntechnik), an die Richtlinien des Vereins deutscher Ingenieure, an die DVGW-Arbeitsblätter usw. Diese „technischen

Normen" haben (im Widerspruch zu ihrer Bezeichnung) aus rechtlicher Sicht keine normative Kraft, sind also als solche für die Behörden und Gerichte nicht verbindlich.

Seit geraumer Zeit wird darüber diskutiert, ob es nicht möglich ist, im Interesse der Rechtssicherheit diese *technischen Standardregeln in die einschlägigen Normen des Sicherheitsrechts* mit der Folge *zu inkorporieren*, daß Behörden und Gerichte an sie gebunden sind.

Beispiel: In § 1 der schon 1937 erlassenen 2. DVO zum Energiewirtschaftsgesetz von 1935 wird normiert, daß elektrische Energieanlagen und Energieverbrauchsgeräte nach den anerkannten Regeln der Elektrotechnik einzurichten und zu unterhalten sind, und daß als solche Regeln die Bestimmungen des Verbandes Deutscher Elektrotechniker (VDE) gelten (sog. „gleitende Pauschalverweisung"). Oder: § 35 h StVZO kennzeichnet das in Kraftfahrzeugen mitzuführende „Erste-Hilfe-Material" nach gewissen DIN-Normen bestimmten Ausgabedatums (sog. „starre Verweisung").

Hier kommt jedoch die rechtliche Verweisungsproblematik sowie die Problematik der Zusammensetzung, der Verfahrensweise und der Möglichkeit der Kontrolle der Normungsgremien ins Spiel. Dazu im einzelnen:

a) Wenn es für den Rechtsanwender darum geht, den „Stand der Technik" (vgl. die Anlage) zu ermitteln, um dann hieraus und aus den anderen Tatbestandsmerkmalen der anzuwendenden Norm des technischen Sicherheitsrechts die zwecks Schadensvorsorge im Einzelfall gebotene Rechtsfolge zu bestimmen und zu verlautbaren, dann sind zwar die Wahrnehmung *dieser* Aufgabe rechtliche, auf die Verhältnismäßigkeit oder Zumutbarkeit technischer Maßnahmen bezogene Wertungsfragen zu stellen und zu beantworten, prinzipiell aber nicht bereits im Rahmen der von privaten Gremien übernommenen Aufgabe, den sozusagen „reinen" Stand der Technik in technischen Regeln wiederzugeben. Leider werden aber von den sachverständigen Gremien, die technische Regeln aufstellen, nicht selten – über die ihnen kraft besonderen Sachverstands möglichen und von ihnen daher erwarteten naturwissenschaftlich-technischen Aussagen hinaus – gerade auch wertende Erwägungen der angeführten Art angestellt, ohne daß dies zureichend transparent gemacht wird. Eine Inhaltskontrolle der Regelungswerke ist daher erschwert. (Hier liegt m. E. ein Feld für weitere Rechtstatsachenforschung). Deswegen bestehen m. E. auch Bedenken, solche Regelwerke, sofern sie eben nicht lediglich naturwissenschaftlich-technische Erkenntnisse kodifizieren, unbesehen als „antizipierte Sachverständigengutachten" (Abschn. 3.1) zu qualifizieren. Dies gilt besonders dann, wenn solche Regelwerke nicht aufgrund gesetzlicher Anordnung und in einem gesetzlich geregelten Verfahren erlassen werden, was zur Folge hat, daß auch eine das Inhaltskontrolldefizit in etwa kompensierende Verfahrenskontrolle nicht möglich erscheint.

β) Weiterhin sollte aber, wenn es hier schon (volens oder nolens) um mehr als um bloße Kognition geht, in größerem Ausmaß als bisher bei allen Normungsinstitutionen gewährleistet sein, daß bei der Erarbeitung technischer Regeln auch potentiell Risiko-Betroffene nicht nur Einspruchsbefugnisse haben, sondern daß sie schon bei der Ausarbeitung der technischen Normen in geeigneter Weise qualitativ zureichend repräsentiert und daß ferner zur Festlegung der Normen qualifizierte Mehrheiten erforderlich sind. Dann kann – trotz etwaiger Wertungen durch das Gremium – die rechtliche Relevanz der technischen Regeln im Rahmen des Schadensvorsorgerechts signifikant gesteigert werden, weil (nur) dann die betroffenen Interessen ausgewogen im Aufstellungsverfahren beteiligt sind und weil (nur) dann die Regeln von einem wahrhaft unabhängigen, repräsentativen und damit neutralen sowie objektiven Expertengremium erarbeitet worden sind. Auswahlkriterien können somit für die Mitglieder solcher Gremien m.E. nicht ausschließlich Sachverstand und Gewissenhaftigkeit sein.

γ) Schließlich ist die Inkorporierung technischer Regelwerke in die materiellen Normen des technischen Sicherheitsrechts aus verfassungsrechtlichen Gründen nach vorherrschender Auffassung dann nicht möglich, wenn (etwa nach dem Vorbild des oben zitierten § 1 der 2. DVO zum EnergWiG) auf bestimmte technische Regeln in ihrer jeweils neuesten Fassung verwiesen werden soll. Dies würde – abgesehen von der rechtsstaatlichen Verkündungsproblematik – zu einer versteckten Verlagerung von Rechtsetzungsbefugnissen (z.B. auf private Normungsverbände) führen. Im Gegensatz zu einer solchen gesetzlichen sogen. *gleitenden* (oder dynamischen) *Verweisung* ist aber eine sogen. *starre* (oder statische), lediglich als Verzicht auf Textwiederholungen zu kennzeichnende *Verweisung* sicherlich dann zulässig, wenn (wie z.B. in § 4 a der 1. BImSchV) die angeführten Regeln nach Gegenstand, allgemein zugänglicher Fundstelle (Normblattnummer) und Erscheinungsdatum im Gesetz genau bezeichnet sind (vgl. hierzu etwa noch § 19 Abs. 3 ChemG). Hier besteht jedoch offensichtlich die Gefahr einer allzu starren Festschreibung von Detailregelungen; dies kann eine sinnvolle Rechtsanwendung erschweren.

b) Um der geschilderten verfassungsrechtlichen Problematik auszuweichen, wurde vorgeschlagen, normativ sogen. *Vermutungsklauseln* vorzusehen. So wird z.B. angeregt, den § 7 Abs. 2 Nr. 3 AtG durch eine beweisrechtliche Regelung etwa folgenden Inhalts zu ergänzen:
„Es wird vermutet, daß in den Regeln des Kerntechnischen Ausschusses der Stand von Wissenschaft und Technik beschrieben wird."
Ebenfalls als eine solche Klausel zur Begründung einer (im Einzelfall widerlegbaren) gesetzlichen Vermutung wäre die Ergänzung zu werten, die im Zuge der seinerzeit geplanten, dann aber zunächst gescheiterten 2. Novellierung des BImSchG mit etwa folgendem Wortlaut vorgeschlagen worden war:
„Werden die Immissionswerte der TA Luft nicht überschritten, ist sichergestellt, daß insoweit keine schädlichen Umwelteinwirkungen hervorgerufen werden."
Solche Klauseln sind als normkonkretisierende Verweisungen verfassungsrechtlich jedenfalls dann zulässig, wenn ihre normativen Vorgaben den Rechtsanwender nicht strikt binden sollen. Indessen können auch hier die unter 4.3 a, *a*) angedeuteten sonstigen Bedenken gegen den Aussagewert der in Bezug genommenen technischen Regeln Gewicht haben.

c) Man hat ferner (schon seit langem) erwogen, sachverständige repräsentative und unabhängige *Fachgremien mit Befugnis zur rechtsverbindlichen technischen Normsetzung* auf dem Gebiet des technischen Sicherheitsrechts oder des Umweltschutzrechts zu konstituieren. Hier wäre indessen das Problem einer hinreichenden demokratischen Legitimation solcher „Unterparlamente" schwer lösbar. Die Realisierung des Vorschlages würde eine Verfassungsänderung erfordern, die nicht zu erwarten ist und die möglicherweise sogar an Art. 79 Abs. 3 GG scheitern müßte.

d) Eine gewisse – wenn auch nur begrenzte – Hilfe für die Beschleunigung der rechtsanwendenden Entscheidungen und für die Reduktion der Entscheidungsmöglichkeiten kann allerdings die *Rechtsverordnung* bieten.

Bei gesetzlichen Generalklauseln, die oft (nur für den Innenraum der Verwaltung) durch Verwaltungsvorschriften konkretisiert werden, sollte man m.E. für geeignete Bereiche der Sicherheitstechnik mehr als bisher an den Erlaß von außenwirksamen Rechtsverordnungen denken. Diese würden einerseits – insoweit in gewisser Weise den Verwaltungsvorschriften vergleichbar – einen höheren Konkretionsgrad als das Gesetz erreichen; andererseits aber würden sie – anders als die Verwaltungsvorschriften – nicht nur die Behörden, sondern (bei Gesetzkonformität) eben auch die Gerichte binden. Der Verordnungsgeber ist funktionell wegen seiner umfassenderen Informationsmöglichkeiten, z.B. der Möglichkeit der Anhörung aller beteiligten Kreise, besser als die Gerichte geeignet, die gesetzlich (etwa aus Praktikabilitätsgründen) nur allgemein umschriebenen Anforderungen im Bereich der Sicherheitstechnik zu konkretisieren. Hinreichend bestimmte gesetzliche Ermächtigungen, die unter rechtsstaatlichem Aspekt zwar nicht für den Erlaß von Verwaltungsvorschriften, wohl aber für den von Rechtsverordnungen unverzichtbar sind (Art. 80 Abs. 1 GG), müßten notfalls geschaffen werden, u.U. sogar in Gestalt von an den Verordnungsgeber gerichteten gesetzlichen Aufträgen, um einer unerwünschten Normierungsabstinenz vorzubeugen. Durch eine auf diese Weise ermöglichte „Verrechtlichung" gewisser grundlegender technischer Sicherheitsanforderungen auf untergesetzlicher Ebene könnte bereits für das Verwaltungsverfahren die Rechtssicherheit erhöht und die auf den Organen der Judikative lastende Bürde, in eigener Verantwortung administrative Risikoabschätzungen und damit gesetzkonkretisierende Bewertungen kontrollieren zu müssen, angemessen erleichtert werden. Natürlich ist der letzte Sicherheitsstand von heute immer der vorletzte von morgen. Daher wären die Rechtsverordnungen des technischen Sicherheitsrechts entsprechend einem bestehenden „Dynamisierungsbedürfnis" von Zeit zu Zeit in Richtung auf die nach neuesten Erkenntnissen jeweils „bestmögliche Schadensvorsorge" fortzuschreiben; das bereitet bei Rechtsverordnungen geringere Schwierigkeiten als bei Gesetzen, die insoweit weit weniger flexibel sind.

Beispiel: Auf der (bisher noch nicht genutzten) Ermächtigungsgrundlage des § 12 Abs. 1 Satz 1 Nr. 1 (i.V.m. § 54) AtG könnten derartige Rechtsverordnungen erlassen werden; z.B. wäre es wohl möglich, die vom Länderausschuß für Atomenergie verabschiedeten, vom Bundesminister des Innern bekanntgemachten und bestätigten Sicherheitskriterien für Kernkraftwerke in Form einer Rechtsverordnung zu erlassen. Diese Kriterien legen im Gegensatz zu den KTA-Regeln (s. Abschn. 4.3.a) noch keine problemlösenden technischen Details fest, sondern formulieren insbesondere die bei der Auslegung und dem Betrieb einer Kernanlage zu beachtenden (dem Schutzzweck des § 1 Nr. 2 AtG dienenden) konkreten Sicherheitsziele. Sinnvoll dürfte es auch sein, hinsichtlich jener „Konzepte" von Kernanlagen, die den Sicherheitsanforderungen i.S. des § 7 Abs. 2 Nr. 3 AtG genügen, normative konkretisierende Bestimmungen auf der genannten Ermächtigungsgrundlage bereitzustellen. Inhaltlich umfaßt der hier zugrundegelegte Begriff des (anlagenspezifischen) Sicherheitskonzepts die für die Störfallbeherrschung wesentlichen Schutzziele, die zu beherrschenden Auslegungsstörfälle und damit die unter diesen Aspekten grundlegenden technischen Systeme, Subsysteme und Komponenten.

e) Nach allem muß m.E. noch intensiv darüber nachgedacht werden, ob sich für die Anwendung des Gebots bestmöglicher Gefahrenabwehr und Risikovorsorge insbesondere im Bereich der atom- und immissionsschutzrechtlichen Anlagengenehmigung die Bereitstellung rechtlich allgemeinverbindlicher Maßstäbe mit einem höheren Konkretionsgrad empfiehlt und auf welchem Wege dies ggf. geschehen soll.

4.4 Verwaltungs- und gerichtsverfahrensrechtliche Vorschläge

Leider kann hier nicht näher auf die rechtspolitischen Vorschläge eingegangen werden, die für den Bereich des formellen Rechts im Hinblick auf bedeutsame umweltrelevante Vorhaben zwecks Verfahrensbeschleunigung diskutiert werden, und zwar sowohl für das *Verwaltungsverfahrensrecht* (z.B. Einführung eines Standortplanfeststellungsverfahrens oder des sog. Konzentrationsprinzips im Atomrecht; funktionsgerechtere Normierung der sog. Öffentlichkeitsbeteiligung usw.) als auch für das *Prozeßrecht* (z.B. Ermöglichung vorgezogener, projektbegleitender richterlicher Kontrollen; Beschneidung der Zahl der Gerichtsinstanzen; Einführung einer Zulassungsberufung usw.).

Anmerkung

* Nach der Abhaltung des Seminars „Risiko und Sicherheitsforschung", bei dem das im Text wiedergegebene Referat (ohne die Anlage) vorgetragen wurde, sind noch zahlreiche fachwissenschaftliche Beiträge erschienen, die sich thematisch mit denselben Problemen befassen. Diese Beiträge, auf deren Einzelnachweis hier verzichtet wird, haben dem Verfasser keine sachliche Korrektur seiner (für die Veröffentlichung redaktionell nochmals überarbeiteten und hier oder dort ergänzten) Darlegungen nahegelegt. Statt einer umfassenden Dokumentation der vom Verfasser verwerteten Literatur und Rechtsprechung darf allgemein auf folgende, jeweils mit zahlreichen Nachweisen versehene Gesamtdarstellungen verwiesen werden:
Aus rechtswissenschaftlicher Sicht:
Plischka: Technisches Sicherheitsrecht, 1969; Marburger: Die Regeln der Technik im Recht, 1979; Lukes: Gefahren und Gefahrensbeurteilungen in der Rechtsordnung der Bundesrepublik Deutschland, in: Gefahren und Gefahrensbeurteilungen im Recht, Teil II, 1980; Degenhart: Kernenergierecht, 1981, Rechtsfragen der atomaren Entsorgung, 1981.
Aus natur- bzw. ingenieurwissenschaftlicher Sicht:
Smidt: Reaktor-Sicherheitstechnik, 1979; Kuhlmann: Einführung in die Sicherheitswissenschaft, 1981.

1 Die im Text folgenden Ausführungen beziehen sich vornehmlich auf das Recht des Arbeits- und Umgebungsschutzes bei der Nutzung komplexer technischer Systeme (insbesondere stationärer Anlagen), nicht aber auf das Recht des Schutzes der Verbraucher vor Produktrisiken.

2 Beispiele: Technisches Sicherheitsrecht, sonstiges Umweltschutzrecht, Arbeitsschutzrecht, Planungsrecht, Haftpflichtrecht, Patent- und Gebrauchsmusterrecht usw.

3 Vgl. aber Yellin: High Technology and the Courts: Nuclear power and the need for institutional reform, in: Harvard Law Review, 94 (1981) 489 ff.

4 In diesem Zusammenhang interessieren nur die sog. „sicherheitstechnischen Regeln" sowie gewisse technische Qualitätsregeln, nicht aber z.B. technische Rationalisierungsnormen.

5 Der ohne gesetzliche Grundlage beim BMI aus sachverständigen Mitgliedern gebildete, von Herstellern, Erstellern und Betreibern von Atomanlagen, Behörden, Organisationen und Kommissionen beschickte Kerntechnische Ausschuß, der den Charakter einer öffentlich-rechtlichen Normungsinstitution hat, konkretisiert und realisiert durch die Aufstellung sicherheitstechnischer Regeln auf Gebieten der Kerntechnik insbesondere die vom Länderausschuß für Atomenergie verabschiedeten Sicherheitskriterien für Kernkraftwerke.

Beispiele unbestimmter Rechtsbegriffe im technischen Recht

(Anlage zum Referat von Prof. Dr. Bender über das technische Risiko als Rechtsproblem)

I Anerkannte Regeln der Technik (bzw. der Sicherheitstechnik)

1 § 2 Abs. 1 S. 3 des Haftpflichtgesetzes i.d.F. von 1978

Nach Satz 2 des Abs. 1 a.a.O. haftet u.a. der Inhaber einer Energieanlage für Personen oder Sachschäden auch dann, wenn sie nicht auf den Wirkungen der Elektrizität, der Gase usw., wohl aber auf dem Vorhandensein der Anlage beruhen, es sei denn, daß sich diese zur Zeit der Schadensverursachung in ordnungsmäßigem Zustand befand. Ordnungsmäßig ist nach Abs. 1 S. 3 a.a.O. eine Anlage,

„Solange sie den anerkannten Regeln der Technik entspricht"

und unversehrt ist.

2 Sonstige Beispiele

Dieser Begriff der „anerkannten Regeln der Technik" wird als pflicht- oder haftungsbegründendes Merkmal auch sonst im öffentlichen oder privaten Recht verwendet. Vgl. etwa § 1 Abs. 1 der 1. DVO sowie § 1 S. 1 der 4. DVO zum EnergWiG; vgl. auch § 4 Nr. 2 Abs. 1 S. 2 u. § 13 Nr. 7 Abs. 2 lit.b VOB/B.

3 Begriffsinhalt

Nach der in Lehre und Rechtsprechung vorwiegend vertretenen Auffassung handelt es sich dann um „anerkannte Regeln der Technik", wenn die Meinung der Fachleute, die diese Regeln anzuwenden haben, überwiegend dahin geht, daß sie richtig sind (insbesondere aufgrund ihrer praktischen Bewährung). Diese „herrschende Auffassung unter den technischen Praktikern", d. h. dieser status quo praktischer Erfahrung, Anerkennung und Üblichkeit kann natürlich hinter der neusten technischen Entwicklung zurückbleiben.

II Allgemein anerkannte Regeln der Technik (bzw. der Sicherheitstechnik)

1 § 330 Abs. 1 Nr. 3 des Strafgesetzbuches

Nach § 330 Abs. 1 Nr. 3 des StGB i.d.F. vom 28.3.1980 macht sich strafbar, wer u.a. eine Rohrleitungsanlage zum Befördern wassergefährdender Stoffe unter grob pflichtwidrigem Verstoß gegen die „allgemein anerkannten Regeln der Technik" betreibt.

2 § 3 Abs. 1 des Gerätesicherheitsgesetzes von 1968

Nach Satz 1 dieser Vorschrift darf der Hersteller oder Einführer von technischen Arbeitsmitteln (z. B. Werkzeugen, Arbeits- und Kraftmaschinen usw.) diese nur in den Verkehr bringen oder ausstellen, wenn sie nach den „allgemein anerkannten Regeln der Technik" sowie nach den Arbeitsschutz- und Unfallverhütungsvorschriften so beschaffen sind, daß Benutzer oder Dritte bei ihrer bestimmungsgemäßen Verwendung gegen Gefahren aller Art für Leben oder Gesundheit soweit geschützt sind, wie es die Art der bestimmungsgemäßen Verwendung gestattet. (§ 11 aaO ermächtigt zum Erlaß konkretisierender Verwaltungsvorschriften.)

Weitere Beispiele: § 7a Abs. 1 S. 1 WHG (Anforderung an das Einleiten von Abwasser) oder § 55 Abs. 1 Nr. 3 BBergG (Zulassung eines bergrechtlichen Betriebsplans), § 24 Abs. 1 SprengstoffG (Schutz vor Gefahren), § 6 Abs. 1 DampfkesselVO (allg. Anforderungen).

3 Begriffsinhalt

Der Inhalt des (vor allem in mehreren Rechtsverordnungen verwendeten) Begriffs „allgemein anerkannte Regeln der Technik" wird von Lehre und Rechtsprechung gemeinhin ebenso verstanden wie der Begriff „anerkannte Regeln der Technik". Somit hat hier der Richter im Zweifelsfall nur darüber Beweis zu erhaben, ob einschlägige technische Regeln in diesem Sinne allgemein anerkannt, praktisch also weit überwiegend anerkannt sind, und ob die technische Anlage diesen Regeln entspricht.

III Stand der Technik (bzw. der Sicherheitstechnik)

1 § 2 Abs. 1 S. 2 Nr. 4 des Luftverkehrsgesetzes i.d.F. von 1968

Nach dieser Vorschrift darf ein Luftfahrzeug zum Verkehr nur dann zugelassen werden, wenn u. a. die technische Ausrüstung des Luftfahrzeugs so gestaltet ist, „daß das durch seinen Betrieb entstehende Geräusch das nach dem jeweiligen Stand der Technik unvermeidbare Maß nicht übersteigt."

Der Inhalt dieses Begriffs „Stand der Technik" (vgl. z. B. auch § 4 BBahnG, § 36 S. 1 PBerfG) unterscheidet sich bei den zitierten Vorschriften wohl nicht von den unter I u. II. erläuterten Begriffen „anerkannte Regeln der Technik" bzw. „allgemein anerkannte Regeln der Technik".

2 § 5 Nr. 2 des Bundes-Immissionsschutzgesetzes von 1974

Nach dieser Bestimmung sind die gem. § 4 BImSchG (i.V.m. der 4. DVO zum BImSchG) genehmigungsbedürftigen Anlagen so zu errichten und zu betreiben, daß Vorsorge gegen schädliche Umwelteinwirkungen getroffen wird, und zwar insbesondere durch die dem „Stand der Technik" entsprechenden Maßnahmen zur Emissionsbegrenzung. (Kein behördliches Genehmigungserteilungsermessen!). Der Begriff „Stand der Technik", der im BImSchG mehrfach verwendet wird (so auch noch in §§ 17 Abs. 2 Nr. 2, 22 Abs. 1 Nr. 2, 41 Abs. 1, 48 Nr. 2) hat in § 3 Abs. 6 BImSchG folgende Legaldefinition erfahren:

Stand der Technik im Sinne dieses Gesetzes ist der Entwicklungsstand fortschrittlicher Verfahren, Einrichtungen oder Betriebsweisen, der die praktische Eignung einer Maßnahme zur Begrenzung von Emissionen gesichert erscheinen läßt. Bei der Bestimmung des Standes der Technik sind insbesondere vergleichbare Verfahren, Einrichtungen oder Betriebsweisen heranzuziehen, die mit Erfolg im Betrieb erprobt worden sind."

Die Fassung des Gesetzes läßt erkennen, daß sich die Verfahren und Einrichtungen nicht notwendigerweise bereits im Betrieb bewährt zu haben brauchen. Es wird jedoch ein Entwicklungsstand vorausgesetzt, der (z. B. aufgrund der Erprobung in Versuchs- oder Pilotanlagen) die praktische Eignung im technischen bzw. großtechnischen Maßstab gesichert erscheinen läßt. (Vgl. z. B. auch noch §§ 2 Abs. 3, 3 Abs. 4 der Störfall-VO: „Stand der Sicherheitstechnik").

Dieser Begriff des „Standes der Technik" hat auch das Bundesdatenschutzgesetz von 1977 in die Rechtsverordnungsermächtigung seines § 6 Abs. 2 übernommen.

3 § 2 Abs. 1 S. 2 des Patentgesetzes i.d.F. von 1968

Eine Erfindung ist nur patenfähig, wenn sie neu ist, wenn sie also zeitlich und sachlich über den zur Zeit ihrer Anmeldung bestehenden Stand der Technik hinausweist (§ 2 Abs. 1 S. 1 aaO). Nach Satz 2 aaO gilt folgendes:

„Der Stand der Technik umfaßt alle Kenntnisse, die vor dem für den Zeitraum der Anmeldung maßgeblichen Tag durch schriftliche oder mündliche Beschreibung, durch Benutzung oder in sonstiger Weise der Öffentlichkeit zugänglich gemacht worden sind."

Entsprechend der vom technischen Sicherheitsrecht abweichenden Funktion, die hier der Begriff „Stand der Technik" als Normmerkmal zu erfüllen hat, wird im Patentrecht mit diesem Begriff ein eigener Inhalt verbunden. Hier handelt es sich um einen Rechtsbegriff, bei dem es entsprechend der Legaldefinition in keiner Weise auf praktizierte Technik ankommt.

IV Stand von Wissenschaft und Technik

1 § 24 Abs. 4 der Gewerbeordnung i.d.F. von 1970

Nach § 24 GewO ist die Bundesregierung ermächtigt, zum Schutze der Beschäftigten und Dritter vor Gefahren durch gewisse (in § 24 Nr. 3 aaO abschließend aufgeführte) Anlagen, die mit Rücksicht auf ihre Gefährlichkeit einer besonderen Überwachung bedürfen, nach Anhörung der beteiligten Kreise durch Rechtsverordnung (z. B. Verordnungen vom 27.2.1980 über Dampfkesselanlagen, Druckbehälter, Aufzugsanlagen, Acetylenanlagen und Calciumcarbidlager u. a. m.) Bestimmung über die Anzeige der Errichtung oder des Betriebs solcher Anlagen, über ihre Erlaubnisbedürftigkeit, über ihre Beschaffenheit usw. zu treffen. In diesen Rechtsverordnungen kann die Einsetzung von technischen Ausschüssen vorgesehen werden. Diese sollen nach § 24 Abs. 4 aaO die Bundesregierung oder den zuständigen Bundesminister insbesondere in technischen Fragen beraten und ihnen

„dem Stand von Wissenschaft und Technik entsprechende Vorschriften vorschlagen."

2 § 7 Abs. 2 Nr. 3 des Atomgesetzes i.d.F. von 1976

Von erheblicher Bedeutung ist der unbestimmte Gesetzesbegriff „Stand von Wissenschaft und Technik" vor allem im Atomrecht, wo er im AtG sowie in den auf ihm beruhenden Verordnungen mehrfach verwendet wird (vgl. §§ 4 Abs. 2 Nr. 3, 5 Abs. 1, 6 Abs. 2, 7 Abs. 2 Nr. 3, 9 a Abs. 1 Nr. 2, 9 b Abs. 3 S. 1 AtG; §§ 6 Abs. 1 Nr. 5, 10 Abs. 1 Nr. 3 StrSchV). Die wichtigste Vorschrift ist die des § 7 Abs. 2 Nr. 3 AtG, wonach die – in das Ermessen der Genehmigungsbehörde gestellte – Genehmigung

der Errichtung, der wesentlichen Änderung und des Betriebs einer in Abs. 1 näher
gekennzeichneten Kernanlage (z.B. eines KKW) nur erteilt werden darf, wenn die

„nach dem Stand von Wissenschaft und Technik erforderliche Vorsorge gegen Schäden durch
die Errichtung und den Betrieb der Anlage getroffen ist."

(Diese Vorschrift bezieht sich auf den Schutz von systeminhärenten Gefahren,
während § 7 Abs. 2 Nr. 5 AtG den erforderlichen Objektschutz vor äußeren Einwirkungen normiert.) Zu dieser für den Rechtsanwender maßgeblichen sicherheitstechnischen Norm führt das Bundesverfassungsgericht in seinem das KKW Kalkar betreffenden Beschluß vom 8.8.1978 (BVerfGE 49, 89) kontrastierend zu den unbestimmten
Gesetzesbegriffen „allgemein anerkannte Regeln der Technik" und „Stand der Technik" aus:

„Mit der Bezugnahme auch auf den Stand der Wissenschaft übt der Gesetzgeber einen noch
stärkeren Zwang dahin aus, daß die rechtliche Regelung mit der wissenschaftlichen und technischen Entwicklung Schritt hält. Es muß diejenige Vorsorge gegen Schäden getroffen werden, die
nach den neuesten wissenschaftlichen Erkenntnissen für erforderlich gehalten wird. Läßt sie sich
technisch noch nicht verwirklichen, darf die Genehmigung nicht erteilt werden; die erforderliche
Vorsorge wird mithin nicht durch das technisch gegenwärtig Machbare begrenzt."

Damit wird – wie zuvor schon in einem das KKW Würgassen betr. Urteil des
Bundesverwaltungsgerichts vom 16.3.1972 (DVBl. 1972, S. 678) – nicht nur, was
ohne weiteres einleuchtet, hinsichtlich der Ermittlung der relevanten möglichen Scha-
densereignisketten, sondern auch hinsichtlich der jeweils möglichen Schadensvorsorge vor allem auf den neuesten Stand der Wissenschaft, d.h. – wie das Bundesverfassungsgericht erkenntnis- bzw. wissenschaftstheoretisch formuliert – auf den
„neusten Stand unwiderlegten möglichen Irrtums" abgestellt.

Rechtsprobleme der Abwehr von Arzneimittelrisiken

G. Lewandowski

Bei der Abwehr von Arzneimittelrisiken treffen wir in Theorie und Praxis die Rechtsprobleme an, die wir aus der Diskussion der Risikoabwehr auch in anderen Bereichen industrieller Tätigkeit kennen. Häufig werden sie hier unter dem Stichwort von Recht und Technik diskutiert [1]. Einige Probleme stellen sich aber im Arzneimittelbereich schärfer, und zwar sowohl in rechtlicher als auch politischer Hinsicht. Dafür gibt es eine Reihe von Gründen. Große Leistungen der Arzneimitteltherapie haben in der Gesellschaft ein Vertrauen in Medikamente erzeugt, das auf Fehlleistungen besonders empfindlich reagiert. Heutige massenhafte Anwendung von Arzneimitteln multipliziert ein vorhandenes Risiko und kann wie im Falle Contergan massenhaft Gesundheitsschäden bewirken, die als unerträglich empfunden werden müssen [2]. Dabei erweist sich die Risikoermittlung regelmäßig als besonders schwierig. Aussagen über Arzneimittelwirkungen sind Aussagen über Kausalabläufe im biologischen Bereich und nach heutigem Wissensstand nur lückenhaft möglich. Schließlich bildet im Gegensatz zu technischen Bereichen bei der Arzneimittelanwendung die Medizin die Basisdisziplin. Wissenschaftliche Erkenntnisgewinnung und praktische Arzneimittelanwendung sind hier untrennbar mit der medizinischen Berufsausübung und den sie tragenden Wertvorstellungen verbunden. Für Risikoermittlung und -bewertung bedeutet das, daß normative und moralische Elemente nicht erst auf der Ebene der Bewertung sichtbar werden, sondern sich bereits im Erkenntnisprozeß feststellen lassen [3].

Auf diesem Hintergrund versucht das neue Arzneimittelrecht der Bundesrepublik Deutschland auf der Grundlage bewährter deutscher Rechtstraditionen einen systemorientierten Ansatz umfassender Risikoabwehr, der wegen der hier bestehenden internationalen Verflechtungen gleichzeitig auf ausländische Entwicklungen Rücksicht nimmt [4]. Erste Bewährungsproben in der Praxis hat das neue Recht offenbar bestanden, mit spürbaren Folgen für die fachwissenschaftliche Diskussion [5].

Als charakteristische Züge der Risikoabwehr nach neuem Recht lassen sich nennen:

1. Systemorientierter Ansatz entsprechend den Stufen Forschung und Entwicklung, Produktion, Vertrieb und Anwendung.
2. Weitgehende Ausnutzung verwaltungsrechtlicher, strafrechtlicher Gestaltungsmöglichkeiten.
3. Zentrale Bedeutung einer positiven Nutzen-Risiko-Bewertung als Zulässigkeitskriterium für Herstellung, Vertrieb und Anwendung mit Optimierung der Information als unentbehrlicher Entscheidungsgrundlage für Nutzen-Risiko-Bewertungen.

1 Systemorientierter Ansatz

Die Vorschriften des 6. Abschn. des AMG (Arzneimittelgesetz) über den Schutz des Menschen bei der klinischen Prüfung, die Forderung ausreichender Prüfung als Zulassungsvoraussetzung in §§ 22, 23 AMG greifen bereits auf der Stufe von Forschung und Entwicklung ein. Herstellung und Vertrieb von Arzneimitteln sind die entscheidenden Regelungsgegenstände des Arzneimittelrechts und sowohl umfassend als auch differenziert behandelt. Die Arzneimittelanwendung ist zwar nicht unmittelbarer Regelungsgegenstand des AMG, das im wesentlich ein Gesetz über den Verkehr mit Arzneimitteln ist, wie es auch in seinem offiziellen Titel zum Ausdruck kommt. Es bleibt auf die Anwendung jedoch nicht ohne Einfluß. Da seine Rechtsvorschriften und die darauf gestützten behördlichen Entscheidungen, vor allem im Verfahren der Zulassung und Risikoabwehr, im Bedarfsfall nicht nur auf die Inhaltsstoffe des Arzneimittels abstellen können, sondern auch die Anwendung des Präparates in Betracht ziehen müssen, vor allem auf das sog. Anwendungsgebiet [6], kommt es zwangsläufig zu Folgewirkungen auf die Anwendung, auch bei prinzipieller Therapiefreiheit der ärztlichen Berufe.

2 Ausnutzung rechtlicher Gestaltungsmöglichkeiten

Die Zusammenarbeit von Zulassungsbehörden des Bundes und Überwachungsbehörden der Länder ist im Gesetz detailliert und differenziert ausgestaltet, vor allem in den Bestimmungen des 5., 10. und 15. Abschnitts. Die Vorschriften des 4. und 5. Abschnitts über Zulassung und Registrierung von Arzneimitteln schöpfen die rechtlichen Gestaltungsmöglichkeiten der Institution, des Verbots mit Erlaubnisvorbehalt weitgehend und auf verschiedene Risikostufen mit unterschiedlicher Intensität aus. Über Sondervorschriften für Zulassung und Risikoabwehr wird eine weitgehende gesellschaftliche Beteiligung an staatlicher Entscheidung erreicht, die sich in der Praxis positiv auswirkt [7]. In zivilrechtlicher Hinsicht wird über eine verschuldensunabhängige Haftung mit Pflicht zur Deckungsvorsorge in einer sog. Versicherungslösung [8] ein weiteres Element der Risikoverminderung geschaffen. Mit den strafrechtlich sanktionierten Schutzbestimmungen für Untersuchungspersonen in der klinischen Prüfung in §§ 40, 41 AMG hat das Gesetz ausdrücklich auf medizinische Versuche zugeschnitten Rechtsregeln geschaffen und damit national und international eine Schrittmacherrolle übernommen.

3 Zentrale Bedeutung der Nutzen-Risiko-Bewertung

Im Ergebnis macht die Regelung des Arzneimittelgesetzes des Produzenten, Zulassungsbehörden und Überwachungsbehörden zur Pflicht, nur wirksame und unbedenkliche Arzneimittel auf den Markt gelangen zu lassen und dort zu dulden. Dabei stimmen die Vorschriften gegen bedenkliche, d.h. unerträglich riskante Arzneimittel, in ihrem Wortlaut weitgehend überein [9]. Sie richten sich gegen Arzneimittel, bei denen nach dem jeweiligen Stand der wissenschaftlichen Erkenntnisse der begründete Verdacht besteht, daß sie bei bestimmungsgemäßen Gebrauch schädliche Wirkungen haben, die über ein nach den Erkenntnissen der medizinischen Wissenschaft vertretbares Maß hinausgehen [10]. Das Gesetz macht damit die Verkehrsfähigkeit eines Arzneimittels von einer fortbestehenden positiven Nutzen-Risiko-Bewertung abhängig. Ohne eine derartige Bewertung darf es der Unternehmer unter Strafandrohung nicht in den Verkehr bringen (§§ 5, 95 AMG), darf es nicht zugelassen werden (§ 25 Abs. 2 Nr. 5 AMG), darf es von der Zulassungsbehörde nicht im Verkehr geduldet werden (§ 30 Abs. 1 i.V.m. § 25 Abs. 2 Nr. 5 AMG).

Die hier entscheidungserheblichen arzneimittelrechtlichen Bestimmungen determinieren die zu treffende Nutzen-Risiko-Entscheidung in klassischer Manier dadurch, daß sog. unbestimmte Rechtsbegriffe wie begründeter Verdacht, bestimmungsgemäßer Gebrauch, schädliche Wirkung und vertretbares Maß nach dem jeweiligen Stand wissenschaftlicher Erkenntnis ausgefüllt werden sollen. Damit wird im Streitfall die entscheidende Behörde und das sie kontrollierende Verwaltungsgericht auf Erkenntnisgewinnung nach wissenschaftlichen Maßstäben verwiesen, die Bewertungs- und Maßnahmefrage muß aber von der Behörde in eigener Verantwortung beantwortet werden, wobei sie voller gerichtlicher Nachprüfung unterliegt [11]. Dieser Regelung liegt, entsprechenden Bestimmungen in anderen Rechtsgebieten vergleichbar, offensichtlich der Gedanke zugrunde, daß eine verläßliche Risikoermittlung sinnvollerweise nur nach wissenschaftlichen Kriterien getroffen werden kann, die Frage nach der Zumutbarkeit des Risikos aber politischer Natur ist, die regelmäßig nur der demokratisch legitimierten Volksvertretung und den von ihr berufenen Organen übertragen werden kann, die öffentlicher Kontrolle unterliegen. Die Schwierigkeiten von Sicherheitsentscheidungen und ihre Akzeptanz in der Praxis zeigen sich daher erwartungsgemäß einmal auf der Ebene der – wissenschaftlichen-Erkenntnisgewinnung, die die Richtigkeit des Ergebnisses garantieren soll, zum anderen bei der Entscheidung über die Duldbarkeit des als richtig angenommenen Ergebnisses. Dabei wird die Entscheidungsfindung in nicht zu unterschätzender Weise dadurch erschwert, daß die beteiligten Interessenten, Wissenschaftler, Behörden und Richter aus unterschiedlichem Erkenntnisinteresse mit unterschiedlicher Methodik und unterschiedlicher Sprache argumentieren. Wichtige Fragestellungen bleiben dabei manchmal zufallsbedingt außer Ansatz, zum Nachteil von Richtigkeit und Akzeptanz der Entscheidung, gerade bei einer verständlicherweise zunehmend kritisch eingestellten Öffentlichkeit. Die in Praxis und Literatur zu beobachtende Suche nach weiteren Kriterien für Ermittlung, Bewertung und Entscheidung in Sicherheitsfragen [12] ist daher erklärbar und sinnvoll.

Aus den Erfahrungen mit Sicherheitsentscheidungen für Arzneimittel vor oder nach der Zulassung zum Markt in den letzten Jahren lassen sich als Diskussionsbeitrag einige Grundforderungen nennen, die bei Risikoentscheidungen in der Praxis möglichst berücksichtigt sein sollten. Sie lassen sich im konkreten Fall nicht immer und auch nicht immer in gleichem Umfang erfüllen. Sie sind eher als ein Katalog von Fragen gedacht, auf die auch eine Antwort mit nein zulässig ist, wenn man dafür eine überzeugende Begründung hat. Grundforderungen an Risikoermittlung, Risikobewertung und Entscheidungen über Maßnahmen zur Risikoabwehr wären danach

1. Berechenbarkeit.
2. Vorläufigkeit.
3. Revisibilität.
4. Universalität.
5. Realität.
6. Homogenität.
7. Verbraucherautonomie.

1 Berechenbarkeit

Ermittlung und Entscheidung sollen möglichst auf Maßstäbe gestützt werden, die eine Berechenbarkeit auch zukünftiger Entscheidungen erlauben. Ad hoc entwickelte Maßstäbe und Kriterien sollen auf zukünftige Fälle extrapoliert werden können.

2 Vorläufigkeit

Risikoentscheidungen haben durchweg prognostischen Charakter. Sie dürfen regelmäßig nicht an der Lückenhaftigkeit der Erkenntnisse scheitern. Als prognostischer Akt hat jede Risikoentscheidung vorläufigen Charakter. Die Prognose bedarf der Überprüfung an der fortschreitenden Realität.

3 Revisibilität

Sicherheitsentscheidungen können nur nach dem Kenntnisstand zu dem Zeitpunkt getroffen werden, zu dem sie ergangen sind. Ändert sich der Wissensstand, kann die Revision der Entscheidung zwangsläufig werden. Die Verteilung des Investitionsrisikos zwischen Unternehmer und Staat wird hier u.U. problematisch. Das ändert aber nichts an der Notwendigkeit zur Korrektur einer unrichtig gewordenen Entscheidung aus Sicherheitsgründen.

4 Universalität

Bei der Entscheidung darf sich der Blickwinkel nicht auf die Strategie, die riskante Handlung beschränken, über die entschieden werden soll. Ihr Nutzen und ihre Risiken lassen sich nur dann zutreffend bestimmen, wenn sie mit dem Nutzen und den Risiken der Handlungen verglichen werden, die mit ihr konkurrieren oder an ihre Stelle treten können. So kann beispielsweise das Verbot eines Arzneimittels A, das bei einer Krankheit K angewendet werden soll, wegen bestimmter Risiken dazu führen, daß die Ärzte auf andere Mittel zurückgreifen, die gerade bei der Behandlung der Krankheit K noch riskanter sind. In diesem Falle sind sämtliche konkurrierenden therapeutischen Strategien gegeneinander abzuwägen: Die Behandlung mit den Ersatzpräparaten kommt hier ersichtlich nicht in Betracht, das Mittel A muß dann auf dem Markt zugelassen werden, wenn sich bei ihm die Nutzen-Risiko-Bilanz günstiger erweist als die Entscheidung, die Krankheit K unbehandelt zu lassen. Es müssen also Null-Strategie, Ersatz- und Folgestrategien mit abgewogen werden.

5 Realität

Der Entscheidung müssen die für Nutzen und Risiko tatsächlich bestimmenden Verhältnisse zugrunde gelegt werden, und zwar auf Grund einer nach Umfang und Inhalt optimalen Information über die für die Bewertung von Nutzen und Risiko entscheidenden Daten. Diese Forderung mag banal klingen. Die Praxis lehrt indessen, daß dieser Forderung weitgehend nur unzureichend entsprochen wird. Darüber hinaus bedeutet das Realitätsprinzip aber auch, daß die Entscheidung über Nutzen und Risiko der Strategie sich nicht nur an der Empfehlung oder Gebrauchsanweisung des Produzenten orientieren darf, sondern auch am tatsächlichen Umfang des Verbrauchers mit dem Produkt. Ein bei gegebener Gebrauchsempfehlung zu erwartendes fehlerhaftes Konsumentenverhalten muß dem Produzenten mit zugerechnet werden. Die staatliche Risikoentscheidung muß darüber hinaus auch darüber entscheiden, inwieweit eine bestimmte Mißbrauchsquote toleriert werden kann [13].

6 Homogenität (oder Kohärenz)

Bei vergleichbarer Größe und Bedeutung des Risikos bedürfen abweichende Risikoentscheidungen besonderer Rechtfertigung. Diese Forderung ist besonders dort schwer zu verwirklichen, wo die Gesellschaft quantitativ vergleichbare Risiken unterschiedlich bewertet, vor allem, weil sie den Nutzen bestimmter Stategien höher bewertet [14].

7 Verbraucherautonomie

Sicherheitsentscheidungen müssen das beim Verbraucher vorhandene Maß an Kenntnissen und Fähigkeiten in Rechnung stellen. Staatliche Sicherheitsentscheidungen dürfen nicht zur unnötigen Bevormundung des Konsumenten führen. Das gilt vor allem dann, wenn ein Industrieprodukt für einen qualifizierten Anwenderkreis bestimmt ist. Zu denken wäre hier z.B. an verschreibungspflichtige Arzneimittel, bei denen die ärztliche Verschreibungspflicht die sachverständige Anwendung sichern soll. Aber auch im Bereich des Massenbedarfs ist uns der Gedanke der Verbraucherautonomie durchaus geläufig, so z.B. bei Genußmitteln. Selbstverständlich setzt hier die Verbraucherautonomie ausführliche und aussagekräftige Information des Konsumenten über Nutzen und Risiko des Produktes voraus. Die Unterschlagung wichtiger Informationen würde zu seiner Bevormundung in umgekehrter Richtung führen. Aus dem Gebot der Verbraucherinformation kann unter Umständen die Forderung nach Öffentlichkeit wichtiger Verfahrensabschnitte des behördlichen Entscheidungsprozesses folgen [15].

Zusammenfassung

Auch im Arzneimittelbereich zeigen sich die Schwierigkeiten berechenbarer, reproduzierbarer und akzeptierter Nutzen-Risiko-Bewertungen. Gesetzliche Regelung und darauf beruhende Praxis lassen Ansätze für eine Systematisierung der entscheidungserheblichen Fragestellungen erkennen. Die damit zu erwartende stärkere Konturierung der hier auftretenden Tatsachen- und Wertungsfragen könnte im Ergebnis zu einer größeren Rationalität des Entscheidungsprozesses und zur Erweiterung unserer Möglichkeiten führen, Risiken frühzeitig und effektiv zu verhindern.

Literatur und Anmerkungen

1. Wagner: Die Risiken von Wissenschaft und Technik als Rechtsproblem. NJW (1980) 665 ff.
   Redeker: Die anerkannten Regeln der Technik als Rechtsbegriff im öffentlichen Recht. In: Technische Normung und Recht, Hrsg. von DIN Deutschen Institut für Normung eV, Berlin, Köln 1979
2. In der atomrechtlichen Entwicklung lassen sich vergleichbare Erscheinungen beobachten
3. Vgl. die Beiträge in „Pluralität in der Medizin, der geistige und methodische Hintergrund". Hrsg. von G. A. Neuhaus, Frankfurt/Main, 1980
4. Das Arzneimittelgesetz vom 24.8.1976 (BGBl I S. 2445) – AMG – hatte den bindenden Bestimmungen der EG-Richtlinien vom 26.1.1965 (65/65/EGW; ABl. 369/65/65 und vom 20.5.1975 (75/318 EWG und 75/329/EWG, ABl. L 147/1 und L 147/13) zu entsprechen.
5. Dölle, Sewing u.a.: Arzneimitteltherapie und Auswirkungen des Arzneimittelgesetzes vom 24.8.1976 – Bilanz der ersten zwei Jahre. Internist 21 (1980) 301 ff

6. Auf die Formulierung der Anwendungsgebiete (Indikationen) des Arzneimittels durch den pharmazeutischen Unternehmer kann die Zulassungsbehörde durch Auflage nach § 28 AMG Einfluß nehmen
7. Vgl. im Zulassungsverfahren die repräsentativ zusammengesetzten Zulassungs- und Aufbereitungskommissionen nach § 25 Abs. 6 und Abs. 7 AMG; für die Risikobewertung von im Verkehr befindlichen Arzneimitteln sieht § 62 AMG ebenfalls eine weitgehende Beteiligung externer Einrichtungen vor
8. §§ 84 ff., 94 AMG
9. Vgl. II 5, 25 Abs. 2 Nr. 5, 69 Abs. 1 Nr. 4 AMG
10. Verständlicherweise wird in der Haftungsnorm des § 84 AMG nicht auf den begründeten Verdacht abgestellt, sondern der Nachweis des Ursachenzusammenhanges verlangt
11. Fülgraff: Arzneimittelgesetz-Anspruch und Wirklichkeit. Pharm. Ind. 42 (1980) 581 ff. Lewandowski: Sicherheitsentscheidungen bei Arzneimitteln zwischen Wissenschaft und Politik. Deutsche Apotheker-Zeitung 120 (1980) 1368 ff.
12. Wagner I. [1] und: Schadensvorsorge bei der Genehmigung umweltrelevanter Großanlagen. DÖV (1980) 269 ff., 275
13. Gelegentliche Selbsttötung mit unentbehrlichen Mitteln und Gegenständen darf nicht zu ihrem Verbot führen
14. Besonders deutlich bei Risiken aus Verkehrsunfällen und Genußmitteln wie Tabak und Alkohol
15. Das Bundesgesundheitsamt ist seit 1979 dazu übergegangen, Sachverständigen-Anhörungen über Risiken im Markt befindlicher Arzneimittel in öffentlicher Sitzung durchzuführen, eine auch aus dem Gesichtspunkt der Akzeptanz – Vertrauen in ein ordnungsgemäßes Verfahren – erklärbare Haltung

Zusammenfassung und Auswertung der Diskussion über den Themenkreis „Juristische Aspekte"

E. Samson

Verlauf der Diskussion und Folgerungen

Die Zulassung riskanter Unternehmen im technischen Sicherheitsrecht hängt nicht nur von der Risikohöhe der Unternehmung ab. Die Akzeptabilität als normativer Begriff – im Gegensatz zur Akzeptanz als faktische Erscheinung – wird vielmehr wesentlich von anderen Faktoren als dem faktischen Risiko bestimmt. Maßgeblich sind z.B. die mit der Unternehmung verbundenen wirtschaftlichen und gesellschaftlichen Nutzen und die Kosten einzelner Risikovorsorgemaßnahmen. Damit erweist sich, daß die Entscheidung des Staates im technischen Sicherheitsrecht nicht bloß der Nachvollzug von sachverständigen Sicherheits- und Risikoanalysen sein kann, sondern eine normative Wertung erforderlich macht, für die der technische Sachverständige keine besondere fachliche Kompetenz besitzt.

Solange die faktische Risikoakzeptanz der Bevölkerung gleichmäßig ist und damit ein Konsens über das Maß des akzeptablen Risikos besteht, ist die Zuständigkeit für die Gesamtentscheidung bei technischen Ausschüssen oder Verwaltungsbehörden unproblematisch. Sobald jedoch der Konsens über das hinnehmbare Risiko in der Bevölkerung zerfällt, entstehen schwerwiegende Probleme bei der Durchsetzung der Entscheidung. Diese Probleme sind deshalb nicht ohne weiteres zu lösen, weil jedenfalls technische Ausschüsse die Kompetenz für die autoritative Entscheidung bei fehlendem Konsens nicht zukommt.

Während über diese Analyse des Problems weitgehend Klarheit und Einigkeit besteht, herrscht hinsichtlich der rechtlichen und rechtspolitischen Strategien zur Auflösung der Schwierigkeiten erhebliche Unklarheit.

In der Normhierarchie (Gesetz – Verordnung – Verwaltungsentscheidung – Entscheidung technischer Ausschüsse) kommt die Ansiedlung der Entscheidungskompetenz auf der Verordnungsebene in Betracht, wenn es um die Regelung kontroverser Risikoentscheidungen geht. Diese Lösung hätte den Vorzug, daß Legitimitätsprobleme nicht entstehen. Die damit verbundene Einhaltung staatsrechtlicher Grundsätze führte aber zu praktischen Problemen, die angesichts der Fülle der zu lösenden Einzelfragen kaum zu bewältigen sein dürfte. Es wäre dann mit einer Flut von Normen zu rechnen, die zu einem Vollzugsdefizit führen kann.

Die Zuweisung der Entscheidungskompetenz an Verwaltungsbehörden und damit zugleich an die Verwaltungsgerichte wirft zunächst Probleme der fachlichen Befähigung der Spruchkörper auf, die durch die Einführung des „technischen Richters" kaum zu beseitigen sind, weil die Vielfalt der einschlägigen naturwissenschaftlichen Fachdisziplinen den technischen Richter, der Fachmann auf einem Gebiet ist, zum Laien auf den anderen ebenso entscheidungsrelevanten Gebieten macht. Darüber hinaus wird aber die grundsätzliche Legitimitätskrise durch dieses Modell nicht gelöst, so daß es im technischen Sicherheitsrecht nur dort empfohlen werden kann, wo ein Konsens über die Akzeptabilität besteht.

Technischen Ausschüssen kann die Entscheidungskompetenz dort nicht zugewiesen werden, wo die Beurteilung des hinnehmbaren Risikos in der Bevölkerung kontrovers ist, weil dem technisch oder naturwissenschaftlich ausgebildeten Mitgliedern solcher Ausschüsse die Kompetenz für den normativen Entscheidungsteil fehlt.

Die Probleme komplizieren sich weiter durch die besondere Struktur des notwendigen Urteils über die Akzeptabilität. Nur theoretisch und idealtypisch läßt sich das Urteil in den eher technisch und naturwissenschaftlich geprägten Teil, der die Risikohöhe betrifft, und den wertenden Teil, der das Maß des Nutzens in eine Beziehung zur Risikohöhe setzt, trennen. In der Praxis hängt schon die Intensität und Tiefe der Risikoanalyse von dem Maß an Skepsis ab, mit dem das zu gestattende Unternehmen in normativer Hinsicht behaftet ist. Ähnliches gilt für die Erfassung von Vorsorgemaßnahmen und Alternativunternehmen. Diese besondere Struktur des Urteils setzt einen Entscheidungsprozeß voraus, bei dem beide, der eher empirische wie der normative Teile gleichzeitig im Blick gehalten werden, so daß sich eine Aufteilung der Kompetenzen auf einen technisch und einen normativ kompetenten Spruchkörper verbietet.

Vorschläge für Forschungsverhalten

Die Problemlösung dürfte noch erhebliche rechtswissenschaftliche Grundlagenforschung voraussetzen. Schon die Struktur des Akzeptabilitätsbegriffs ist derzeit nur in Umrissen hinreichend analysiert. Die Herkunft des technischen Sicherheitsrecht aus dem Polizei- und Ordnungsrecht hat den Verwaltungsrechtswissenschaften eine allzu enge Anbindung an den polizeilichen Gefahrenbegriff suggeriert und den Blick auf die normativen Elemente des Akzeptabilitätsbegriffs verstellt. Dem entsprechen die gesetzlichen Regeln des Sicherheitsrechts, die nahezu ausnahmslos nur das Risiko und nicht die Akzeptabilität benennen. Welche Elemente in das Urteil neben dem Risiko einzugehen haben, ob – konkreter – die Wirtschaftlichkeit des einzelnen Unternehmens, die gesamtwirtschaftliche Bedeutung einer bestimmten Technologie oder z.B. die Beschleunigung eines wirtschaftlichen Konzentrationsprozesses durch aufwendige Risikominderungsmaßnahme die Akzeptabilität mitbestimmen dürfen, wird derzeit nicht einmal im Ansatz untersucht. Erst wenn diese Fragen geklärt sind, wenn Struktur und Einzelheiten der auftretenden Zielkonflikte erkannt sind, kann sinnvoll über die Frage geredet werden, wie der Entscheidungsfindungsprozeß selbst zu organisieren ist.

Darüber hinaus fehlen auch empirische Untersuchungen über die Risikoakzeptanz. Wer Legitimitätsprobleme durch rechtliche Regeln beseitigen oder vermeiden will, sollte zweckmäßig zuvor wissen, aus welchen Gründen die Bevölkerung manche Entscheidungen nicht hinzunehmen bereit ist.

Allgemeine Schlußfolgerungen und Vorschläge aus der Abschlußdiskussion

H. W. Thoenes

1. Trotz zahlreicher Bemühungen von vielen Seiten fehlen uns bis heute noch hinreichende Kenntnisse darüber, welchen Gefährdungspotentialen und resultierenden Risiken wir insgesamt durch technische Systeme, Anlagen, Einrichtungen und Produkte bereits ausgesetzt sind, bzw. wie wir diese durch weitere technische Entwicklungen verändern. Es geht darum, zu erkennen, wo Risiken Auftreten, und welche neuen Produkte und Technologien Risiken bewirken.

2. Insbesondere bei Systemen und Anlagen mit großem Gefährdungspotential, bei denen eine Bemessung der Schadensvorsorge anhand von Erfahrungen nicht möglich ist, wird zunehmend die Forderung nach einer vorausschauenden Ermittlung der Risiken erhoben. Qualitative Risikoanalysen sind als Potenial und Instrumentarium geeignet, Entscheidungshilfen zu geben bei der Schadensvorsorge sowie bei der Weiterentwicklung der Sicherheitstechnik. Die Durchführung einer solchen Analyse ist in jedem Fall ein Fortschritt, selbst da, wo noch nicht quantifiziert werden kann.

3. Neben den Methoden der Risikoanalyse muß auch vermehrt mit Vergleichen von Nutzen und Folgen gearbeitet werden. Hierdurch ergibt sich eine weitere Entscheidungsgrundlage im Sinne der Technologiefolgenabschätzung. Für alle technischen Bereiche sind noch nicht die Voraussetzungen vorhanden, um derartige Nutzen-Folgen-Abschätzungen vorzunehmen.

4. Im Prinzip sind Risikoanalysen und Risikobewertungen zu trennen. Die Risikoanalyse ist für die Beratung des Gesetzgebers, als Entscheidungshilfe für Gerichte und Exekutive wertvoll. Bei dem Verfahren der rechtlichen Entscheidung in der Praxis kann man Risikoanalyse und Risikobewertung jedoch nicht trennen.

Derzeit spielen Risikoanalysen aus juristischer Sicht noch keine große Rolle, weil bisher erst nur ein kleiner Bereich der zivilisatorischen Risiken durch Risikoanalysen beschrieben ist. Weiterhin fehlen einheitliche Auffassungen, wie das Individualrisiko bestimmt werden soll.

5. Inwieweit durch Abstützung konkreter sicherheitstechnischer Entscheidungen auf Risikoanalysen die Ratio dieser Entscheidung für Dritte transparenter gemacht werden kann, findet keine Einstimmigkeit in den Diskussionen. Grundsätzlich führen Sicherheitsanalysen zu einer stärkeren Transparenz; sie erhöhen die Glaubwürdigkeit durch eine detaillierte Darstellung. Derzeit gibt es nichts Hilfreicheres, als sich durch Risikoanalysen verständlich zu machen. Demnach sind Risikoanalysen ein zusätzliches Kommunikationsmittel. Das Unterlassen von Risikoanalysen dürfte sich auf jeden Fall negativ auswirken.

6. Für Zuverlässigkeitsanalysen existieren detaillierte Vorstellungen und Verfahren. Für das Gebiet der Risikoanalyse sind die theoretischen Grundlagen teilweise

vorhanden; der erreichte Entwicklungsstand muß aber noch weiter ausgebaut werden. Die Ermittlungssystematik sollte so weiterentwickelt werden, daß sie eine größere Anwendungsbreite erhält. Die bisher teilweise zu komplizierten Verfahren müssen in ihrem Handwerkszeug verbessert werden. So sind z.B. auch Alterungsvorgänge zu Anlagen, Bauteilen und Produkten in der Analyse einzubeziehen.

Es ist sinnvoll, diese Weiterentwicklung der Methodik und der Erprobung als fachbereichsübergreifende Aufgabe anzugehen.

7. Eine exemplarische Erprobung risikoanalytischer Methoden ist sowohl bei besonders riskanten Technologien als auch bei solchen durchzuführen, die wegen ihrer breiten Anwendung mit nachteiligen Umwelteinwirkungen. Als Beispiele sind der Transport gefährlicher Güter, Mensch-Maschine-Systeme, Abfalltechnik, Arzneimittel, Altdeponien, Lagerung von Flüssiggasen zu nennen, aber auch Automobilverkehr und Elektronik. Die Beispiele sollten zu qualitativen Erkenntnissen führen, aber auch quantifizierte Betrachtungen ermöglichen. Neben dem Zugewinn an Wissen geht es natürlich auch darum, eine Verminderung der Risiken anzustreben.

8. Es bietet sich an, zu versuchen, Risikoanalysen für potentiell gefährliche Anlagen und Systeme auch dazu zu verwenden, Aussagen und Maßnahmen für die Katastrophenschutzplanung abzuleiten, da aus den Risikoanalysen Auswirkungen erkannt werden können.

9. Das BMFT sollte Vorhaben über Risikobetrachtungen grundsätzlicher Art, die fach- und branchenübergreifend zu neuerem Erkenntnisstand führen, fördern. Hierdurch können übergeordnete Probleme und Aufgaben behandelt werden, die unabhängig vom Tagesgeschehen gelöst werden müssen. Das BMFT kann im Rahmen solcher Förderungsvorhaben Modelle entwickeln lassen, die dann in spezifischen Bereichen zur Anwendung kommen können.

Das BMFT sollte auch die Initiative ergreifen, ein internationales Symposium über Risiko und Sicherheit zu veranstalten.

10. Im Rahmen der Veranstaltung wurde auch die Anregung gegeben, durch entsprechende Förderung im Rahmen der Lehre an den Hochschulen die Studenten in allen Fakultäten mit dem Thema Risiko und Sicherheit vertraut zu machen.

Namenverzeichnis

Sachverzeichnis